量子論から科学する

見えない心の世界

心の文明とは何かを極める

京都大学名誉教授
岸根卓郎

PHP

はしがき

――心の文明ルネッサンスがやってきた

私は一九九〇年に著書『文明論――文明興亡の法則』（参考文献1）を上梓《じょうし》し、そこにおいて自説の「文明興亡の八〇〇年宇宙法則説」を明らかにし、それによって二一世紀以降は、これまで八〇〇年間台頭してきた「西洋物質文明」が必ず沈滞し、それに代わり、これまで八〇〇年間沈滞してきた「東洋精神文明」が今後八〇〇年間は必ず台頭することを「歴史的」かつ「理論的」に立証した。

すなわち、西洋の「物の文明ルネッサンス」の今後八〇〇年間の沈滞に対し、東洋の「心の文明ルネッサンス」の今後八〇〇年間の台頭を「歴史的」かつ「理論的」に立証した。より詳しくは、以下のとおりである。

一　文明興亡の宇宙法則の歴史的検証
――八〇〇年ごとに東西文明は興亡を繰り返してきた

上記のように、自説の「文明興亡の宇宙法則説」によれば、人類文明は有史以来、東西文明の二極に分かれ、八〇〇年の周期で互いに正確に興亡を繰り返してきたが、これに関連して村山節《みさお》氏は、同氏の著書の『文明の研究――歴史の法則と未来予測』（参考文献2）において、人類文明がそのように「東西文明の二極」に分かれ「周期的に正確に興亡を繰り返す」には、どこかに「東西文明の地域的な境界線」があるはずだと主張した。

私も、同氏のこの見解には全く同感である。そこで同氏のこの主張にしたがって、その「境界線」を私見として図示したのが図・はしがき1である。

それによると、「西洋文明圏」には、エジプト文明、エーゲ文明、ヒッタイト文明、ユダヤ文明、ギリシャ・ローマ文明、ヨーロッパ文明などの各地域文明が、一方、「東洋文明圏」にはメソポタミア文明、インダス文明、アッシリア・ペルシャ文明、古代黄河中国文明（周、春秋時代の文明）、古代インド文明、日本縄文土器文明、五～一三世紀中国文明（南北朝、隋、唐、北宋時代の文明）、サザン朝およびサラセン文明、飛鳥・奈良・平安朝文明などの各地域文明がそれぞ

図・はしがき１　東西文明の地域的境界線

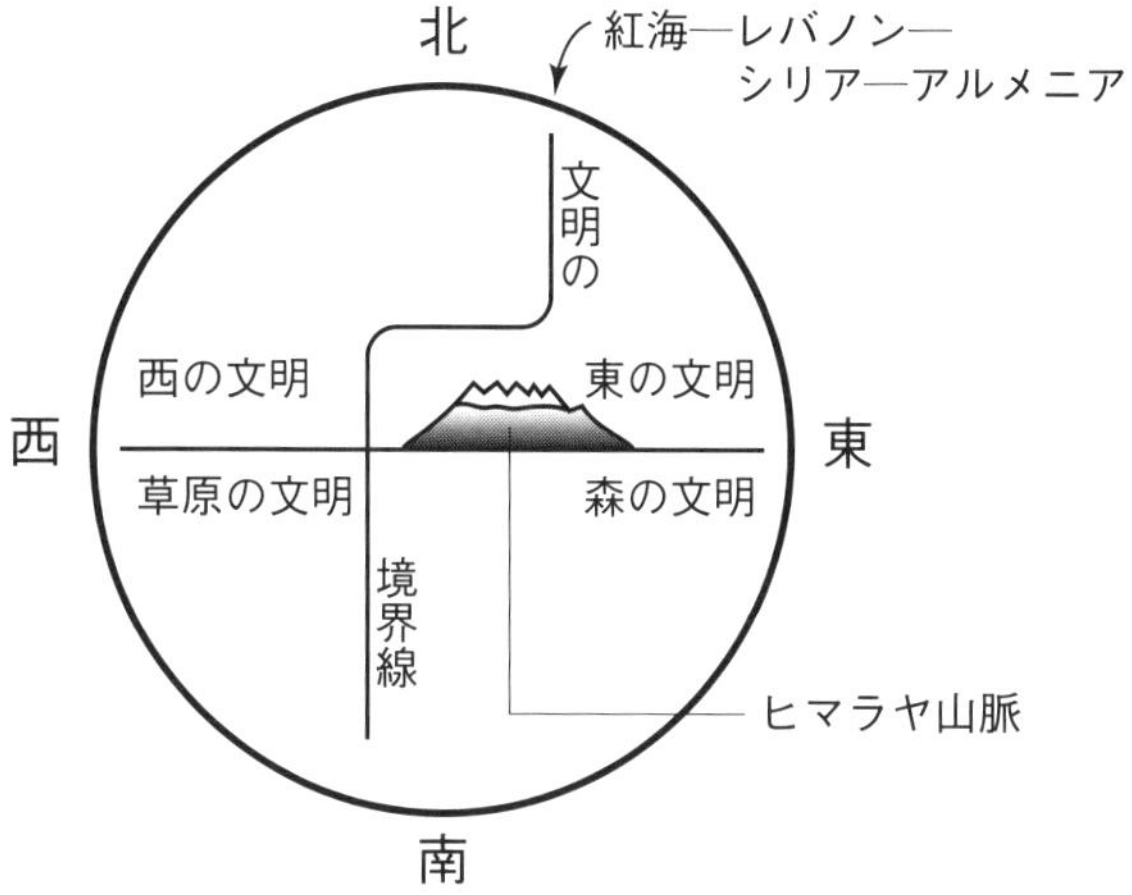

出典：岸根卓郎『文明の大逆転』p.122

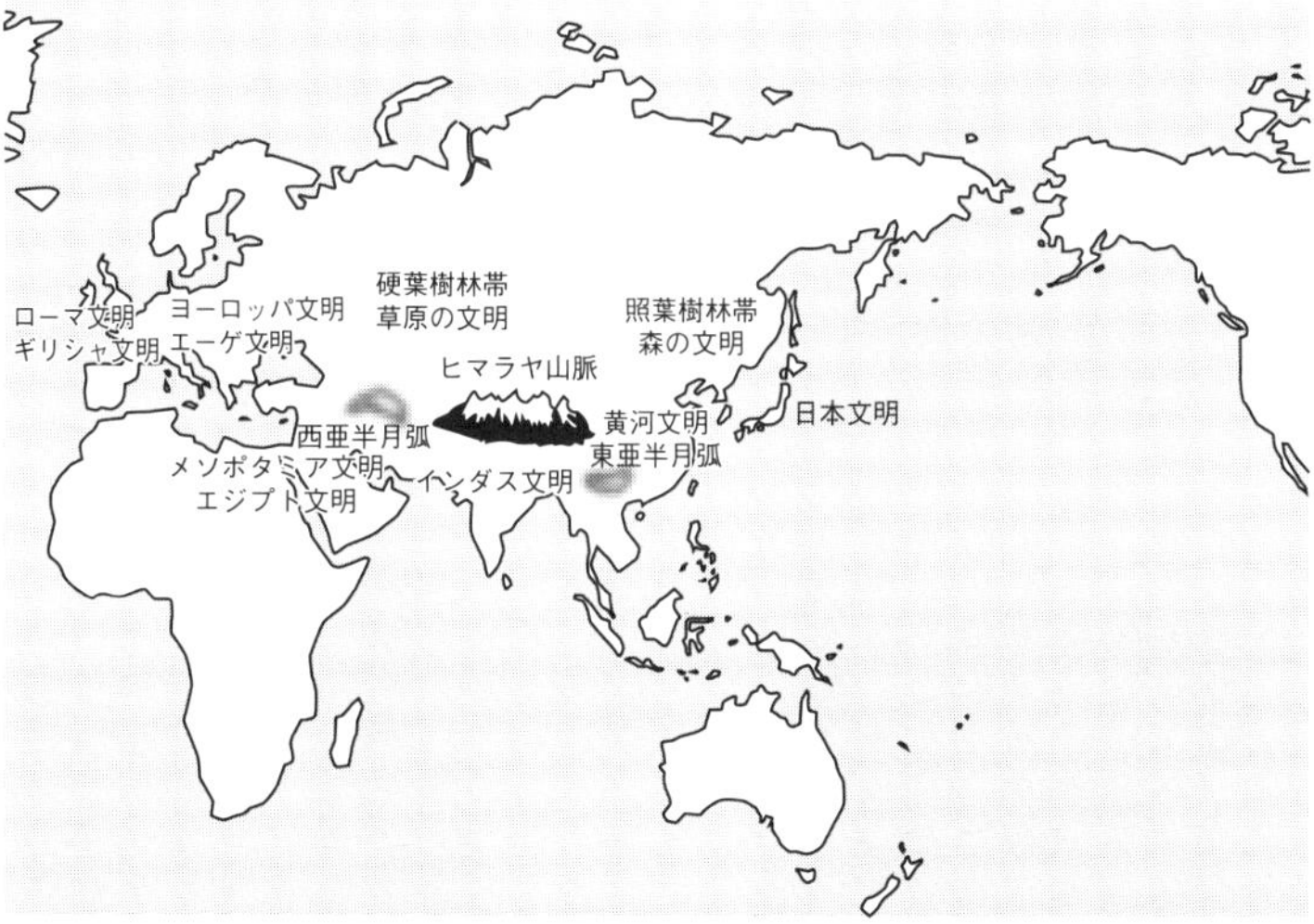

（安田喜憲『森林の荒廃と文明の盛衰』p.31を参考に作成）

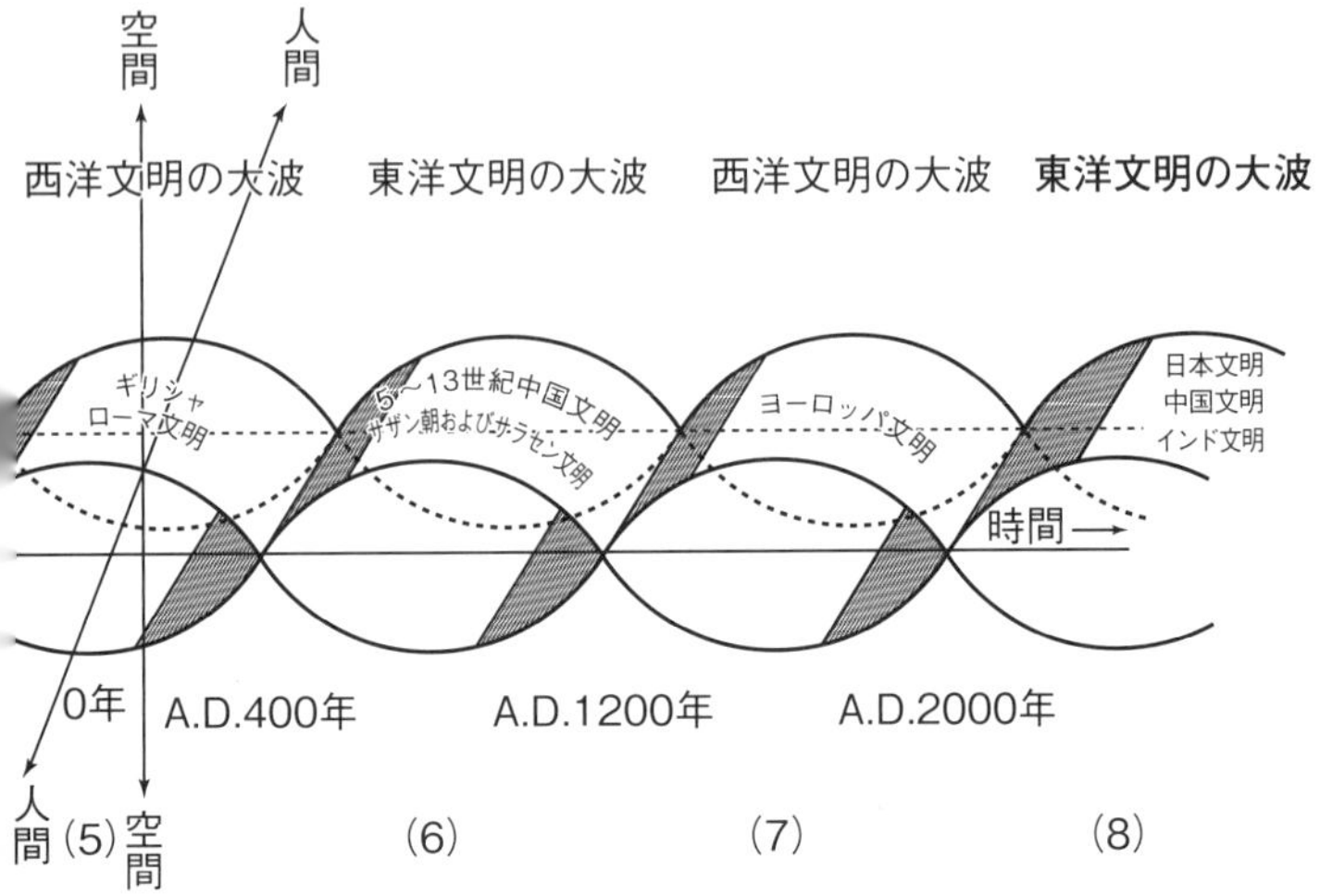

れ属することになる。

なお、マヤ文明などのメソ・アメリカの古代文明やアンデスのインカ文明などは「東洋文明と同型の文明」とみなしてよい。なぜなら、私見では、これらの文明を創ったのは、遠い昔、当時は陸続きであった北極圏を越えて、東洋からアメリカ大陸へと移住した東洋人であったからである。

そこで、このような「東西文明の地域的境界線」（図・はしがき1）を前提に、「東西文明の興亡」を「歴史的に検証」し、それを図示したのが図・はしがき2である。

より詳しくは、本図は有史以来の「東西文明の興亡」を村山氏の『文明の研究』に従い、史実によって克明に検証し、それを「東西文明興亡の大波」として「ビジュアル化」したものであるが、そのさい、それら「各東西文明の大

図・はしがき2　東西文明興亡の歴史的検証

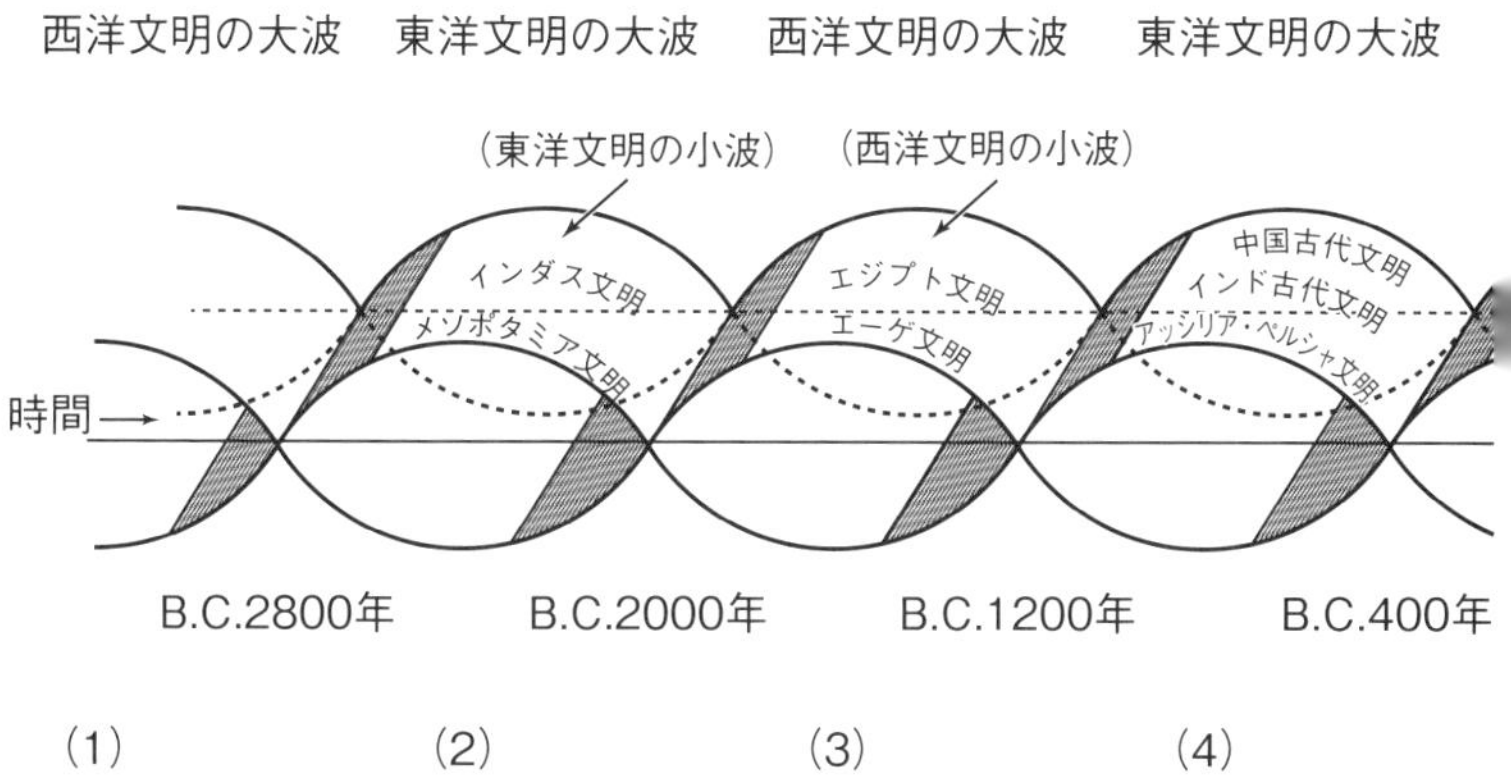

出典：岸根卓郎『文明の大逆転』p.120 ～ 122

波」の上に乗っている「細波《さざなみ》（小波）」が「各東西文明に属する地域文明」である。

この図をみると、東西文明は有史以来「八〇〇年の周期」で、まるで「時計仕掛」のように正確に興亡を繰り返し、今世紀（二一世紀）が七回目の東西文明の興亡期にあたることが「史実」によって適確に検証される。より詳しくは、以下のとおりである。

(1) 紀元前二八〇〇年頃までは、西洋文明が八〇〇年間台頭していたものと推測される。なお、ここに私が「推測される」というのは、それ以前には「史実がない」からである。

(2) ついで、紀元前二八〇〇年頃に東西文明の交代が起こり、それまで八〇〇年間台頭していた西洋文明の大波が沈滞し、それまでの八〇〇年間沈滞していたはずの東洋文明の大波が台頭してきた。

ただし、ここで断っておきたいことは、「沈滞していた文明」といった場合、それは「衰退していた文明」を意味するのではなく、次代の台頭（活動）のために「エネルギーを蓄積していた文明」を意味しているということである。

同様に、「台頭していた文明」とは、それまで沈滞していて「エネルギーを蓄積していた文明」が活動期に向けて「エネルギーを発散している文明」のことである。ちなみに、そのことは私たちが昼間に「活動」（エネルギーを発散）するためには、前夜の「睡眠」（エネルギーの蓄積）が必要なのと同じである。

（3）ついで、紀元前二〇〇〇年頃に、それまで八〇〇年間台頭していた東洋文明の大波が沈滞し、今度はそれまで八〇〇年間沈滞していた西洋文明の大波が再び八〇〇年間台頭してきた。

（4）さらに、紀元前一二〇〇年頃に、それまで八〇〇年間台頭していた西洋文明の大波が沈滞し、今度はそれまで八〇〇年間沈滞していた東洋文明の大波が再び八〇〇年間台頭してきた。

（5）ついで、紀元前四〇〇年頃には、それまで八〇〇年間台頭していた東洋文明の大波が沈滞し、今度はそれまで八〇〇年間沈滞していた西洋文明の大波が再び八〇〇年間台頭し、それが紀元〇年を跨《また》いで紀元後四〇〇年まで続いた。

（6）ついで、紀元後四〇〇年頃には、それまで八〇〇年間台頭していた西洋文明の大波が沈滞し、今度はそれまで八〇〇年間沈滞していた東洋文明の大波が再び八〇〇年間台頭し、それが紀元後一二〇〇年頃まで続いた。

（7）その後、物の文明ルネッサンスを創起してきた現在の西洋の科学文明の大波が八〇〇年間台頭してきたが、この西洋文明も紀元後二〇〇〇年の二〇世紀の末頃になって沈滞してきた。(8)そして、二一世紀に入ると、今度はそれまで八〇〇年間沈滞していた心の文明ルネッサンスを創起する現在の東洋精神文明の大波が台頭してきた。ということは、現在がちょうど有史以来「七回目の東西文明の交代期」にあたり、それはまた「四回目」の「東洋文明の到来」、すなわち「心の文明ルネッサンスの到来」ということになる。

このようにして、「文明興亡の宇宙法則の歴史的検証」の結果、「二一世紀以降の八〇〇年間は、物のみを重視する物心二元論の西洋の物質文明が沈滞期に入り、それに代わり、物も心も重視する物心一元論の東洋の精神文明が台頭期に入る」ということである。すなわち、「西洋の物の文明ルネッサンスの沈滞に対する、東洋の心の文明ルネッサンスの台頭」である。

二　文明興亡の宇宙法則の理論的検証
――文明の周期交代は、宇宙の意思による宇宙のエネルギー・リズム

しかも、私がここで主張したいことは、平均寿命がわずか「八〇歳から一〇〇歳」ほどの人類が、「八〇〇年もの長い周期の東西文明の興亡」を、有史以来、このように七回も「人為的に正確に創り出せるはずはない」ということである。それゆえ、私は、

「東西文明の正確な八〇〇年の周期交代は、決して人為によるものではなく、人類文明の進化と永続のための宇宙の意思による、東西文明のエネルギー交換としての宇宙のエネルギー・リズムによる」

と考える。なぜなら、

「生物の進化と永続のためには、宇宙の意思による、雌雄の平均寿命による周期的なエネルギー交換としての世代交代が絶対に必要なのと同様に、人類文明もまた進化と永続のためには、宇宙の意思による、東西文明の八〇〇年の寿命による周期的なエネルギー交換が絶対に必要である」

からである。とすれば、私は、

「東西文明の正確な周期交代が、人類文明の進化と永続のための宇宙の意思による宇宙のエネル

図・はしがき３　東西文明興亡の理論的検証

$$y_t = A_0 + A_1\cos\frac{2\pi}{p}t + A_2\cos 2\frac{2\pi}{p}t + \cdots\cdots\cdots\cdots + A_m\cos m\frac{2\pi}{p}t$$
$$+ B_1\sin\frac{2\pi}{p}t + B_2\sin 2\frac{2\pi}{p}t + \cdots\cdots\cdots\cdots + B_m\sin m\frac{2\pi}{p}t$$

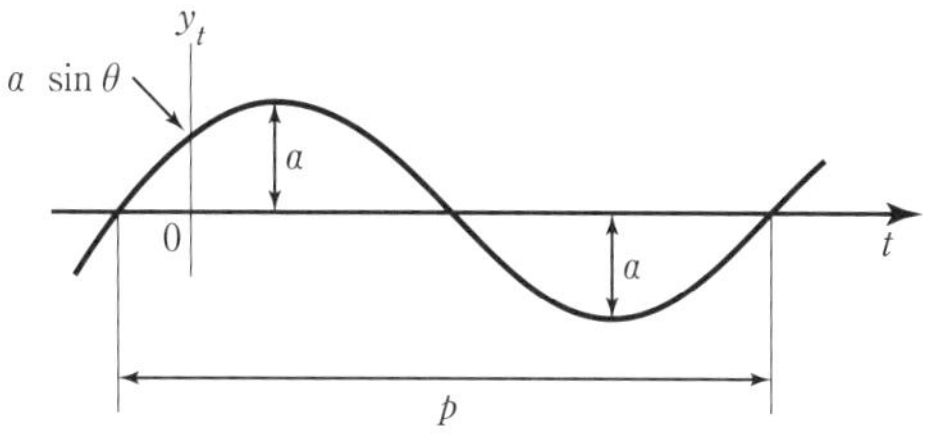

（$A = \alpha\sin\theta$、$B = \alpha\cos\theta$、α：振幅、θ：位相角、p：周期、t：時間）

出典：岸根卓郎『文明論』p.207～208

ギー・リズムであるとすれば、そのような宇宙のエネルギー・リズムは決して偶然ではなく必然であるから、科学的に必ず解明できるはずだ」

と考えた。そして、そのことを「数学的」に解析したのが、岸根卓郎『理論・応用　統計学』（参考文献3）に示す「東西文明興亡の理論式」であり、それを図示したのが図・はしがき3である。

このようにして、私は「科学的」には、

「東西文明は、この理論式に従って、有史以来これまで正確に八〇〇年の周期で七回も興亡を繰り返してきたし、これからも必ず同じ八〇〇年の周期で興亡を繰り返す」

と思考する。

以上のような「東西文明興亡」の「歴史的検証」と「理論的検証」の結果、私は、二一世紀

以降の八〇〇年間は必ず、「東西文明の周期交代」により、

「西洋文明に代わり、東洋文明の時代がやってくる」

と確信するに至った。すなわち、

「西洋に陽《ひ》は沈み、東洋に陽は昇る」

それゆえ、

「Western Sunset, Eastern Sunrise」

と確信するに至った。その意味は、

「従来の西洋の物の科学文明を踏み台に、新しい東洋の心の精神文明がやってきた」

ということである。ついに、

「心の時代がやってきた」

といえよう。私が、本書の書名をして、

『量子論（西洋の科学文明）から科学する「見えない心の世界」（東洋の精神文明の世界）――心の文明とは何かを極める』

とする所以《ゆえん》はまさにそこにある。それゆえ、この点についての詳細な科学的検証こそが本書全体を通じての課題となる。


以上を要するに、私は一九九〇年に刊行した自著の『文明論』によって、

「二〇世紀の後半から二一世紀の前半までの約一〇〇年間に、宇宙の意思（宇宙のエネルギー・

リズム）により東西文明は必ず大逆転し、二一世紀以降の八〇〇年間は、これまでの西洋文明の時代に代わり、新たに東洋文明の時代が台頭する」

と予言した。ところが残念なことに、私のこのような「大胆な予言」は当時は一般には信じられなかった。しかし、それから四半世紀後（二五年後）の今日に至り、私の「この予言」はいかにも「当然のこと」のように広く信じられている。

ゆえに、このような私の苦《にが》い経験から、改めてここで「文明論の定義」について、私見を付記すれば、私は、

「文明論とは、人類文明における宇宙法則の発見の史学である」

ないしは、

「文明論とは、宇宙と人類文明との間に存在する法則の発見の科学である」

と定義したい（参考文献４）。

したがって、このような私見に立てば、私は従来からの、

「文明の興亡は偶然である」

とする「文明論の固定観念」（定義）は破棄されるべきであると考える。

このようにして、私がここで主張しておきたいことは、

「人間の進化も、またその上に花咲いた文明の進化も、人間の目には偶然であるかのように思えても、宇宙の法則からすれば決して偶然ではなく必然である」

ということである。この点については、第五部第六節でも再度明らかにする。

それゆえ、以上を総じて「本書の目的」は、このような観点に立って、「来たるべき七回目の東西文明の交代による新東洋文明の心の文明ルネッサンスの到来もまた、決して偶然ではなく必然である」ことを「史実的」かつ「科学的」に検証することにある。

三　本書の構成のイメージ図
――心のルネッサンスの流れ図

以上のような見地に立って、来たるべき「新東洋文明」の「心の文明ルネッサンス」の下で、新たに創造される「心の文明社会」の「量子社会」について、私見を「イメージ」したのが図はしがき4の「本書の構成のイメージ図」(本書の流れ図)である。

先の図・はしがき2によっても明示したように、「人類文明」は有史以来、「東西文明の二極」に分かれ、互いに八〇〇年の周期で正確に興亡を繰り返し、本世紀の二一世紀以降は、これまで台頭していた「物心二元論の西洋文明」(物質世界の追求文明)が沈滞し、それに代わって、これまで沈滞していた「物心一元論の東洋文明」(精神世界の追求文明)が新たに台頭してきた(本書の第一部を参照)。

そして、それと軌を一にするように「量子論が登場」し(第二部を参照)、それによって「心の世界が科学的に発見」され(第三部を参照)、その結果「心の世界が科学化」されるようになり(第四部を参照)、ついに「心の文明ルネッサンス」が到来し、「物の文明と心の文明の統合文明の登場」によって「物心一元論の心の文明社会が登場」するようになり、やがて「心の文明社会の量子社会の実現」が可能になるということである（第五部を参照）。

最後に、私は以上を総じて「本書の結論」として、「今回の東西文明の交代」にあたり「日本の果たすべき役割と、その適性」についても「理論的」に明らかにした（「補論」を参照）。

以上が、「図・はしがき4の本書の流れ図」に示す「本書の構成概要」であり、本書はこのような「構成内容」にしたがって書かれており、しかも、それはいわば、「人類の未来を問う、私の予言書」でもある。


おわりに、本書は私が中国の古聖賢の荘子の銘言『視乎冥冥《めいいめいめいにみ》　聴乎無聲《むせいにきく》』を座右の銘に日夜研鑽《けんさん》を重ね、上梓《じょうし》したものである。

中国には、「韋編三絶《いへんさんぜつ》」という古辞があるが、それは孔子が「易教《えききょう》」に心を打たれ、同書を繰り返し愛読したために、同書を綴じた韋《い》（皮紐）が三度も切れたという諺《ことわざ》による。

その後、この諺は「何度も繰り返し熟読する喩《たと》え」や、そのように「熟読される名著の喩え」となるが、私もまたそのように後世までも読み継がれるような書物を書き残したいと願い、自身のこれまでの「形而上学」と「形而下学」の「学際的」な知識を駆使して本書を上梓したもので、私がこれまでに刊行してきた多くの著書のうちの、とくに「心に関わる著書」の「集大成」ともいうべきものであり、おそらくは私の長い学者人生における「最後の書」となると思う。これまで、私を支えてくださった多くの読者の方に対し、この場をかりて深く謝意を表したい。

図・はしがき4　本書の構成のイメージ図（本書の流れ図）

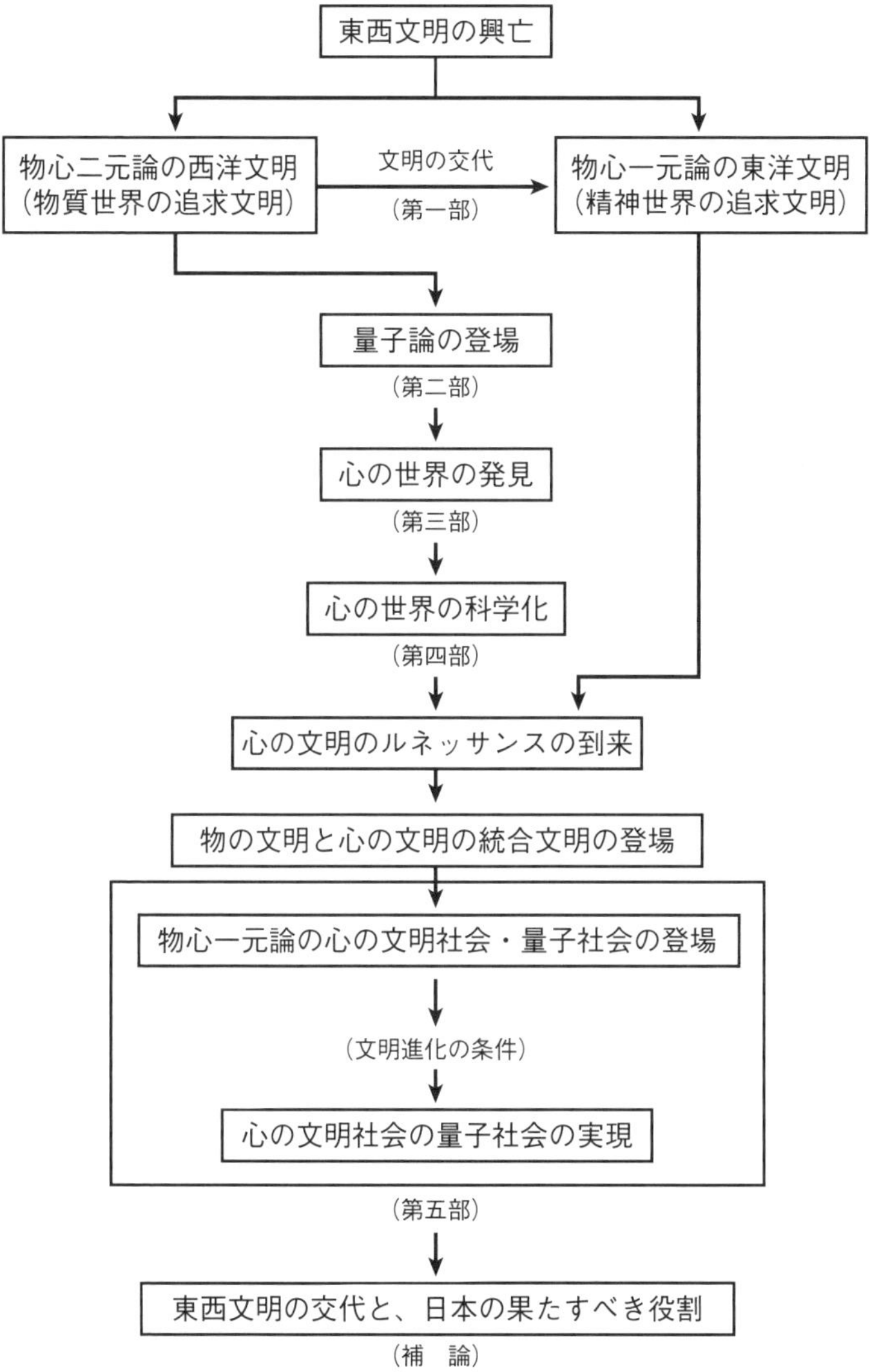

本書もまた私の前二著に引き続き、ＰＨＰエディターズ・グループの大久保龍也氏とＰＨＰ研究所の細矢節子氏のお二人のご協力によって刊行することができた。お二人には、この度もまた誠心誠意本書の編集にあたっていただいた。ここに深い思いを込めて衷心より感謝の意を表したい。私は良き編集者に恵まれたと、そのご縁を心より有難く思っている。

最後に、私と長い人生を共にし、つねに私に安らぎと励ましを与え続けてくれた妻と、これまでの私の多くの著書の校正にあたり心を尽くしてくれた息子に対し、深い思いと厚い感謝の念を込めて本書を贈りたい。

二〇一七年五月二二日

岸根卓郎

量子論から科学する「見えない心の世界」

目次

第二部　量子論の登場

第三部　心とは何か

第五部　二一世紀は心の文明社会の時代——量子社会の登場

補論　東西文明交代の必要性と、日本が果たすべき役割

カバーデザイン　大平年春
帯・表紙・扉デザイン　印牧真和
カバー写真　岸根　誠
第四部イラスト（図4－3）　井上富佐夫

序論

見えない心の世界への挑戦

――視乎冥冥《めいめいにみ》　聴乎無聲《むせいにきく》

周知のように、

「人間が見ている世界は、光が物体に当たったさいに色がついて見える波動の世界、それゆえ七色の可視光線の物の世界のみで、しかもそれは宇宙全体のわずか約五％にすぎない」

といわれている。つまり、

「人間の見ている世界は、宇宙全体（森羅万象《しんらばんしょう》）の中の、物質に姿を変えたほんの一部の可視光線の世界（約五％）のみで、物質の姿をとらない波動の世界の宇宙のほとんど（約九五％）は、人間にとっては見えない世界である」

ということである。とすれば、

「人間にとっては、物質の姿をとらない見えない波動の世界の宇宙の姿、すなわち神の姿や神の心は全く見えていない」

ということになろう。

このように、

「人間に見える波動の世界の色の世界の範囲は狭く、七色の可視光線の範囲に限られている」

が、一方、音もまた「波動」であるから「音の世界」にも人間に聞こえる「波動」としての「可聴音」の範囲（音域）があるが、

「人間の聞いている音は、20ヘルツ（Ｈｚ）から２００００Ｈｚであり、それは、およそピアノの出す音域よりも少し広いぐらいである」

ということである。とすれば、

「人間にとっては、音として聞こえてこない波動の世界の宇宙の声である神の声もまた、ほとんど聞こえていない」

ことになろう。

以上を総じていえることは、

「人間が見聞きしている世界は、可視光線の世界と、可聴音の世界のみで、人間にとっては宇宙のほとんどが、見えない宇宙であり、聞こえない宇宙である」

ということになる。とすれば、このような、

「狭い可視の世界や狭い可聴音の世界のみを研究対象とする現代科学もまた、宇宙の姿（神の姿）も宇宙の声（神の声）もほとんど見聞きできない狭い管見《かんけん》の科学である」

ということになろう。

このように、人間が見聞きしている「現在の世界」は、「可視光線の世界」と「可聴音の世界」に限られており、現代の人間にとっては「宇宙の真の姿」（神の姿）も「宇宙の真の声」（神の声）もほとんど見聞きできない「狭い世界」である。とすれば、

「このような狭い可視の世界や可聴音の世界のみを研究対象とする『現代科学』もまた、宇宙の真の姿（神の姿）も宇宙の真の声（神の声）もほとんど見聞きできない『狭い科学』である」と

いうことになろう。

今日では生命科学の進歩によって、人間の体そのものは、その設計図の「DNA」に書き込まれた「遺伝情報」によって創られていることは疑う余地のない事実となってきた。

しかし、そのさい誤解されてはならないことは、「人間のDNAに遺伝情報を書き込み、さらにそれに命と心を与えるものは、DNAそのものでは決してなく、人間以外の第三者（科学にいう先験的宇宙情報、一般にいう神、私のいう宇宙の意思）である」

という「事実」（真実）である。とすれば、私たちは生物に命と心を与えるこの「事実」について、それが「不可視」で「神秘的」で「非科学的」であるとして「物心二元論の見地」から、いつまでも排除し続けるのではなく、その「不可視」で「神秘的」な「宇宙の意思」（先験的宇宙情報、神の心）の解明に「物心一元論の見地」から「科学的」に果敢に挑戦すべきであろう。

とすれば、私たち人間が今後もさらに「進化」していくためには、このような「管見の現代科学」から脱却し、不可視で不可聴音の「真の宇宙」の「神の世界」や「心の世界」の研究にまでも踏み込まなければならないことになろう。

すなわち、「神の世界や心の世界への挑戦」である。本序論の目的は、この点について私見を明らかにすることにある。

ところが驚くべきことに、上記のような「管見による誤り」を、いみじくも二〇〇〇年以上も前に「見事に指摘」したのが、中国の古聖賢の荘子の銘言、

『視乎冥冥《めいいめいいにみ》、聴乎無聲《むせいいにきく》』

すなわち、

「見えない宇宙の姿を心で見、声なき宇宙の声を心で聞け」

である。とすれば、私たちは、この「荘子の銘言」に従い、

「可視の世界や可聴音の世界の物質世界や現象世界のみの研究に固執する現代の科学万能主義のあり方を改め、不可視で不可聴音の世界の神の世界や心の世界の研究にも果敢に挑戦しなければならない」

ことがわかろう。その意味は、

「これからの新しい科学は、従来の固定概念を捨て去り、宇宙にはなぜそのような可視の世界と不可視の世界、可聴音の世界と不可聴音の世界、それゆえ見聞きできる世界と見聞きできない世界があるのか、そして、そのことはまたどのような意味を持っており、それを科学的に理解し解明するにはどうすればよいのかなどの、新しい知のパラダイムに果敢に挑戦しなければならない」

ということである。つまり、

「未来科学は、これまでのように、人間に見聞きできる物質世界や現象世界のみを研究対象とする従来の物心二元論の西洋の分析に基づく科学観から、人間には見聞きできない神の世界や心の世界をも研究対象とする物心一元論の東洋本来の直覚（閃《ひらめ》き）に基づく神秘思想へと回帰し、かつ、それをさらに科学的に解明し進化させるべきである」

ということである。それを比喩《ひゆ》すれば、

「未来科学は、これまでの物を造って心（命）を入れない従来の西洋の物心二元論の科学観から、物を造って心（命）をも入れる東洋本来の物心一元論の科学観へとパラダイム・シフトしなければならない」

ということである。


このようにして、以上を総じて私のいいたいことは、

「私たちが物心一元論の世界の研究（物の世界と心の世界の一体化した世界の研究）を押し進めていけば、私たち自身の神観や心観や命観などが大きく変わり、私たちは宇宙の意思（神の心）に素直に帰入することができるから、それによって私たちは物の世界の解明に加え、心の世界の解明への扉をも開き、大きく進化することができる」

ということである。本書は、そのような、

「物心一元論の新しい知のパラダイムを量子論の世界を通じて解明しよう」

とするものである。

人間はこれまで洋の東西を問わず「生死の神秘」や、それを支配する「宇宙の謎」（宇宙の意思、神の心）を解き明かそうと様々な試みを行ってきた。宗教的、哲学的な試みや、芸術的な試みや、科学的な試みなどがそれである。

しかし、そのいずれの試みも単独では所期の目的を達成しえないことが明らかになってきた。

なぜなら、

「形而上学の哲学や宗教や芸術は、見えない世界の精神世界の解明には有効であっても、それを超えると直ちにその有効性を失うし、形而下学の科学は、見える世界の物質世界の解明には有効であっても、それを超えると直ちにその有効性を失う」

からである。その意味は、

「精神の真相を探ろうとして精神世界を超えるとたちまち哲学や宗教の有効性が失われるし、物質の真相を探ろうとして物質世界を超えるとたちまち科学の有効性が失われる」

ということである。

このようにして、人類は長い間、自然の背後にある「宇宙の基本法則」の「宇宙の意思」（神の心）を探し求め続けてきたが、従来の「物心二元論」の古典物理学ではそれをうまく説明できないことがわかってきた。なぜなら、

「見聞きできない宇宙の意思（神の心）のミクロの世界のあの世は、見聞きできるマクロの世界の物の世界のこの世とは異なり、科学が全く及ばない別世界であった」

からである。つまり、

「人間の視覚的、聴覚的な知覚の及ぶマクロの物の世界のこの世（三次元世界）のみを研究対象としてきた従来の科学知識によっては、人間の知覚の全く及ばないミクロの世界のあの世（四次元世界）を正確に理解したり説明したりすることは不可能である」

ことが判明したということである。その結果、

「これまでは、視覚的で聴覚的なマクロの物の世界の三次元世界のみを科学の対象としてきた従来の西洋の科学者たちは、これからは否応なく、非視覚的で非聴覚的なミクロの心の世界の四次元世界を思考対象としてきた東洋の古代神秘思想家のように、心の世界の解明にも直面せざるをえなくなってきた」

ということである。

そこで、登場したのが、

「量子論、なかんずくコペンハーゲン解釈と称せられる量子論的唯我論である」

といえよう。その意味は、

「量子論、なかんずく量子論的唯我論の登場によって、現代の西洋科学（論理）が、古代の東洋神秘思想へと急速に接近するようになってきた」

ということである。つまり、

「現代の西洋の最先端科学の量子論が著しく進歩し、マクロの物の世界を探究する過程で、ミクロの心の世界（人間の意識の世界）をも問題とせざるをえなくなり、その結果、西洋の物質的世界観（科学）と東洋の精神的世界観（神秘思想としての哲学、宗教）とが急速に接近するようになってきた」

ということである。その結果、

「外なる物質世界へ向かった西洋の科学も、内なる精神世界へ向かった東洋の神秘思想の宗教（なかんずく佛教）も、その究極において同じ目標に到達するようになってきた」

ということである。とすれば、このことはまた、

「西洋の物の世界の研究（論理）と東洋の心の世界の研究（直覚）の統合、それゆえ西洋の科学と東洋の宗教（なかんずく佛教）の統合の可能性をも示唆《しさ》している」

ことになろう。なぜなら、本論でも明らかにするように、

「心とはエネルギー量子（波動）で、現時点では粒子化（質量化、物質化）されていないエネルギーであるが、そのエネルギー量子（波動）を粒子化（質量化、物質化）して生体にするのが、科学的には電子の量子性であり、宗教的には神の心である」

といえるからである。

この点については、本論の第三部および第四部を通じて徹底的に解明するが、ここでは、そのことを、ちなみに「人間の生死」についていえば、私は、

「人間がこの世に生まれるということは、科学的には先験的宇宙情報によって、宗教的には神の心によって、エネルギー量子（波動）が質量化（粒子化・物質化・生体化）されることであり、この世を去るということは、同じく科学的には先験的宇宙情報によって、宗教的には神の心によって、質量化（粒子化・物質化・生体化）されたエネルギー量子が再びエネルギー化（波動化）されるということである」

と考える。

私は、このことこそが量子論にいう「量子性」ないしは「量子効果」であり、それを「科学的に証明」したのが「ベルの定理」と「アスペの実験」であると考える（この点については、第二部で詳しく述べる）。とすれば、

「生のこの世と死後のあの世は、量子性（量子効果）によってつながっている」

ことになる。

このようにして、私は、

「量子論の登場によって、はじめて科学と宗教の間の高い壁が取り払われ、可視の物質世界を対象とする科学（西洋の論理）と不可視の心の世界を対象とする宗教（東洋の直覚）の統合（学際研究）が可能になる」

と考える。その意味は、

「ついに、科学と宗教の統合の時代がやってきた」

ということである。

1　科学と宗教が統合し、心の時代がやってくる

そもそも、宗教と科学の基本的な違いは、簡単にいえば「誰がという主語を置くか置かないかの違い」だけである。主語を置けば「宗教」になるし、置かなければ「科学」になる。ところが周知のように、その宗教と科学は、中世以来、つねに互いに激しく対立してきた。しかし、私はこれからは、

「量子論の進化によって、科学と宗教の対話、なかんずく科学と佛教の対話（統合）が可能になる」

と考える。

この点に関連して、さらに私見をいえば、アインシュタインは、

『佛教は近代科学と両立可能な唯一の宗教であり、現代科学に欠けているものを埋め合わせてくれる宗教があるとすれば、それは佛教である』

といっているし、加えて彼は、

『科学を何に使うか、その目的を教えてくれるのが佛教である』

ともいっている。その意味は、

「人間の物的な豊かさに応えるのが科学であり、その科学に心の豊かさをも付与し、人間に生きる目的と生きる意味を教えてくれるのが佛教である」

ということであろう。そうであれば、私は、

「科学者も宗教者も、これまでのように自分の狭い専門分野にのみ閉じ籠り、互いに排他的でいては、時流に取り残され、もはや新しい知のパラダイムの進歩に参加できなくなる」と考える。

この点に関連して私見を付記すれば、ノーベル物理学賞を受賞したブライアン・ジョセフソンは、「科学と宗教の統合」について以下のような「重要な意見」を吐露《とろ》している。要約すれば、『私は東洋の神秘主義（なかんずく佛教：著者注）は西洋の科学を超えていると思う。東洋の神秘主義は、西洋の科学がまだ発見していないような自然の奥深いところを理解（直覚：著者注）していると思う。

これに対し科学は、まだ自然の中の心らしきところのほんの表面をひっかいただけである。心は根本的に物質よりつかみにくいから、これまでの科学手法は、いまのところ心のそういう精妙さを、神秘的な体験（東洋の神秘思想：著者注）がつかむようにはつかめていない。

ところが、最近になって、科学と神秘主義のつながりが、一般の人々の間でも盛んに議論されるようになってきた。

しかし、大多数の科学者（合理的知性派の旧守派：著者注）は、そのような議論はナンセンスとしかいわないばかりか、そんなのはエセ科学だという。

しかし、私はそう決めつけるのは間違いだと思う。将来、この種のことがごく普通の科学になると思う。

何かオーソドックスでないことが見つかったとする。科学者はまずそれを無視する。次にナンセンスだといい、最後には、そんなことはずっと前から当たり前だという。しかし、私は、そのうち科学者も、そのことをきっと理解するようになると思う。

宇宙の本当の性質を理解するためには、新しい科学が必要であることは確かだと思う。われわれは宇宙の機械的な側面に関してはほとんど決着をつけた。だが、人間の性質とか、人間の主観的な経験とかいう点になると、まだ手をつけてもいない。

そのため、人間はこの宇宙の中で自分がどういう立場にあるのかを言うこともできないし、意識（心）についての適切な定義もできない。

私たちは価値の科学（心の科学：著者注）を必要としている。それができると、宇宙における人間の立場も、もっとはっきりと評価できると思う。

人間の徳性とか経験とか、これまでは科学でなかったものが、いまは科学に組み入れられるところまできている。物理学（量子論、なかんずく、コペンハーゲン解釈と称せられる量子論的唯我論者：著者注）はすでにその方向に進んでいるし、私のみるところ、心理学もそちらの方向に向かおうとしている。そうなれば、いよいよ「心の科学の時代」（宗教と科学の統合の時代：著者注）が始まることになる』

と述べている。

とすれば、「彼のこの提言」こそは、私にとっては「本書の執筆の意図」そのものであるし、「科学者」としての私にとっての「銘記すべき至言」でもあると考えている。

また、イギリスの思想家のC・ハンフレーズも、その著書『ブディズム』の中で、

『佛教は宗教というよりも、むしろ精神哲学であり、近代科学のように冷静で、かつ客観的である』

といっている。その真意を、私なりに理解すれば、

「佛教は形而上学の宗教でありながら、形而下学の科学のように客観的であるからこそ、その客観性を通じて宗教は科学と統合できる」

ということであろう。

このようにして、私は、

「量子論の登場と、そのさらなる進化によって、これまでは科学の対象外とされてきた形而上学の宗教、なかんずく佛教が、いよいよ形而下学の科学の高みへと引き上げられるようになってきた」

といえよう。それこそが、私がここにいう、

「思弁的な形而上学の宗教（佛教）をして、理論的な形而下学の科学（量子論）によって止揚《しよう》（アウフヘーベン、Aufheben）する」

との意味である。なお、ここに、

「止揚するとは、あるものを、そのものとしては否定しながらもさらに高い段階で生かすこと、または矛盾するものをさらに高い段階で統一し解決すること」

である。ついに、

「心の科学の時代がやってきた」

といえよう。すなわち、荘子のいう、

「視乎冥冥《めいめいにみ》　聴乎無聲《むせいにきく》」

の時代がついにやってきたといえよう。

第一部

心の文明ルネッサンスの到来

――東西文明遺伝子の違いと、その必要性

1　文明のグローバル化は人類の危険な道

後の第九節でも明らかにするように、自説の「文明興亡の宇宙法則説」によれば、「人類文明が存在し永続」するためには、「違った文明遺伝子」を持った「東西文明の存在」と、その「違った文明遺伝子」を持った「東西文明の周期的な世代交代」が絶対に必要であるということである。

ここ第一部の目的は、そのような見地に立って、「東西文明遺伝子の違い」と、そのような「違った遺伝子」を持った「東西文明の周期交代の必要性」について、「史実的」かつ「科学的」に徹底的に解明するとともに、それを「理論的根拠」に、今回の七回目の「東西文明の周期交代」の結果到来する「心の文明ルネッサンス」についても明らかにすることにある。


ところで、ここにいう「文明遺伝子」とは私の造語であるが、私は、

「違った生体遺伝子を持った人間（人類）のうえに花咲いた、違った文明遺伝子を持った文明もまた、人間と同様、それぞれ違った文明である」

と考える。その意味は、

「違った生体遺伝子を持った東西人種によって創られた東西文明もまた、違った東西人種の生体遺伝子と同様、違った東西文明遺伝子を持っている」

ということである。

そこで、この第一部では、このことを前提に、「人類文明の存在と永続」のために不可欠な「東西文明遺伝子の違い」と、その違った文明遺伝子を持った「東西文明の周期的な世代交代の必要性」について明らかにする。そのことを、人類にたとえて比喩すれば、

「人類の存在とその永続のためには、違った遺伝子を持った男女の存在と、その男女の平均寿命による周期的な世代交代が絶対に不可欠である」

のと同じである。なぜなら、

「男女の遺伝子が同質化して、男女の区別がなくなり、しかも男女の平均寿命による世代交代もなくなると、子孫が残せなくなり、人類そのものが消滅することになる」

からである。それと同様に、

「文明もまたグローバル化して、東西文明の遺伝子が同質化して東西文明の区別がなくなり、しかも東西文明の平均寿命（約八〇〇年）による周期交代もなくなると、子孫文明を残せなくなり、文明そのものが消え去ることになる」

からである。その意味は、結局、

「文明のグローバル化による文明遺伝子のグローバル化もまた、文明の違い（文明の個性）をなくし、文明そのものを消し去る」

ということである。それゆえ、私は、

「現在進行中の世界規模での文明のグローバル化は、そのうち人類文明そのものまでも消し去る

ことになり、人類にとっては最も危険な道である」

と指摘しておいた。

その例として、私はかねてより、

「EU統合というグローバル化もまた、ヨーロッパ文化全体を消し去り、極めて危険な道である」

と指摘しておいた。この点については、すでに二〇〇七年に出版の拙著の『文明興亡の宇宙法則』（参考文献1）においても詳しく私見を述べておいたが、その一部を抜粋し要約すると、以下のとおりである。

ただし、はじめに断っておきたいことは、私がここで「グローバル化の比喩」として取り上げる、

「EU統合というEUのグローバル化とは、EU各国の物質面（経済面など）でのグローバル化のことではなく、EU各国の精神面（文化面など）でのグローバル化のことである」

ということである。

そもそも、「グローバル化の危険性」とは、いわば「異質なものをグローバル化して同質化することの危険性」のことである。なぜなら、グローバル化によって「異質なものを統合して同質化」しようとすれば、そこには必ず「排除の原理」（異質な遺伝子同士の拒絶反応）が働くからで

ある。それと同様に、

「ＥＵ統合という政治・経済面（物質面）でのグローバル化も、結局は文化面（精神面）でのグローバル化を惹起《じやっき》するから（なぜなら、人は物質面だけではなく精神面でも生きているから）、そこには必ず異質な文化同士の遺伝子による排除の原理が働き（そのよい例がヨーロッパ各地で多発するテロなどであるが）、ヨーロッパ文化そのものが崩壊する危険性がある」

ということである。

そこで、この「危険性を回避」するために考えられたのが、イギリスの「多文化主義によるＥＵ統合政策」と、フランスの「同化主義によるＥＵ統合政策」である。

2　イギリスの多文化主義が惹起するＥＵ統合政策の危険性

まず、

「イギリスの多文化主義とは、ＥＵ統合というグローバル化を成功させるために、イギリスへの移住民族（違う文化遺伝子を持った異民族）に対し、肌の色がどうであれ、風俗習慣がどうであれ、差別のない平等への権利を認める」

とする、「イギリスの理想主義」に立脚した「ＥＵ統合のための必要政策」である。ところが、そのイギリスで、ホスト社会の白人キリスト教徒と融和したはずの移住民族（異文化を持った異民族）のエスニック・マイノリティーがテロを引き起こした。それがロンドンで起こった地下鉄とバスの爆破テロ事件であり、民間航空機の同時爆破テロ計画であり、その後にも引き続き起こったいくつかの「テロ事件」である。

しかも、そのテロ事件の根底にあるのが、ホスト社会の白人キリスト教徒と、移住民族（異文化を持った異民族）のエスニック・マイノリティーのイスラム教徒が互いに抱く「異質な文化への憎しみの遺伝子」による「排除の原理」であった。

ホスト国のイギリス社会では、EU統合のために、これまでイギリスの国籍を取得して定住した移住民（異文化を持った異民族）のエスニック・マイノリティーに対しては、イギリスの多文化主義にしたがい、ホスト国の白人キリスト教徒の固有の文化や固有の価値規範を一切強要してこなかった。ところが、これらの事件によって、

「異文化を持った異民族であれ、イギリス人であるかぎり同じイギリス国民であるとするイギリスの多文化主義は幻想にすぎない」

ことが明らかにされたといわれている。ということは
「イギリスの多文化主義に立脚したEU統合というグローバル化は、イギリスの文化遺伝子（より広義には、イギリスの文明遺伝子）を破壊するばかりか、ついにはイギリスそのものまでも破壊する危険な道である」

ということになろう。その証拠に、それに気づいたイギリスは、最近になって、

「国民投票によってEUからの離脱を決定した」

ことは周知の事実である。私は、このような、

「ＥＵから離脱する国々は、今後も後を絶たないであろう」

と予見する。その証拠に、イギリスと同様にＥＵ統合を推進してきたＥＵ主要国のフランスでも、すでに「ＥＵ離脱の予兆」がみられるし、そのイギリスやフランスと同様にＥＵ統合を推進してきた他のＥＵ主要国のイタリア、ギリシャ、オランダやオーストリアなどでも同じく「ＥＵ離脱の気運」が高まりつつあるといわれている。

ただ、それらの国々が、イギリスを除いて、いまなお「ＥＵ離脱」の決定に「躊躇《ちゅうちょ》」しているのは、

「ＥＵ離脱が再び国家間の対立を生み、かつての忌まわしい国粋主義や民族主義などのナショナリズムへの右傾化へと回帰し、過去にヨーロッパ各国で多発した武力闘争の時代へと復帰するのではないかと危惧《きぐ》している」

からではなかろうか。しかし、私はそうは考えない。それとは逆に、私はこのあと明らかにするように、

「来たるべき東西文明交代による東洋の心の文明ルネッサンスの到来が、そのようなナショナリズムへの回帰を阻止するように働く」

と考える。なぜなら、

「ＥＵ離脱を望む国々の真の目的は、ナショナリズムの復活ではなく、ＥＵ加盟によって失われた自国文化の復権による民族の心の復活にあるはずであるから、心の文明ルネッサンスの到来がそれを解決してくれる」

と考えるからである。

3　フランスの同化主義が惹起するEU統合政策の危険性

ついで、

「フランスの同化主義とは、EU統合を成功させるために、エスニック・マイノリティーはホスト国のフランス固有の文化や固有の価値観を受容しなければならない」

とする「フランスの理想主義」に立脚した「EU統合のための政策」である。したがって、それは先の「イギリスの多文化主義」とは正反対で、そこでは移住民（違う文化遺伝子を持った異民族）のエスニック・マイノリティーは母国の固有の文化（思想や宗教や価値観など）を維持することが認められず、ホスト国の「フランス固有の文化と同化」しなければならないことになる。

ところが、この「フランスの同化主義」もまた、「イギリスの多文化主義」とは別の意味で、「人種間の文化遺伝子の衝突」へと発展することになった。それが、ちなみにパリ郊外で発生した「大暴動」であるが、この暴動は見る間にフランス全土に拡大し、「深刻な社会問題」となった。

暴動の参加者たちは、EU統合によって他国から移住してきた「違う文化遺伝子」を持った異民族の移民たちであり、その「暴動の原因」は、ホスト国の「フランス固有の文化」に馴染《なじ》めない移民の彼らが、雇用差別や高い失業率などによって孤立感を深めた結果であった。

とすれば、以上を総じていえることは、

「EU統合のために民族色や宗教色に寛容なイギリスの多文化主義は、結局は放任主義になって、ホスト国のイギリス文化を破壊することになるし、同じくEU統合のために民族色や宗教色を認めないフランスの同化主義もまた、結局は対決主義になって、ホスト国のフランス文化を破壊することになり、どのホスト国のEU統合政策も、ともに民族文化を破壊することになる」

ということである。ゆえに、これらの事実の意味する重要性は、

「EU統合というグローバル化は、ヨーロッパ各国の固有の文化遺伝子を同質化することになり、それによってEU各国はそれぞれの国にとって最も重要な自国文化の個性（自国の固有の文化遺伝子）を喪失《そうしつ》することになり、国家自体の存在価値までも喪失することになる」

ということである。このようにして、結局、

「EU統合というグローバル化はヨーロッパ文化全体を消失させ、ついにはヨーロッパ全体（ヨーロッパ自体）の存在価値までもなくする」

ことになる。あるいは、見方を変えれば、

「EU統合というグローバル化は一種の全体的調整のことであるから、それによってヨーロッパ各国の文化も最大公約数的に低水準に同質化し、悪平等化して、ついにはその存在価値までも喪失する」

ということである。このようにして、

「ＥＵの統合化（ヨーロッパのグローバル化）が進めば進むほど、これまで連綿と続いてきたヨーロッパ各国の個性（固有の文化遺伝子）が失われ、それとともにヨーロッパ文化そのものの多様性も失われ、ついにはヨーロッパそのものの存在価値までもが消失する」

ということである。すなわち、

「ドイツは天才的な文化を、フランスは優雅な文化を、イタリアは芸術的な文化をそれぞれ創造し、互いに刺激し合いながら（互いにエネルギーを交換し合いながら）、ヨーロッパ大文化を構築してきたが、そのヨーロッパ文化がＥＵ統合という文化のグローバル化（文化の同質化）と引き換えに消滅する」

ということである。その意味は、

「ヨーロッパ各国は、ＥＵ統合を進めれば進めるほど、それぞれの国が自国文化の崩壊への道を着実に歩み、やがては黄昏《たそがれ》の文化大国・ヨーロッパとして、その名を歴史に残すのみになる」

ということである。

このようにして、私は、

「ＥＵは東西文明が完全に交代する今世紀半ばの二〇五〇年頃までには消滅している」

ものと予見する。

それと同じことを、視点を変えて、ちなみに「最も重要な文化遺伝子」であり「文化の核」でもある「言語」についていえば、「ラテン語」は、かつては「グローバル化」によって「ヨーロッパ全土」を席巻《せっけん》し、一度は「ヨーロッパ全土の統一語」（共通語）となったが、それによって

「ラテン語」と「各国語」との「統合化」が進み、その結果、色々な国で「色々な訛《なまり》」や「色々な方言」ができ、やがてそれらの方言や訛が現在の「ドイツ語」や「フランス語」や「スペイン語」や「イタリア語」や「英語」などへと多様化し、今日ではかつての「ヨーロッパ全土の統一語・共通語」であった「ラテン語」は、「グローバル化」によって、「どの国」でもほとんど使われなくなった。ということは、

「ラテン語はグローバル化によって、言語としての文化遺伝子を失い、自ら消滅した」

ということである。これこそが、

「人類にとって最も重要な言語という文化遺伝子にみるグローバル化の宿命であり末路である」

といえよう。とすれば、この事実の示唆する重要性は、

「EU統合による、EU各国の文化のグローバル化もまた、EU各国の文化遺伝子を消滅させ、ついにはヨーロッパ文化全体をも消滅させる」

ということである。それと同様に、かりに、

「現在の世界の超大国のアメリカが、その強大な国力にまかせて自国文化の世界的なグローバル化を強行すれば、アメリカもまたラテン語と同様、そのグローバル化によって自国の文化遺伝子を失い、自らも消滅する」

ということである。それに気づいたときに、

「アメリカは独立主義へと回帰する」

ことになろう。

4 全ては違いがあってこそ、その存在価値がある

このようにして、以上を総じて私がここでいいたいことを一言で表せば、

「文化であれ、文明であれ、人間であれ、国家であれ、全ては違いがあってこそ、それぞれの存在価値があるのに、グローバル化はそれに反し全てを同質化し違いをなくすから、全てを消滅させる」

ということである。このことを「科学的」にいえば、

「グローバル化によって全てを同質化すれば対立する存在がなくなり、エネルギーの交換（エネルギーの移動）ができなくなるから、全てが消滅する」

ということである。

ここで、上記の「グローバル化の危険性」を私見として「一例によって比喩」すれば、それは、

「鳩は真空では飛べない」

ということになろう。その意味は、

「鳩が、自分はどの鳥よりも一番速く飛べるという自己の存在証明をしようとしても、鳩にとっては、一見、抵抗となる空気の存在がなければ、絶対に不可能である」

ということである。

このことをEU統合についていえば、

「EU各国が自国文化の価値の存在証明をしようとしても、自国にとっては一見、抵抗となる競争相手国の他国の文化の存在がなければ、絶対に不可能である」

ということである。いい換えれば、

「EU各国が自国文化の存在証明をしようとしても、EU統合によるグローバル化によって自国文化が他国文化と同質化すれば、対立する存在（抵抗となる競争相手国の文化）がなくなり、不可能である」

ということである。それこそが、

「文化のグローバル化、より広義には文明のグローバル化の危険性であり宿命である」

といえよう。

とすれば、これを敷衍《ふえん》して、

「現在進行中の世界的な文明のグローバル化もまた、進行すればするほど、やがては世界各国の文明遺伝子が同質化して、人類文明そのものが喪失する危険性がある」

ということである。それこそは、上記した、

「ラテン語のグローバル化による、ラテン語の喪失の歴史と同じである」

といえよう。「私の危惧」はまさにこの点であり、私が、本書において、

「世界的な文明のグローバル化としての東西文明のグローバル化の危険性を強く主張する所以《ゆえん》はここにある」

といえる。

以上を総じて、私の結論は、

「人類文明全体の永続のためには、違った文明遺伝子を持った東西文明は決してグローバル化することなく、互いの文明遺伝子を堅持したまま周期的に交代することこそが絶対に必要である」

ということである。その意味は、

「今回の七回目の東西文明の周期交代にあたっても、人類文明の永続のためには、違った文明遺伝子を持つ物心二元論の文明遺伝子を持った西洋物質文明と、物心一元論の文明遺伝子を持った東洋精神文明は、決してグローバル化によって融合することなく、違った文明遺伝子を堅持したまま永遠に周期交代（世代交代）することこそが絶対に必要である」

ということである。

ここで誤解なきよう、とくに注意しておきたい点は、先にも述べたように、

「人間の場合、男女の遺伝子にはそれぞれ長短（違い）があっても決して優劣はないからこそ、男女の世代交代によって人類が進化し永続できるように、東西文明の遺伝子にもそれぞれ長短（違い）があっても決して優劣はないからこそ、東西文明の世代交代（周期交代）によって人類文明も進化し永続できる」

ということである。逆にいえば、

「人間の場合、男女の遺伝子に優劣があれば、世代交代によって人類そのものが劣化し消え去る

のと同様に、文明の場合も、東西文明の遺伝子に優劣があれば、世代交代（周期交代）によって文明そのものが劣化し消え去る」

ということである。

このようにして、以上を総じて私のいいたいことは、要するに、「男女の遺伝子にはそれぞれ違いがあっても決して優劣がないからこそ、男女の世代交代によって人類が存続し永続できるように、東西文明の遺伝子にもそれぞれ違いがあっても決して優劣がないからこそ、東西文明の世代交代（周期交代）によって人類文明も存続し永続できるから、その東西文明の遺伝子の違いを解明することこそが、人類文明の存続と永続のために不可欠である」

ということになろう。

ただし、私がここで特記しておきたい「重要な点」は、「今回の東西文明の交代にあたっては、西洋文明遺伝子の中でも一つだけ例外的な文明遺伝子がある」

ということである。その意味は、このあと明らかにするように、「物心二元論の文明遺伝子を持った西洋文明遺伝子の中でも量子論、なかんずく量子論的唯我論（ただし、特殊相対性理論をも含む）のみは、その文明遺伝子が物心一元論の文明遺伝子を持った東洋文明遺伝子と極めて類似性が強い」

ということである。このことから、私は、

「量子論のみは西洋の物心二元論の文明遺伝子を持ちながらも、来たるべき心の文明遺伝子の物心一元論の東洋文明の進化にとって大きく貢献できる」と考える。

以上を要するに、第一部の目的は、このような見地に立って「東西の文明遺伝子の違い」を、以下に述べるように、「東西の自然環境の違い」や「東西の人種の思想の違い」や「東西の人種の宗教の違い」などの各面から、「史実的」かつ「理論的」に徹底的に究明し、「人類文明永続」のための「東西文明交代の必然性」について立証することにある。

なお、この点については、私の別書（『環境論』および『文明の大逆転』）においても詳細に論じているので、それらをも参照されたいが、ここではそのような「東西文明遺伝子の違い」を、象徴化して表示したのが図1－1である（参考文献2、3）。

図1－1　東西文明遺伝子の違い

西洋文明	東洋文明
草原の文明	森の文明
自然対決文明	自然共生文明
物質文明	精神文明
左脳文明	右脳文明
理性文明	感性文明
父性文明	母性文明
陽の文明	陰の文明
動の文明	静の文明
直線の文明	円の文明

一　西洋文明遺伝子と東洋文明遺伝子の違い
――東西文明遺伝子の違いと東西文明の興亡

1　東西の人種の脳の違いからみた東西文明遺伝子の違い

上記のように、「人類文明の永続」のためには、「違った文明遺伝子」を持った「東西文明の存在」と、その「周期的な交代」が不可欠であるが、ここではそのことをまず「東西人種の脳の違いの観点」から明らかにする。この点に関しても、私の別著（『文明論』『私の教育論』『私の教育維新』など）で詳細に論じているので、それらをも参照されたいが、その要点を記せば、「人間の脳は左脳と右脳に二極対立し（キラリティー）、それによって同じ人類が、個人レベルでは左脳型の人間と右脳型の人間に、性レベルでは左脳型の男性と右脳型の女性に、種レベルでは左脳型の西洋人と右脳型の東洋人に、それぞれ遺伝的に二極対立している」ということである。

そこで、以下、このような見地に立って、左脳型の西洋人の「西洋文明遺伝子」と、右脳型の東洋人の「東洋文明遺伝子」の違いについて明らかにするが、それには、はじめに「西洋人の脳と東洋人の脳の機能の違い」について明らかにしておく必要がある。

周知のように、人間は「染色体」の違いによって「男性」と「女性」に分かれ、しかもそれらが「ホルモン」の分泌量の違いによって「左脳型の男性」と「右脳型の女性」に分かれるといわれている。

そのさい注意しておきたい点は、男女はそれぞれ外見的には大きく違っているようでも、男女とも男性ホルモンと女性ホルモンの二重支配を受けており、男性は女性に比べて男性ホルモンがせいぜい二倍程度多く、女性は男性に比べて女性ホルモンが五倍程度多いといった「量的な差異」だけだといわれている。

しかも重要なことは、生物学では「量の違い」が「質の違い」を引き起こすという「鉄則」があり、この鉄則こそが「男性脳」と「女性脳」の違い、あるいは「西洋人脳」と「東洋人脳」の違い、ひいては、本節にいう「西洋文明遺伝子と東洋文明遺伝子の違い」、ついには「西洋文明と東洋文明の違い」までも引き起こす原因になるということである。

以下、このような「東西人種の違い」について、より詳しくいえば、西洋人と東洋人は、その外見や考え方はそれぞれ大きく違っているようでも、ともに同じ人類であるから、基本的にはそれほど大きくは違っていない。ただ、「ホルモンの生化学的な量の違い」が、「西洋人と東洋人の質の違い」を引き起こすといわれている。たとえば、「西洋人脳と東洋人脳の質の違い」などがそれである。

そして、そのような「西洋人脳と東洋人脳の質の違い」が、ここで問題とする「西洋文明遺伝子と東洋文明遺伝子の違い」を生み、それがひいては「西洋文明と東洋文明の違い」を引き起こすということである。


よく知られているように、「左脳」は言葉や計算や分析や理論など「理性的」で「論理的」で「科学的」な機能を分担しており、「言語脳」とも「理性脳」とも「論理脳」とも「科学脳」ともいわれている。

これに対し、右脳は言葉にならないもの、すなわち「直観」（直覚をも含む）や「パターン認識」や「空間認識」や「想像」（創造をも含む）や「美意識」や「情緒」などの「感覚的」で「感性的」な機能を分担しており、「直観脳」（直覚脳）とも「創造脳」とも「感覚脳」とも「感性脳」とも「情緒脳」とも呼ばれている。ゆえに、

「論理的で理性的な左脳型の西洋人が創造する文明は、論理的で理性的で科学的な左脳型文明遺伝子を持った左脳型文明になるし、直観的で感性的な右脳型の東洋人が創造する文明は、直観的で感性的で創造的な右脳型文明遺伝子を持った右脳型文明になる」

ということになる。

以上が、「東西の人種の脳の違いからみた東西文明遺伝子の違いと、東西文明の違い」についての私見である。

2　東西文明遺伝子の違いと東西文明の興亡

そこで、以下、このような観点に立って、「東西文明遺伝子の違いからくる東西文明の違いと、その興亡」について明らかにする。

この点についてはすでに「はしがき」でも「文明興亡の宇宙法則説」として述べたが、ここでは、それを克明な史実分析によって明らかにした村山節『文明の研究』によって、より詳しく考察しておく。そこで、再び先の図・はしがき－2を見ると、

(1)史実のない紀元前二八〇〇年頃までは、西洋文明の大波が台頭していて東洋文明の大波が沈滞していたと推定される。

(2)ついで、史実が残る紀元前二八〇〇年頃に一回目の東西文明の交代が興り、それまで台頭していた西洋文明の大波が沈滞し、それまで沈滞していた東洋文明の大波が台頭している。そして、その台頭してきた東洋文明の大波の上には、東洋の地域文明のインダス文明やメソポタミア文明などの細波《さざなみ》が乗っている。

(3)ついで、紀元前二〇〇〇年頃にその東洋文明の大波が再び沈滞し、今度は西洋文明の大波が再び台頭してきている。そして、その台頭してきた西洋文明の大波の上には、西洋の地域文明のエジプト文明やエーゲ文明などの細波が乗っている。

（4）さらに、紀元前一二〇〇年頃にその西洋文明の大波が沈滞し、今度は東洋文明の大波が台頭してくるが、その台頭してきた東洋文明の大波の上には、東洋の地域文明の中国古代文明やインド古代文明やアッシリア文明やペルシャ文明などの細波が乗っている。

（5）ついで、紀元前四〇〇年頃にその東洋文明の大波が沈滞し、今度は西洋文明の大波が台頭してくるが、その上には西洋の地域文明のギリシャ文明やローマ文明などの細波が乗っている。

（6）さらに、紀元後四〇〇年頃にはその西洋文明の大波が沈滞し、今度は東洋文明の大波が台頭してくるが、その上には東洋文明の地域文明の五〜一三世紀中国文明やササン朝文明やサラセン文明などの細波が乗っている。

（7）ついで、紀元後一二〇〇年頃に西洋文明の大波が台頭し、その西洋文明の大波の上には現在の西洋の地域文明のヨーロッパ文明やアメリカ文明などの細波が乗っている。

（8）そして、二一世紀に入ると現在の西洋文明の大波が沈滞し、今度は新しい東洋文明の大波が台頭してきたが、その新しい東洋文明の大波の上に乗っている細波の地域文明こそが、現在の日本文明や中国文明やインド文明などのアジアの地域文明である。

以上が、有史以来の「東西文明の周期交代の史実」であるが、この「史実」からも、私のいう、

「東西文明興亡の宇宙法則説の八〇〇年周期交代説の信憑性《しんぴょうせい》」

が立証されよう。

そして、ここで注記しておきたい点は、村山節氏によれば、「東西文明の交代」には有史以来これまで、各回とも例外なく「約一〇〇年間」を要したということである。とすれば、今回の「七回目の交代期」にも前世紀の後半の約五〇年と今世紀の前半の約五〇年の「計約一〇〇年間」を要することになろう。

しかも注記すべきは、このような「東西文明の交代期の約一〇〇年間」には有史以来これまで「六回」とも、例外なく「大動乱」が起こっているという史実である。したがって、私は「今回の七回目の交代期」も決してその「例外ではない」と考える。

事実、二〇世紀の後半頃から始まった第二次世界大戦をはじめとする朝鮮戦争やベトナム戦争など、さらには二一世紀に入ってから始まったアフガン戦争や中東戦争や、いまもなお世界各地で多発しているテロに象徴されるような地域紛争の数々や、北朝鮮の核の脅威などがそれである。それゆえ、私はこのような観点から、すでに一九九〇年に出版した拙著の『文明論』においても、

「今回七回目の東西文明の交代期に起こる大動乱も、二〇世紀の後半の一九五〇年頃から二一世紀の前半の二〇五〇年頃までの約一〇〇年間は必ず続くであろう」

と予見した。したがって、私は今後約五〇年の間にもどのような大動乱が起こるかわからないと考えている。それゆえ、私は同書においても、

「今回七回目の東西文明の交代期にも、場合によっては、第三次世界大戦に近いような大動乱が起こる可能性すらある」

と指摘しておいたが、その考えはいまも変わりない。事実、世界の現状をみれば、皮肉なことに、

「人類全体を破滅に追いやるような核の抑止力がなければ、第三次世界大戦はすでに起こっていたか、今後も起こるかもしれない」

とさえいえよう。もちろん、その他にも「世界的なサイバー戦争」などの脅威も予見されよう。そして、そのような、

「約一〇〇年間の大動乱を経た後、東西文明は完全に交代し、旧西洋物質文明から新東洋精神文明の時代がやってくる」

ことになろう。とすれば、その一〇〇年間の苦しみこそが、

「人類文明が、新文明を生み出すための産みの苦しみ」

といえよう。そして、そのような、

「産みの苦しみを経たあと、ついに新生東洋文明の心の文明の時代がやってくる」

ことになろう。しかも、それこそが、また、

「心の文明ルネッサンスの到来であり、極東の心の国、日本の夜明けでもある」

といえよう。

しかも、このことを世界の賢者のアインシュタインは、一九二二年（大正一一年）に来日したさいに、いみじくも『人類と日本人に寄せる予言』として、以下のように傍証してくれている（『超常科学謎学事典』秘教科学研究会編、小学館、一九九二年）。その予言とは、

『世界の未来は進むだけ進み、その間、幾度かの争いが繰り返され、最後の闘いに疲れるときがやってくる。そのとき、人類は真の平和を求めて、世界的な盟主を上げねばならない。この世界の盟主と成るものは武力や金力ではなく、あらゆる国の歴史を超越する、もっとも古く、もっとも尊い国柄でなくてはならぬ。世界の文化はアジアに始まりアジアに返る。それはアジアの高峰、日本に立ち戻らねばならない。我々は神に感謝する。天がわれわれに、日本という尊い国を創ってくれたことを』

である。その意味は、

「新しい第二の文明ルネッサンスは、武力でもなく金力でもなく、心を重視し平和を愛する極東の国、アジアの日本が盟主となってリードすべき心の文明ルネッサンスでなければならない」

ということであろう。

一方、詩人であり、小説家であり、哲学者でもあり、東洋人としてはじめてノーベル文学賞を受賞したインドのラビンドラナート・タゴールもまた、祖国のインドをはじめアジアの全ての国々が西洋列強の支配下にあったなかで、日本のみが明治維新を興し、独立を守り、日本を世界の有力な自立国の一つに再生したことに対し大いなる敬意を表し、アジアの同盟国に次のように

呼びかけた。

『日本は、アジアのなかに希望をもたらした。われわれは、この日出《ひい》ずる国に感謝を捧げるとともに、日本には果たしてもらうべき東洋の使命がある……。日本の偉大な理想（平和国家の創造：著者注）がすべての人に顕現するようにしようではないか』

と。

さらに、『大国の興亡』の著者として有名なポール・ケネディも、「日本の出番」について次のように指摘している。

『世界の歴史において人類の発展に多大な役割を演じた国は、莫大な資源を持った巨大規模の帝国のペルシャ帝国、中華帝国、神聖ローマ帝国、ロシア帝国・ソ連、アメリカなどであったが、その例外が小規模な国家のギリシャ、ポルトガル、イギリス、日本などであり、これらの国々は小規模ながらも、巨大規模の帝国と同様に、人類の発展に注目すべき役割を演じてきた。なかでも、明治維新以降の日本は、一つの民族がその有利な特性と有利な環境を活かして、そのような並外れた役割を演じられることを示した最新かつ最高の実例であり、その流れはまだ途切れていない。二一世紀における日本の世界に果たすべき世界平和への役割は、依然として非常に高い』

と。

とすれば、いみじくもアインシュタインの願いも、タゴールの願いも、ケネディの願いも、

「アジアの国、日本の果たすべき偉大な使命は、武力でもなければ金力でもなく、平和を重視する心の文明ルネッサンスの実現にある」

といえよう。ついに、

「世界で唯一、平和憲法を持ち、世界の平和を願う、心の国・日本の出番がやってきた！」

といえよう。そして、もしも私たち日本人が、これらの世界の賢人たちの願いに応え、

「日本民族として、心の文明ルネッサンスを興し、世界の平和と人類の発展と永続のために寄与することができるとすれば、何と幸せなこと」

であろうか。この点に関しては、「補論」の「東西文明交代の必要性と、日本が果たすべき役割」においてさらに詳しく論じることにする。

以上が、「東西人種の脳の違いからみた東西文明遺伝子の違い」と、「東西文明興亡の必要性」についての私見である。

二　西洋の自然観と東洋の自然観の基本的な違い

以上が、「西洋文明遺伝子と東洋文明遺伝子の違い」、およびその違いからみた「東西文明興亡の必要性」についての私見であるが、次にそのような「東西文明遺伝子の違い」によって生じる「西洋の自然観と東洋の自然観の基本的な違い」についてもみていこう。

1　西洋の物心二元論の自然観
——西洋では、物は心を持たない無機物とみる

まず「西洋の左脳型遺伝子」によって生まれた「西洋の物心二元論の自然観」からみていこう。物理学のルーツは、他の全ての西洋科学と同様に、紀元前六世紀の第一期ギリシャ哲学に求められるといわれているが、当時のギリシャでは、「物の世界」を対象とする「科学」と「心の世界」を対象とする「哲学や宗教」は、分離して考えられていなかったという。

とくに「ミレトス学派」の哲人は、生物と無生物、物質と精神の区別を認めなかったため「万物有生論者」（万物に命と心を認める人、物心一元論者）とみられていたという。

このように、彼らは全ての存在（万物）を「命」と「心」をそなえた「フュシス」（自然）の現れと捉えていたことから、今日、使われている「フィジックス」（自然学、物理学）という言葉が生まれたとされている。

このように、ミレトス学派の哲学は「万物有生論」で「物心一元論」であったから、それは古代のインドや中国の哲学にみられる「右脳型遺伝子」によって生まれた「物心一元論」の「天人合一の思想」などに非常に近かったことになる。なかでも、「ヘラクレイトスの哲学」はとくにその類似性が強かったとされている。すなわち、ヘラクレイトスは、

『対立するものの循環と相互作用の合一性によって、あらゆる変化が起こり、静止している存在はまやかしである』

と説き、その「合一性」（一元性）を「ロゴス」と呼んだ。とすれば、

「ロゴスとは宇宙の合一性を説く右脳型遺伝子の古代東洋神秘思想の物心一元論の自然観そのものである」

といえよう。それゆえ、ヘラクレイトスは「宇宙の合一性と永遠の変化」を主張した右脳型遺伝子の「物心一元論」の哲学者であったといえよう。

ところが、その後の「エレア学派」の台頭によって、

「ロゴスは宇宙（万物）を支配する知的な神」

とみなされるようになり、それが、

「その後の西洋哲学を特徴づける、自然（物質）と神（心）を分離して考える左脳型遺伝子の物心二元論への思潮の始まりになった」

とされている。それこそが、

「西洋の自然観が物心二元論の自然観である」

とされる所以である。その結果、西洋では「物質」は「心」を持たないと考えられるようになり、ここに「物質」と「心」は完全に「分離」されることになった。この考えは、その後、何世紀もかけて「西洋思想の源流」となり、「物と心」「肉体と心」をそれぞれ分離する、左脳型遺伝子の「物心二元論の思想」や「心身二元論の思想」へと発展していった（参考文献４）。

このようにして、西洋では紀元前五世紀頃に「左脳型遺伝子」の「物心二元論」が生まれ、物と心が分離されるようになったが、それを科学的に体系化したのがアリストテレスであり、彼の「科学体系」は、それ以後、二〇〇〇年にもわたり「西洋の自然観の基礎」となった。

その後、西洋で科学が大きく発展するのはルネッサンスに入ってからであるが、とくに一五世紀後半になってはじめて、真に「科学的な自然の研究」が開始されるようになり、「理論」（論証性）とそれを証明する「実験」（実証性）が計画されるようになった。

そして、それと並行して「数学」への関心が高まり、経験的知識を数学的に表現する「現代科学理論」の誕生をみるに至った。

一方、そのような現代科学の誕生と前後して、物質と精神をより明確に分離する「左脳型遺伝子の哲学」の「物心二元論の哲学」が生まれた。その中心人物が一七世紀の数学者で哲学者のルネ・デカルトであった。すなわち、彼は、

「物質と心を完全に分離し、物質だけの自然観の物心二元論の左脳型遺伝子の自然観（哲学）」を打ち立てた。そのため、以後の科学者は、

「物質を、心を持った人間とは全く別の心を持たない無機物として取り扱うようになり、その結果、自然を、心を持たない多くの物質が集合した巨大な機械とみなす」

ようになった。これがいわゆる「機械論的自然観」と呼ばれる「左脳型遺伝子の自然観」の「物心二元論の自然観」である。とすれば、このような、

「物心二元論的自然観こそが、西洋の左脳型遺伝子が生んだ西洋の心を持たない自然観である」といえよう。

アイザック・ニュートンは、この自然観に立って彼の「ニュートン力学」（プリンキピア）を打ち立て「古典物理学の基礎」を築き、それが一七世紀後半から一九世紀後半までの「左脳型遺伝子の科学」の「西洋科学」の源流となり、「古典的物理学の発展」に多大な寄与をしたばかりか、今日に至るまでも「西洋思想の源流」となって、「西洋人の考え方全般」にわたり、計り知れない影響を与え続けてきたといえよう。また、デカルトの、
「われ惟《おも》う、ゆえに、われ在《あ》り」（Cogito ergo sum）
との、かの有名な哲学は、

「心身一体の有機体としての自己を否定し、心によって自己を捉えるようにしたため、その身体から分離された心が、また身体をコントロールするという左脳型遺伝子の心身二元論を生むことになった」

といえよう。その結果、量子論学者のフリッチョフ・カプラによれば、

『デカルトの自我は孤我を生み、その孤我が個人主義を生み、それがひいては国家、人種、宗教などの対立を生み、さらには自然破壊までも引き起こすこととなった』

といっている。私も彼のこの見解には全く同感である。事実、世界の現状はカプラの指摘したとおりになっている。

ゆえに、以上のようにみてくると、古代ギリシャのエレア学派以降の、

「物心二元論の左脳型遺伝子を持った西洋科学にとって、最も欠けているのは心との対話」

ということになろう。その結果、

「従来の西洋科学の基礎となる物理学が研究対象とする領域もまた全て物の世界に限られ、心の世界に立ち入ることは決して許されなかった」

ことになる。それこそが、「西洋の左脳型遺伝子の自然観」の「物心二元論の自然観」といえよう。

2　東洋の物心一元論の自然観

——東洋では、物質の内に宇宙の意思があるとみる

以上が、西洋の「左脳型遺伝子から生まれた左脳型の自然観」であるが、次に東洋の「右脳型遺伝子から生まれた右脳型の自然観」についてもみていこう。それを一言すれば、「東洋の右脳型遺伝子の自然観は、心と物を一体とみなす物心一元論の自然観、それゆえ有機論的自然観である」

といえよう。事実、

「東洋の右脳型遺伝子の物心一元論の自然観では、物と心は不可分な実在であり、自然（宇宙）も物質的であると同時に精神的である」

とみなされている。それゆえ、

「東洋の右脳型遺伝子の物心一元論の自然観では、自然（宇宙）と人間との一体化と、その相互関連性の自覚によって孤立化した個としての自己を超越し、自然（宇宙）と人間との合一化をもって究極的目標とする」

とされている。このように、

「東洋の右脳型遺伝子の自然観は物心一元論の自然観であり、物質の運動や変化を引き起こす力（宇宙の意思、神の心）もまた、物質の外にあるのではなく物質の内にある」

とされている。

「東洋の自然観が物心一元論の自然観である」

とされる所以はまさにここにあるといえよう。


そればかりか、私がここでさらに特記しておきたい重要な点は、西洋の左脳型遺伝子の自然観の物心二元論に対し、

「東洋の右脳型遺伝子の物心一元論の自然観を持つ佛教には、物質とエネルギーの普遍的な法則を説く存在論や、人間の深層心理を説く唯識説などがあるから、前者に関しては現代物理学（物の世界を対象）と、後者に関しては現代心理学や大脳生理学など（心の世界を対象）との対話（共存）が可能になる」

ということである。かつてアインシュタインが、

『佛教は、近代科学と両立可能な唯一の宗教であり、現代科学に欠けているものを埋め合わせてくれる宗教があるとすれば、それは佛教である』

といったのはこのことを指しているといえよう。とすれば、

「東洋の物心一元論の遺伝子を持つ佛教にみる存在論（物質を対象）と唯識説（心を対象）の共存の思想こそは、科学（物を対象）と宗教（心を対象）の一元化を指向すべき物心一元論の新しい未来科学としての量子論、なかんずく量子論的唯我論の進みゆくべき極相を示唆する偉大な思想である」

といえよう。このようにして、私は、

「東洋の右脳型遺伝子による物心一元論と未来科学としての量子論の協力によって、見えるこの世と見えないあの世が統合された物心一元論の新しい自然観（ニュー・パラダイム）が開かれる」

と考える。具体的には、

「東洋の物心一元論の右脳型遺伝子を持つ古代東洋神秘思想（なかんずく佛教）と、同様な思想に立つ現代西洋科学の最先端をいく量子論（なかんずく量子論的唯我論）の協力によって、未来科学は、心を持った物心一元論の新しい科学へと大きく進化し、見える物の世界のこの世と、見えない心の世界のあの世が統合されたニュー・パラダイムとしての新しい物心一元論の世界が開かれる」

と考える。その証拠に、カプラは、

『物心二元論的な自然観を持つ現代物理学では、その極微の世界を探究すればするほど、物心一元論的な自然観（宇宙観）が開かれ、東洋の古代神秘思想（なかんずく佛教：著者注）と西洋の現代物理学（なかんずく量子論：著者注）の間に驚くべき類似性のあることを思い知らされる』

といっている。私が先に、

「左脳型文明遺伝子の西洋文明の中でも、量子論のみは、心の文明遺伝子を持つ右脳型文明遺伝子の東洋文明との類似性がとくに強いことから、量子論は、来たるべき物心一元論の新東洋文明の創造のために大きく貢献できる」

といったのはこのことを指している。

以上が、「西洋の自然観と東洋の自然観の基本的な違い」についての私見である。

三　西洋の思想と東洋の思想の相違
――草原の思想と森の思想の違い

上記のように「東西人種の遺伝子」にはそれぞれ違いがあり、しかも、その違いが「東西環境の違い」によって、「物心二元論の遺伝子を持つ西洋の自然観」と「物心一元論の遺伝子を持つ東洋の自然観」の違いを生み、さらにその違いがまた「東西文明の交代」によって「人類文明全体の進化と永続」につながることになるが、その背後には、さらに「東西の自然環境の違い」からくる「東西民族の自然への思いの違い」、それゆえ「東西民族の自然思想の違い」が関係しているのは当然のことであろう。

以下では、そのことを改めて「西洋の自然思想と東洋の自然思想の相違」としても明らかにする。

いうまでもなく、「東西の自然観」からくる「東西の自然思想」には、基本的に「大きな違い」がある。それは、森が多く、それだけ自然の恵みが豊かな「東洋の森の自然環境」にあって自然との共存が容易であったため「自然との共生の道」を選んだ「森の民」の「自然共生型の東洋思想」と、森が少なく荒野が多く、それだけ自然の恵みが少ない「西洋の草原の自然環境」にあって、自然と対決し自然から資源を収奪しなければ生き延びられなかったため「自然との対決の道」を選んだ「草原の民」の「自然対決型の西洋思想」との違いである。

より詳しくは、東洋は夏期湿潤《しつじゅん》な、いわゆるモンスーン地帯で森の自然環境が豊かであるから、そこには自然を制御したり征服したりするよりは、自然に神（心）を認め、自然を師として学び、自然と共生する「自然共生の思想」としての東洋の「右脳型遺伝子」の「物心一元論の思想」が生まれることになる。

その最もよい例が、老子の「無為自然の思想」や「虚無自然の思想」であり、荘子の「無差別自然の思想」や「運命自然の思想」であるといえよう。

これに対し、夏期乾燥する西洋の自然は、豪雨や暴風が少なく征服しやすい自然であるが、一方では森の恵みの少ない「貧しい草原の自然」か「貧しい荒原の自然」であるから、そこに自然に神（心）を認めず、その「神なき自然」と対決し自然を征服しようとする西洋の「自然対決の思想」としての「物心二元論の思想」が生まれることになる。

なぜなら、自然の恵みの少ない草原の西洋では、人は自然と対決し、頭を使って、その貧しい自然からより多くの資源を収奪しなければ生き延びられなかったからである。

そこに、「自然の理数法則」をよりよく知れば知るほど、それだけ容易に「自然を支配」し、自然から、より多くの「物質資源を収奪」することができるとする「自然対決型で自然支配型の思想」の西洋の「理数思想」としての「左脳型遺伝子」の「物心二元論の思想」が生まれることになったといえよう。

以上、「西洋の物心二元論の思想と東洋の物心一元論の思想の相違」についてみてきたが、それを見方を変えて再度いえば、西洋の「草原の自然」は、東洋の「森の自然」のように豊饒《ほうじょう》ではなく、いわば「砂漠の自然」であるから、そこでは東洋の自然のように生気に満ちた「生命系」としての豊かな「森林生態系」がなく、ために、西洋人は東洋人のように森（自然）との共生による「輪廻転生《りんねてんせい》の思想」としての「円の思想」の「未終末思想」（円には終末がないから）を持つことができず、自然と対決し自然から資源を収奪するという「自然支配型」の「直線の思想」としての「終末思想」を持つことになったということである。

以上、本節では「自然環境の違い」による「西洋の思想と東洋の思想の相違」についてみてきたが、そのような「東西の思想の違い」はまた当然、「東西の宗教の違い」となっても表出するから、以下ではこのことを前提に、「西洋の宗教と東洋の宗教の相違」についても改めて解明することにする。

四　西洋の宗教と東洋の宗教の相違
——草原の宗教と森の宗教の違い

1　貧しい草原で生まれた直線型の西洋の一神教

上記のように、森が少なく自然の貧しい草原の西洋の自然環境の下では、人間が生きていくためには頭を使って自然と対決し、自然を支配し、その貧しい草原の自然からできるだけ多くの資源を収奪しなければならなかった。そのため、西洋人にとっては自然に心を認めず、自然を単なる「物質資源」と認めたうえで、頭（左脳）を使って「理性」（科学）によって「自然の法則」をよりよく知ることこそが、生きのびるために不可欠となった。その結果、「西洋では自然から人間感情（心）が切り離され、そこに物質世界と精神世界（心の世界、神の世界）を分離する人間感情不在（心不在）の理数自然観としての自然対決型の左脳型遺伝子を持った物心二元論の宗教を生むことになった」ということである。

事実、森の少ない茫漠《ぼうばく》とした草原で移住生活をしていた当時の西洋の遊牧民にとっては、自分と家畜が生きのびるための目印（いつどこへいけば家畜のために豊かな水と草にありつけるかの目印）となる「森」は少なく、あるのは「草原」と夜空に輝く「星」のみであった。

そのため、その「星」が自分や家畜が生きのびるための目印となり、それがやがて「神性化」されて「超越神」の「ヤハウェの神」となり、その神を「唯一神」とする「草原の宗教」の「唯一神信仰」のユダヤ教やキリスト教などの「一神教」が生まれた。

そして、その中の「キリスト教」が、やがてヨーロッパに広く布教されて「西洋の主要な宗教」となり、それが中世以降の「西洋思想の源流」になったといえよう。

周知のように、唯一神信仰の一神教のキリスト教では「ヤハウェの神」は万物の創造主であり、それゆえ、万物を超えた「超越神」であるが、その「神」はまず自然を創り、それを治めるために人間を創ったとされているが、それは見方を変えれば、神は自身に似せて「人間」を創り、ついでその人間が生き伸びていけるために「自然」を創られたとも解釈される。

それゆえ、キリスト教では、人間はいうにおよばず、自然（宇宙）までもが超越神の「ヤハウェの神」によって創造されたものとされており、キリスト教が「万有在神論」（万物は全て神の御《み》手《て》の内にある）といわれる所以はそこにある。

そのため、自然の創造主であるヤハウェの神は「自然に超越」しており「自然に宿る」ことは決してできない。そこから、西洋の「超越神信仰」の、あの世の「神」（心）とこの世の「万物」を分離する「遺伝子」を持った「物心二元論の一神教の宗教」が生まれることになったということである。

このようにして、キリスト教では、神と人間と自然との位置関係は「神↓人間↓自然」となっており、神が最上位にあって人間を支配し、その人間が最下位の自然を支配し、「神の許し」の下に「自然を利用」してよいことになっている。そして、そのことは『旧約聖書』「創世紀」第一章二八節の、

『神、彼等を祝し神、彼等に言いたまひけるは、生《うめ》よ繁殖《ふえ》よ地に満盈《みて》よ、之《これ》を服従《したがわ》せよ、又、海の魚と天空《そら》の鳥と地に動く所の諸《すべて》の生物を治めよ』（それゆえ、自然支配の許可：著者注）

および、同じく「創世紀」第三章一九節の、

『汝は面《かお》に汗して食物を食《くら》え』（それゆえ、自然利用の許可：著者注）

によっても立証できよう。その結果、キリスト教的世界観では、上記のように、

「神と人間と自然との関係は、神↓人間＝自然のように、支配が上から下へと直向する直線の思想の終末思想となっている」

といえよう。なぜなら「直線」には「行き止まり」があるからである。その証拠に、今日みる、

「地球の終末までも連想させるような徹底した激しい自然収奪による環境破壊は、一神教の物心二元論の西洋の宗教から始まった」

といえよう。

2 豊かな森で生まれた円型の東洋の多神教

これに対し、東洋の森の豊かな「森林生態系」の「輪廻転生の自然環境」の下では、当然のことながら、人間感情が自然の中に深く入り込み、そこに「人間感情介在の自然観」が生まれることになり、それが「神と人間と自然」とは「同体」であり「共生」すべきものであるとする「右脳型遺伝子」の「物心一元論の思想」となり、やがて「物心一元論の宗教」へと発展していったということである。

その証拠に、東洋の宗教のヒンズー教や佛教や道教や神道などでは、「神と人間と自然は共存」し、「あの世とこの世も統合」されて「一体」となった「天人合一の宗教」が生まれた。

ちなみに、佛教では「即身成佛」といわれるように、人間は死ねばその身のままで佛になれるし、自然も「山川草木悉皆成佛《さんせんそうもくしつかいじょうぶつ》」といわれるように、そのまま佛になれる。また、神道でも自然は「八百万《やおよろず》の神」といわれるように、全て神である。その証拠に、

「東洋では古くから天人合一の思想にみるように、天（神）と自然と人間とは一体であり互いに輪廻するという、あの世（神）とこの世（自然と人間）が一体化した右脳型遺伝子の物心一元論のいわば円の宗教があった」

といえよう。さらにいえば、

「東洋では、古くから、この世とあの世は輪廻する円の世界であるとする、円の宗教の未終末思

想があった」

といえよう。事実、東洋の宗教には西洋の宗教にみるような「終末思想」（この世の終わりに神が再臨する思想）はない。このように、

「東洋の宗教は、神と人間と自然とが互いに輪廻転生を繰り返す精神的同体としての円の宗教であるから、そのような円の宗教の未終末思想の下では、人間が自然を生かすことが、神をも自身をも生かすことになるから、本来、自然破壊は起こらない」

といえよう。それゆえ、この方向を追求していけば、当然、

「東洋の宗教は、物の世界のこの世と心（神）の世界のあの世が統合した物心一元論の右脳型遺伝子の多神教宗教へと発展していくことになり、そのような多神教宗教が東洋思想の源流となって現在までも連綿と継承されている」

ということである。

以上を総じて私のいいたかったことは、結局、

「東西の自然環境の違いによって、物心一元論の東洋の多神教宗教と物心二元論の西洋の一神教宗教の違った宗教が生まれ、それらが今日まで連綿と継承されている」

ということである。

3 「言葉は神に近づく道」とする西洋、「言葉を使わないことで佛になる」とする東洋

そこで、次に視点を変えて、再び「物心二元論の一神教の草原の西洋の宗教」と「物心一元論の多神教の森の東洋の宗教」の違いを、「西洋の宗教のキリスト教」と「東洋の宗教の佛教」を対象に、それぞれの「教義」によっても、より鮮明にしておこう。


まず、「西洋のキリスト教の教義」についていえば、キリスト教では、

「神は全智であり全能であるから悩むことはない。人が悩むのは知識がないからであり、人が悩まないためには、人は何よりもまず知識を修得し、神に近づかなければならない」

と説く。そのさい重要なことは、『新約聖書』の「ヨハネ伝福音書」の第一章冒頭のかの有名な、

『太初《はじめ》に言《ことば》ありき』

との聖句の意味である。それは、

「人が悩むのは知識がないからであるが、その知識とは言葉のことであるから、人が悩まないためには、人は何よりもまず言葉を使って知識を修得し、神を理解しなければならない。それゆえ、人にとって最初（太初）に大切なのは言葉である」

ということである。このようにして、キリスト教では、

「言葉が喋《しゃべ》れないものは知識を持てないから、神を理解することができず悩むことになるから、人にとって最初（太初）に大切なのは言葉である」

ということになる。その証拠に、キリスト教では「言葉」を持たない動植物などの「自然」は「知識」が持てないから「神を理解」することができず、「神に近づく」ことは決してできないと

されている。このようにして、結局、キリスト教にいう「言葉」とは「神」のことであるから、「言葉を持たない自然は神の心を理解することはできないので神ではなく、自然（物）と神（心）は別物であるとする物心二元論の遺伝子を持った西洋の宗教のキリスト教が生まれることになった」

ということである。いい換えれば、

「言葉を持った人間は、その言葉を使って知識を修得し、自然（物）とその創造主の神（心）とを区別することができるから、物心二元論の遺伝子を持った西洋の宗教のキリスト教が生まれることになった」

ということである。

これに対し、東洋の宗教の「佛教の教義」についていえば、佛教では、

「植物や動物は悩まないのに、人はなぜ悩むのか。それは、人が言葉を使ってよくない知識を修得し、よくないことを考えるからである。もちろん、言葉そのものは決して悪くはないが、人はその言葉（知識）を使って悪いことを考えるから悩むのである。その証拠に、言葉を使わない人以外のもの、すなわち人に弗《あら》ざるものは佛《ほとけ》となって悩むことはない」

と説く。

このようにして、佛教では「言葉を使わないもの」は全て「佛」となって悩むことはない。その証拠に、人間でも幼児は言葉が喋れないから佛であり、また同じ人間でも死ねば言葉が喋れな

くなるから「佛」となる。すなわち「成佛《じょうぶつ》」できる。その意味は、

「動植物は言葉を使わないから悪いことを考えずにひたすら自然の摂理《せつり》に従い、自然との共生の道を歩むから、自ずと自然に適応してゆく知恵が働き、自然の一員となって悩むことはない」

ということである。それゆえ佛教では、

「人が悩まないためには、動植物が何も言わず何も考えずに、ひたすら自然の摂理に適応していくように、人もまた何も言わず何も考えずにひたすら自然の摂理（宇宙の意思、佛の心）に適応し冥冥《めいめい》（未知）になればよい」

と説く。このようにして、

「東洋の佛教思想の下では、人は知ろうとすればするほど、なおわからなくなって冥冥（未知）となるから、その冥冥（宇宙の意思、佛の心）をたずねて自然と一体化しようとする遺伝子を持った物心一元論の宗教が生まれた」

ということである。


以上を要するに、「東西の自然観や宗教観の違い」とは、

「自然観の面からは、西洋の自然観が自然に人間感情（心）の入り込む余地のない理性的で自然対決的な遺伝子を持った物心二元論の理数自然観であるのに対し、東洋の自然観は自然に人間感情が強く入り込んだ情緒的で自然共生的な遺伝子を持った物心一元論の無為自然観であり、一方、宗教観の面からは、西洋の宗教が、神は自然にも人間にも超越すると理解する遺伝子を持っ

た物心二元論の超越神信仰（一神教信仰）であるのに対し、東洋の宗教は、神も自然も人間も同体であると直観する遺伝子を持った物心一元論の多神教信仰である」

ということである。

4 万物に神の心を認める日本人の自然信仰
――情報論の観点から

このようにして、「東西の自然環境の違い」によって「東西の思想」にも「東西の宗教」にも「大きな違い」が生じることが明らかにされたので、次に「その違い」を、視点を大きく変えて「情報論の観点」からも確認しておくことにする。具体的には、「情報論の観点からみた、東洋人（なかんずく日本人）と西洋人との宗教観の違いについての確認」

である。

物質にはその「物質的価値」にほとんど違いはないのに、「情報的価値」には非常に大きな違いが生じることがある。なぜなら、情報的価値はそれを受け取る側の人間の主観（意識、心）によるからである。

たとえば、東洋人の日本人の場合であれば、普通の石の情報的価値と、何らかの謂《いわ》れのある特殊な石（たとえば、観音様や地蔵様などとして崇《あが》められるような石）の情報的価値とを比べると、両者とも、その物質的価値（材質としての石の価値）にはほとんど違いはないのに、その情報的価値（ありがたさを感じる心）には大きな違いがある。

同様に、普通の「山」や「木」や「馬」や「狐」などの持つ物質的価値と、「御神山」や「御《ご》神木《しんぼく》」や「御神馬《ごしんめ》」や「お稲荷《いなり》さんの狐」などになる「山」や「木」や「馬」や「狐」などは持つ物質的価値にはほとんど違いはないのに、その情報的価値には大きな違いがある。

それればかりか、ちなみに普通の岩石でも、それらが集合して「秀麗な山」ともなれば、それらの岩石の集合に伴う個体間の「特有の相互関係」によって生じる「特有の情報」が付加され、「情報的価値」が高くなることさえある。

たとえば、普通の岩石でも、それらが集まって富士山のような秀麗な山ともなれば、その山を構成している個々の岩石の情報的価値にはほとんど差はないのに、それらの岩石の集合に伴う個体間の特有の相互関係によって、特有の情報的価値（霊山や霊峰などの信仰の対象となるような情報的価値）が付加されて「御神山」になるなどがそれである。

とすれば、これよりわかるように、東洋人、なかんずく日本人が古来より「万物」（自然）に「情報的価値」（神性）を認め、

「万物に神は宿る」

ないしは、

「万物は神の化身《けしん》（分身）である」

などと信じているのは、「情報論的にも正しい」といえよう。なぜなら、それは右脳型の遺伝子を持つ日本人が、

「万物に先験的宇宙情報としての宇宙の意思（神の心）の存在を直観し、それに特別の価値を認めている」

からである。それゆえ、

「右脳型の遺伝子を持つ日本人の自然信仰は、御神木や御神山などの自然を象徴として、物質的実在の中に情報的実在としての神（宇宙の意思）を見ようとする物心一元論の右脳型の宗教である」

ということになる。このようにして、私は、

「右脳型の遺伝子を持つ日本人の古来からの自然信仰（精霊崇拝信仰、霊魂《たま》信仰）こそは、万物に先験的宇宙情報（宇宙の意思）としての神の心を認める物心一元論の右脳型の宗教である」

と考える。それゆえ、日本人の「自然信仰」は「情報論的観点」からも十分に「科学的根拠」を持ちうるものと考える。このようにして、私は、

「日本人の自然信仰は、見える物質世界のこの世と、見えない情報世界のあの世を統合する物神一元論の右脳型の宗教である」

と考える。

これに対し、

「西洋人の一神教の宗教は、見える物の世界と、見えない神の世界の統合を否定する物心二元論の左脳型の宗教で、情報論の観点からも、東洋の物心一元論の多神教の右脳型の宗教とは大きく

異なる」

ということである。この点に関しては、第四部の「情報論の観点からみた神の心の発見」のところでも再度詳しく述べることにする。

5　偶数を重視する西洋、奇数を尊ぶ東洋

なお、上記の「西洋人と日本人の宗教観や思想の違い」とは直接関係はないが、大きな意味で、「西洋人と日本人の思考上の遺伝子の違い」を知るうえでは「重要な意味」があると思われるので、この場で視点を大きく変えて、

「西洋人と日本人との対称性の考えについての違い」

についても私見を述べておく。

「西洋人の二元論の遺伝子」は、「西洋の幾何学」とも相俟《あいま》って、ギリシャの「科学」や「哲学」や「芸術」に多大な影響を与え、「完全」や「調和」や「美」と同一視されるようになった。

事実、ピタゴラス学派は「対称的な数」（二元論的な数）、それゆえ「偶数」を「全ての本質」（完全、調和、美の本質）と考え、重視した。ということは、

「西洋人の遺伝子は対称性、それゆえ完全さを重視する」

ということである。それが、西洋人の「基本的思想」の「二元論の遺伝子」を形成し、西洋の「哲学」や「宗教」や「芸術」に多大な影響を与えることになった。ちなみに、西洋の「書画」

や「庭園」や「建築」などにみられる「対称性の美」もそこに起因しているといえよう。

これに対し、「日本人の一元論の遺伝子」は「偶数」よりも「奇数」を重視してきた。たとえば、「七五三」とか「一本締め」とか「三本締め」とか「初七日《しょ》」とか「七回忌」とか「七草《ななくさ》」などにそれをみることができる。しかも、このように日本人が「偶数」よりも「奇数」を重視するということは、

「日本人の遺伝子は対称性よりも非対称性、それゆえ曖昧《あいまい》さを重視する」

ということであり、しかもそれが日本人の「基本的思想」の「一元論の遺伝子」を形成したといえよう。ちなみに、日本の「書画」や「庭園」や「建築」などに見られる「非対称性の美」、すなわち「曖昧さの美」も、そこに起因しているといえよう。

このように、私見では、

「西洋人の対称性と東洋人の日本人の非対称性の遺伝子の違いは、東西の数についての考えの違い」

からきているのかもしれない。

しかも、ここでいえるもう一つ重要な点は、私見では、

「西洋人の好む数の対称性の偶数は一見安定しているかに見えても、その実、不安定であるのに対し、日本人の好む非対称性の奇数は一見不安定に見えても、その実、安定的である」

ということである。それを比喩すれば、

「四脚の机は偶数であるから一見安定しているかにみえるが、安定した平地でないと不安定であるのに対し、写真機の三脚は奇数であるから一見不安定にみえても、どんな不安定なところでも安定する」

ということである。

ゆえに、以上を敷衍していえることは、私見では、

「奇数を好む日本は一見、曖昧で不安定な国に思えても、偶数を好む西洋よりは秩序が保たれていて安定した国（平和な国）である」

といえよう。その論拠は、「補論」の「曖昧さこそ日本人の天性」においても再度明らかにする。

五　西洋の思想と東洋の思想の類似

——新しい物心二元論の東洋文明の創造への観点から

以上が「西洋の思想と東洋の思想の相違」であるが、次にそれとは逆に「西洋の思想と東洋の思想の類似性」についても明らかにする。なぜなら、私は、「それら東西思想の類似性こそが、来たるべき新しい物心一元論の東洋文明の創造に寄与する」と考えるからである。その理論的論拠は以下のとおりである。

本書の第二部でも明らかにするように、二〇世紀に入ってからは「物心二元論」の「西洋の古典物理学」に「限界」が見られるようになり、その結果、「西洋の古典物理学」にも「大きな変化」が生じ、それが「現代物理学」の「相対性理論」や「量子論」の誕生につながったが、これら「物心二元論」の西洋科学の最先端科学の「相対性理論」や「量子論」の思想が、実は、二〇〇〇年以上も前の「物心一元論」の「東洋の神秘思想」と驚くほど「類似」していることがわかってきたからである。

なかんずく、その象徴が「量子論」の中でも「コペンハーゲン解釈」と称される「量子論的唯我論」である。その結果、現代物理学者の「量子論学者」の中からも「東洋の神秘思想」についての「見直し」が叫ばれるようになってきた。

カプラは、その例証として次の三人の著名な現代物理学者でもあり、量子論学者でもあるジュリアス・ロバート・オッペンハイマーやニールス・ボーアやヴェルナー・カール・ハイゼンベルクなどの言葉をあげている（参考文献5）。すなわち、

オッペンハイマーは、

『原子物理学（量子論：著者注）は、東洋の古《いにしえ》の智恵（佛教やヒンズー教などの東洋神秘思想：著者注）の正しさを例証し、強調し、純化する』

といっており、ボーアも、

『東洋の神秘思想と原子物理学理論（量子論）との類似性を認識するためには、われわれはブッダや老子といった東洋の思索家が、かつて直面した認識上の問題に立ち帰り、われわれの位置を調和あるものとするように努めねばならない』

といっており、ハイゼンベルクもまた、

『戦後、日本から理論物理学（量子論）の領域ですばらしい貢献がなされたことは、東洋の伝統的な哲学思想（佛教など：著者注）と、量子論の哲学的性格（量子論的唯我論：著者注）との間になんらかの関連があることを示しているのかもしれない』

といっている。

このようにして、二〇世紀の物理学の基盤となった「相対性理論」なかんずく「特殊相対性理

論」や「量子論」なかんずく「量子論的唯我論」の登場によって、

「現代物理学は、東洋の古代神秘思想のヒンズー教や佛教や道教などと同じ自然観（物心一元論の自然観）を持つようになってきた」

ということである。以上が、本節にいう、

「西洋の思想と東洋の思想の類似性」

であり、私が、

「今回の東西文明の交代にあたり、来たるべき新東洋文明の創造のために、本書において東洋の古代神秘思想の佛教と西洋の現代最先端科学の量子論の類似性を取り上げる理論的根拠はここにある」

といえる。


なお、以下においては「相対性理論」についてしばしばふれるが、そのさい、この「呼称」について誤解なきようここで特に注記しておきたい点がある。

というのは、約三七〇年前にガリレオ・ガリレイが称えた「地動説」も別名「相対性理論」と呼ばれているからである。そして、その後に登場したアルバート・アインシュタインの「相対性理論」は、このガリレイの「相対性理論」に、以下の二点において「重大な理論的変革」を加えたものである。ところが、その「変革」が余りにも「革命的」で「重要」であったがために、その後は「相対性理論」といえば、この「アインシュタインの相対性理論」を指すようになったと

いわれている。そのアインシュタインの「重大な理論的変革」とは、
第一に、ガリレイの「相対性理論」に「時間と空間の概念」を導入したこと。それが、いわゆるアインシュタインの「特殊相対性理論」である。
第二に、ガリレイの「相対性理論」に「重力と空間の概念」を導入したこと。それが、いわゆるアインシュタインの「一般相対性理論」である。
そして、本書において「相対性理論」という場合、とくに断らないかぎり、このうちの「特殊相対性理論」を指していう。なぜなら、「心の問題」（時空の問題）を取り扱う「本書」において、「心の問題」（時空の問題）に関わる「相対性理論」は、その全てが「特殊相対性理論」であるからである。

六　西洋の論理と東洋の直観の相違
――脳科学の観点から

以上が、「自然対決型で物心二元論の遺伝子を持つ西洋思想」と「自然共生型で物心一元論の遺伝子を持つ東洋思想」の「相違性」と「類似性」についての私見であるが、以下では、同じことを視点を変えて「脳科学の面」からもみておこう。

なぜなら、それこそが「西洋の論理」と「東洋の直観」の相違、ひいては「西洋文明と東洋文明の相違」を、より「理論的」に「鮮明」にすることになるからである。

1　西洋の論理の限界

周知のように、「脳科学の面」からは、「科学的な知識」は、論理や計算や分析などの機能を司る「左脳型の知識」であるが、なかんずく、そのうちの「分析機能」は「論理的な知識の特徴」といえよう。なぜなら、人間が何かを「正確に理解」しようとするときには、必ずそれを二つに分けて対立させて（分析して）考えないと、全体をまるごと正確に理解することは困難であるからである。

たとえば、「〝あそこ〟と〝ここ〟」「善と悪」「美と醜」「幸と不幸」「生と死」「陽と陰」「プラスとマイナス」などというように、何事も「分別し対立」させて考えないと、まるごと正確に理解することは難しいからである。このことは、「わかる」という言葉が「分ける」、それゆえ「分別する」ないしは「分析する」というところからきていることでも理解できよう。

このように、

「人間は雑多な現象をまるごと全体として同時に正確に理解することは難しいから、それを分別ないしは分析し、しかも、そのうちから重要と思われるもののみを選別して理解しようとする」

ということである。逆にいえば、

「人間は、関係する多くの要因の中から重要と思われないものや、重要と思われるものでも理解や取り扱いが困難な問題（たとえば、神の問題や心の問題や命の問題や生死の問題など）は、無視ないしは捨象し、わかる（解る）ものだけを理解しようとする」

ということである。それが、いわゆる「抽象化」や「モデル化」であるが、そこにこそ、

「西洋の知的論理の第一の限界がある」

といえよう。この点については、次の第二部の「量子論の登場」における「二つの科学手法の違い」のところでも再度詳しく述べることにする。

西洋の知的論理の限界は、それればかりではない。

「西洋の知的論理は、事象を抽象的な概念や記号（数式）を用いて直線的かつ決定論的に理解する知の体系であるが、現実の事象は複雑多様に関連しあっていて多元的であるから、直線的かつ決定論的に順次展開することなどありえない」

からである。事実、

「現実の事象は、順次かつ決定論的に起こることよりも、同時かつ不確定的に起こることのほうがより一般的である」

からである。そこに、

「西洋の知的論理の第二の限界がある」

といえよう。このようにして、私は、

「物事を理論的、直線的、決定論的に追求すれば必ず正確な結論に達するとする西洋の知的論理には限界がある」

と考える。さらにいえば、

「西洋科学では複雑多様で取り扱いにくい現実よりも、それを抽象化したモデルのほうが取り扱いやすいから、現実よりもモデルのほうを追求し、その結果、現実とモデルを混同し、抽象化のために考えた概念や記号（数式）を現実と取り違えがちになるから、そこに西洋の知的論理の第二の限界がある」

と考える。

以上を要するに、私のいいたいことは、

「抽象化は科学的に非常に有効な方法であるが、その概念を正確に定義し厳密化していけばいくほど、次第に現実から乖離《かいり》するという代償を支払わねばならないことになる」

ということである。


では、なぜ私がここでこのようなことを強く問題視するかといえば、

「心の世界や、あの世の問題などは（ちなみに、神や命や生死の問題などは）、モデル化（抽象化）が最も困難な問題であるから、西洋科学ではそれらを捨象したり取り扱わない」

からである。そのことを、いみじくもハイゼンベルクは、

『その言葉（数学的表現としての数式：著者注）や概念がいかに明白にみえようとも、抽象化されたモデルは限られた範囲にしか適用できないから不正確である』

といっている。いい換えれば、

「神や心や命や死の世界などの見えない世界の問題解明には、その言葉（数学的表現としての数式：著者注）や概念がいかに明白にみえても、抽象化されたモデルに立脚しているから正確でない」

と指摘している。そして、それこそが、ここにいう「脳科学の面」からみた、

「西洋の知的論理の限界である」

といえよう。

ただし、ここで特筆すべきことは、同じ「西洋の知的論理」でも、

「抽象化（モデル化）を避け、現実をありのままに観察する量子論には、そのような弊害はない」

とされている点である。

私が、本書において、

「量子論を、見えない世界の神の世界や心の世界やあの世の科学的な解明などのための、新しい知のパラダイムとして重視する所以はそこにある」

といえる。

2　東洋の直観の可能性

以上が「脳科学の観点」からみた「西洋の知的論理の限界」についての私見であるが、次に同じ観点からみた「東洋の直観の可能性」についても私見を述べておく。そのさい、私が指摘しておきたい最も重要な点は、「脳科学の面」からみた場合、

「東洋の右脳的直観の神秘思想では、実在（真理）と像の混同を回避することを最も重視する」

ということである。そのため、

「東洋の神秘思想では、あるがままを体験（瞑想、思考実験）によって直覚することをもって核

心とする」

ということである。その証拠に、東洋の神秘思想では、

「究極の実在（宇宙の真理、神の心）は右脳の直覚（閃き）によって感知するもので、左脳の論理によって理解するものではない」

としている。その意味は、

「究極の実在（宇宙の真理、神の心）は直覚によって感知（感得）するもので、知識（理論、数式）や言葉によって理解するものではない」

ということである。ちなみに、老子はそのような、

「究極の実在の宇宙の真理を道《タオ》」

と呼び、それを逆説的に次のように説いている。すなわち、

『道が語りうるものであれば、それは不変の道ではない』

といっている。その意味は、

「道が理論や言葉で説明できるようであれば、それは本当の道（究極の実在、宇宙の真理、神の心）ではない」

ということである。

このように、老子は「論理的知」に対し「深い不信感」を抱くが、その点は道家（道教学派）でも佛教でもヒンズー教でも同様である。なぜなら、これらの、

「東洋の神秘体験は、知力を超えた直覚（右脳の機能）であり、それは思考（左脳の機能）ではな

く、自然の観察によって心で感得（獲得）されるものと考えられていた」からである。その証拠に、禅宗では、

「悟りとは、道（究極の実在、佛の心）を観る（直覚する）ことである」

ないしは、

「観る（観察し直覚する）ことが、すなわち識《し》る（道を解明する）ことであり、悟る（真理を理解する）ことである」

と説かれている。とすれば、この考えは正《まさ》しく、

「現代西洋科学の最先端をいく実験重視（現実重視、観察重視）の量子論の自然観（科学観）とも完全に軌を一にする」

ことになる。ゆえに、これより私は、

「禅をはじめとする東洋の神秘思想の宗教（佛教など）は、量子宗教（著者造語）と呼んでよい」

と考えている。この点については、ことの重要性にかんがみ、第五部で詳しく論じることにする。

このようにして、

「東洋の神秘思想の禅では、観るとは、視覚的に目で見ることではなく、視覚を超えて超感覚的（直覚的）に心で観る（知覚する）こと」

を指しているから、禅ではとくに「直覚」（閃き）が重視されることになる。事実、

「禅では、悟りによる修行によって佛性を直覚し、佛性に立ち返ることこそが真の悟りである」

と説かれている。

その比喩として、禅では「悟り」を説明するのに「冗談」があげられている。というのは、冗談は「直観的に閃い」てはじめて「心が解放」されて「心から笑える」が、冗談をいくら「知的に分析」しても「心が解放されない」ので「心から笑えない」からである。

さらに、この点（右脳の直覚）に関連してもう一つ私見を付記すれば、老子は次のようにも説いている。すなわち、

『戸を出でずして天下を知り、窓を窺《うかが》わずして天道を見る。其《そ》の出ずること弥《いよ》いよ遠ければ、其の知るところ弥いよ少なし』（『老子』第四七章）

この意味を私なりに解釈すれば、

「道を大悟した聖人（悟りを開いた聖人）は、家の戸口から一歩も外へ出ないで直覚（閃き）によって天下の有様（状況）を全て知り、家の窓を開けて外を見ないで直覚（閃き）によって天下の成り行き（変化）を全て知ることができる。家から遠く出て行って天下の有様を詳しく調査したり、窓を開けて天下の成り行きを細かく観察したりすればするほど、個々の知識は増えても、閃きによる直覚力（創造力をも含む）がなくなるから、結局、本当の天下（真理、道）を知ることはますます少なくなる」

ということになろう。このように、老子は「右脳」の「直覚」による「閃き」の重要性を比喩的に、しかも「的確」に説いている。

それればかりではない。老子は同じことを次のようにも説いている。

『学を為すは日に益す。道を為すは日に損ず。之を損じて又損じ、以《もつ》て為す無きに至る。為す無くして而《しか》も為さざるは無し』（『老子』第四八章）

と。この意味は、

「学問をするためには日ごとに知識を増していかなければならないが、道（悟り、真理）を求めるためには日ごとに知識を減らしていかなければならない。減らしたうえにもまた減らし、ついには何もない状態（無）になるが、このように何もない状態（無）になってはじめて閃き（右脳の直覚）が働き、道（実在、悟り、真理）が開かれる」

ということである。このようにして、結局、老子のいいたいことは、

「無は姿こそないが、そこには無限の妙用が生まれる根源があり、その無こそが道、悟り、真理である」

ということである。そして、それこそが彼の有名な老子の、

「無用の用」

である。そうであれば、この老子の「無の思想」こそは、西洋科学の「量子論」にいう、

「空間（空、無）は姿こそないが、万物を生成させる母体である」

との「同化の原理」とも完全に一致することになろう。

以上が、「究極の真理」を究明するうえでの、「脳科学の面」からみた「西洋の知的論理の限界」に対する「東洋の直観の可能性」についての私見である。

3　現代西洋科学の危機と、その克服

(1)現代西洋科学の危機

西洋の科学者は、長い間、自然の背後にある「基本法則」（宇宙の法則）を求め続けてきたが、彼らが追求してきた自然は「人間が感覚的に理解できる範囲の現実のマクロの自然」に限られていた。そして、そのように人間が感覚的に理解できる「現実のマクロの自然」を研究対象とするかぎり、それを抽象化した「数学モデル」や「数学理論」によっても現実の自然現象はうまく説明することができた。

しかし二〇世紀になって実験装置が非常に発達し、物質の「究極の自然」の「ミクロの自然」が「科学的」に探求されるようになってからは、見える「マクロの現実の自然」（三次元の世界）のみを研究対象としてきた従来の古典的物理学では、見えない「ミクロの究極の自然」（四次元の世界）を正確に説明することは決してできないことがわかってきた。なぜなら、「ミクロの自然（あの世）は、マクロの自然（この世）とは全く異なり、人間の感覚的な知覚のはるかに及ばない別世界であった」からである。その結果、感覚的な知覚の及ぶ「マクロの自然」を研究対象としてきた従来の「科学概念」や「科学用語」によっては、感覚的な知覚の及ばない「ミクロの自然」を正確に説明することは決してできないことがわかってきた。それこそが、本項にいう、「現代西洋科学の危機」

であるが、その結果、最近の物理学者、なかんずく量子論学者は、否応なしに東洋の神秘思想家のように、「見えない非感覚的な神秘の世界」の解明にも直面せざるをえなくなってきた。それからというもの、

「現代物理学の量子論のイメージは、東洋の神秘思想に大きく接近するようになってきた」

といえよう。その意味は、

「最近になって、西洋の物理学者の一部の量子論学者、なかんずく量子論的唯我論の学者たちは、東洋の神秘思想家と共通の自然観や宇宙観（物心一元論の自然観や宇宙観）を持つようになってきた」

ということである。


従来の物理学が、見える唯物的自然を対象に数々の有効な理論を構築し、その理論の実証性と再現性への道を明らかにすることによって物質科学の発展に多大な貢献を果たしてきたことは、誰しも認めるところである。

しかし、その方向があまりにも唯物的な側面に限られていたため、自然の持つ非唯物的な側面（心の側面）への研究の道が完全に閉ざされてきたこともまた、誰しも認めざるをえないであろう。その意味は、

「論証性や再現性や実証性によって理論武装された従来の物理学は、可視の物質世界にのみ意識を奪われ、不可視な精神世界には意識を向けてこなかったため、論証性や再現性や実証性が保証されないような非唯物的な心の世界や神の世界は科学の対象ではないとの考えを定着させてしまった」

ということである。その結果、残念なことに、

「可視の物質世界のみを研究対象としてきた従来の西洋科学は、不可視な精神世界を研究対象としてきた東洋思想では論証性や再現性や実証性が確保されないため、東洋思想は思弁的で非科学的であるとして認めようとしなかった」

ということである。ところが皮肉なことに、

「その論証性や再現性や実証性を主張してきた従来の唯物的な西洋科学が進化するにつれ、斯学《しがく》は、自らをして論証性や再現性や実証性の困難な不可視な非唯物的な精神世界（心の世界）へも踏み込まざるをえなくさせてきた」

ということである。いい換えれば、

「従来の唯物的な西洋科学の進化が、皮肉にも当該西洋科学をして可視の物の世界に加え、不可視な心の世界（非唯物的な世界）をも研究対象とするように、その科学観の変更を強く迫るようになってきた」

ということである。その意味は、

「人類はすでに不可視なミクロの不思議な神秘の世界の神の世界へも科学的に足を踏み入れるま

でに進化しつつあるから、従来の科学もそれに合わせて、そのように進化しなければならない」

ということである。さらにいえば、

「これからの西洋科学は、見えるこの世の物の自然を観測する基準フレームに、見えないあの世の心をも取り入れるようにパラダイム・シフトしなければならないし、それによってはじめて現代西洋科学の危機は克服される」

ということである。それこそが、以下にいう、

「現代西洋科学の危機克服への道であり、来たるべき未来科学への進化の道である」

ということである。

(2)現代西洋科学の危機の克服――人類文明進化への王道

カプラによれば、

『深い瞑想状態にある東洋の神秘思想家の意識は、西洋の物理学で使われる実験装置に優るとも劣らない』

という。しかも興味深いことに、彼によれば、

『東洋の神秘思想の宗教が、瞑想による自然の洞察を基盤としているのに対し、西洋の物理学は、科学的実験による自然の観察を基盤としていながら、そこに東洋の宗教（なかんずく佛教：著者注）と西洋の科学（なかんずく量子論：著者注）の強い類似性を見ることができる』

という。先にも述べたように、

「現代物理学は、モデルやそれを体系化した理論によって現実を抽象化した近似的なものであるから、基本的には正確でない」

といえる。なぜなら、

「現代物理学では、モデルをつくるさいに、見えない四次元世界に関しては捨象と抽象化が行われ、自然現象の全体像を正確に説明することができない」

からである。その証拠に、ニュートンの数学モデルは二〇世紀になるまでは自然現象の全体像を完全に記述できる「究極の理論」と考えられてきたが、二〇世紀に入って「相対性理論」や「量子論」が登場してからは、限られた範囲にしか適用できない「不完全な理論」であることが明らかにされた。なぜなら、「ニュートン・モデル」では、「見える三次元世界」のみを対象に、

第一に、観察対象が原子から構成された物体であること、

第二に、観察対象が光速よりもはるかに遅い物体であること、

などが前提条件とされているからである。そのため、「ニュートン・モデル」では、

第一の条件が満たされない場合には、「見えない四次元世界」を対象とする「量子論」を適用しなければならないし、

第二の条件が満たされない場合にも、「見えない四次元世界」を対象とする「量子論」を適用しなければならない、

からである。とすれば、そのことは、結局、

「見える現実の三次元世界の自然を抽象化した、いかなるモデルも近似的なものでしかない」

ことを意味していることになろう。

もちろん、同じことは、東洋の神秘思想についてもいえることである。なぜなら、「東洋の神秘思想家によるあの世（真理）の体験、すなわち直観（直覚）は、思考と言語をはるかに超越しており、それについて語ることは、いかなる場合も部分的で近似的なものでしかない」からである。そのため、ヒンズー教では、その神秘体験を多くの暗喩《あんゆ》や寓話《ぐうわ》や叙事詩などを使った「神話」（たとえば、シヴァ神のコズミック・ダンスなど）によって「近似的」に表現しているし、佛教や道教でもその神秘体験を多くの「逆説」（背理、パラドックス）によって「近似的」に表現している。そして、その頂点を極めたのが「禅の公案」であり、その象徴が禅の『無門関《むもんかん》』（中国の宗時代の禅の書）の「頌《じゅ》」といえよう（参考文献6）。

このようにして、現代物理学者は最近になって、「自然の観察はモデルや理論では近似的にしか表現できないから不正確である」ことを自覚するに至ったし、一方、東洋の神秘思想家もまた以前から、「自然の洞察（その神秘体験）は近似的にしか表現できないから不正確である」ことを承知していたということである。その結果、最近になって、「西洋の科学者も東洋の神秘思想家も、それぞれの欠点を補うために、西洋科学の論理と東洋神秘思想の直観の相互理解による接近の必要性を強く認識するに至った」

ということである。その意味は、最近になって、

「西洋の科学論理も東洋の神秘思想も、同じ自然の実在（宇宙の真理、宇宙の意思、神の心）を科学と直観の両極から捉えざるをえないことを認識するに至った」

ということである。そして、その象徴の一つこそが本書で指向する、

「量子論的唯我論」

といえよう。このようにして、私はついに、

「人類は、西洋の論理と東洋の直観の統合（協力）によって、はじめて目指す山頂（宇宙の真理、宇宙の意思、神の心）の解明に到達することができる」

と考えるに至ったということである。しかも、私はそれこそがまさに、

「人類進化への王道である」

と考える。

七　西洋の論理と東洋の直観の接近
――相対性理論と量子論の発見

そこで、以下、このような観点から改めて「西洋の論理と東洋の直観の接近」について私見を述べる。なぜなら、上記のように、「西洋の論理（量子論）と東洋の直観（神秘思想）の統合こそが、来たるべき新しい物心一元論の東洋文明への道である」と考えるからである。

1　西洋の論理の限界の観点から
――ニュートン力学から相対性理論、そして量子論へ

すでに述べたように、これまでの「西洋の自然観」（宇宙観）は「ニュートン力学の宇宙モデル」を基盤としており、しかもこの自然観は三世紀にわたって「西洋科学の揺るぎない基盤」となってきた。そのニュートン・モデルでは、「空間は三次元であり、しかもそれは常に静止している不変の絶対空間である」

と考えられてきた。ゆえに、ニュートン・モデルでは、全ての物理現象はこの「絶対空間」で生起し、しかもそこで生起する物理現象は「時間」という別次元で捉えられてきた。すなわち、ニュートン・モデルでは、

「時間もまた、その絶対空間を過去から現在を経て未来に向けて無限に流れる絶対時間である」

と考えられてきた。それればかりか、

「これらの絶対空間と絶対時間の中を運動する要素は、全ての物質を構成する物理的な粒子で不可分な剛体である」

と考えられてきた。そのため、この「粒子」は数式上では「質点」として取り扱われてきた。

ということは、ニュートン・モデルでは、

「空間と時間と物質は区別され、その物質は不可分な粒子からなる剛的で静的なものであり、しかもそれらの粒子間に働く力は粒子の質量と粒子間の距離で決まる引力である」

と考えられてきた。ニュートン・モデルが「引力モデル」と呼ばれる所以はそこにある。このようにして、ニュートン・モデルでは、

「全ての物理現象を、引力によって引き起こされる質点の空間的な運動に還元する」

ことになっている。それが、いわゆるニュートンの「運動方程式」であるが、そこでは、

「宇宙はニュートンの運動方程式の因果律によって支配され、そこで起こる全ての自然現象には必ず原因と結果がある」

とみなされるようになってきた。しかも、その「因果関係」に哲学的な基礎を与えたのが上記

のデカルトの「物心二元論」の「自我の哲学」であり、それによって、「宇宙は人間とは全く別物の、心を持たない無機物の物体が集合した巨大な機械にすぎない」との「機械論的宇宙観」が生まれることになった。このようにして、デカルトの「自我の哲学」によって、「心を持つ人間（自我）と、心を持たない物質が完全に分離され、人間世界（観測者の心の世界）と物質世界（観測対象の物の世界）が完全に対立する、西洋の物心二元論の自然観（哲学）が生まれる」

ことになった。その結果、一九世紀の物理学者の間では、「宇宙はニュートンの運動法則に従って動く巨大な力学システムであり、それを支配するニュートンの運動法則こそが宇宙の基本法則（自然の本質）である」と固く信じて疑われなくなった。

ところが、それから一〇〇年も経たないうちに次々と「新しい物理学理論」が発見され、ニュートン力学には「限界」があることが明らかにされ、「ニュートン力学は宇宙の基本法則ではない」ことが証明されるようになってきた。その「新しい物理学理論」こそが「相対性理論」と「量子論」であった。そして、以後、これらの理論によって物理学は大きく変貌することになった。

そのさい、「相対性理論」を考えたアルバート・アインシュタインは「自然の調和」を固く信じ「物理学の統一的基礎理論」を発見しようと、それまでの古典物理学では結びつかなかった「ニュートン力学と電気力学の両方に共通する理論」の定式化を目指した。

その成果が一九〇五年に発表された「特殊相対性理論」において結実したが、彼はそれによって古典物理学では定説であった「時間と空間の概念」を「一変」させたばかりか、ついには「ニュートンの自然観」そのものまでも「崩壊」させるに至った。なぜなら、

「特殊相対性理論によれば、ニュートン・モデルにみるように空間は三次元ではなく、時間もまた独立した存在でないばかりか、時間と空間は不可分に結びついた時空という四次元連続体を形成することが明らかにされた」

からである。つまり、特殊相対性理論によって、

「時間に触れずして空間は語れないし、空間に触れずして時間は語れないから、ニュートン・モデルの絶対的時間と絶対的空間という概念は破棄されなければならない」

ことが明らかにされたからである。そのことを比喩すれば、

「ある事象に対して、何人かの観測者が異なった時間（速度）で空間を移動している場合、ある観測者にとっては同時に起こっていると見える事象でも、別の観測者にとっては異なった時間的順序で起こっているように見えるから、時間と空間が関与する測定は絶対的な意味を失い、ニュートン・モデルの絶対的時間と絶対的空間という概念は破棄されなければならない」

ということである。これこそが本項にいう、

「西洋の論理の限界である」

といえよう。このようにして、

「時間と空間の測定は相対的となり、時間も空間も、ある特定の観測者（人間）が現象を記述するために用いる言語の、単なる一要素にすぎない」

ことが明らかにされた。とすれば、この意味する決定的な重要性は、

「特殊相対性理論では、絶対時間や絶対空間の概念を破棄する一方で、観測者という心を持った人間の存在を考慮しなければならない」

ということであった。その結果、

「特殊相対性理論では、絶対時間や絶対空間の概念を破棄すると同時に、デカルトのいうような自然の外に立つ観測者としての自我の概念（物心二元論の概念）をも破棄しなければならない」

ことが明らかにされた。とすれば、この意味する「最も重要な点」は、

「特殊相対性理論では、人間の心が関与しない絶対時間や絶対空間という物心二元論の概念（ニュートン理論）を破棄する一方で、人間の心が関与する物心一元論の概念（東洋の神秘思想）を考慮しなければならない」

ということである。さらにいえば、

「特殊相対性理論は、見える物の世界に加えて、見えない心の世界をも考慮しなければならない物心一元論の理論である」

ということになろう。とすれば、このことは見方を変えれば、私見では、

「物心一元論の心の世界への挑戦こそが、特殊相対性理論の本質であった」

ということである。私が、「心の問題を取り上げる本書において、特殊相対性理論をとくに重視する所以はここにある」といえる。そればかりか、このような、「特殊相対性理論の物心一元論の心の世界への挑戦こそが、また量子論の心の世界の発見へとつながった」ということである。さらにいえば、このような、「西洋の論理と東洋の直観の統合こそが、来たるべき新しい物心一元論の東洋文明の創造に大きく寄与できる」ということである。

以上が、「西洋の論理の限界」の観点からみた「西洋の論理と東洋の直観の接近」についての私見である。

2　東洋の直観の可能性の観点から

――タオイズムと量子論の接近

以上、ニュートン理論の限界を指摘し、「西洋の論理と東洋の直観の接近」を可能にした現代物理学を象徴する「相対性理論」と「量子論」についてみてきたが、次にそのような「相対性理論」や「量子論」（ともに西洋科学）と、とくに「心の面」で「類似性」が強いとされる東洋神秘思想を象徴する「タオイズム」についてもみておこう。

カプラの『タオ自然学』によれば、「東洋の神秘主義思想」の中でも「心の面」で「現代物理学」との「類似性」がとくに強いのが「道家思想《タオイズム》」であるという。ここに、「タオイズムとは理性的思考には限界のあることを知り、直観をとくに重視する思想」のことであるが、その中心思想が「道《タオ》」である。そして道家（道の追求者）によれば、「知性（論理）では道（宇宙の真理、佛の心）は理解できない」

という。そのことを、道家の荘子は、

『最も広範な知識によっても、道を知ることができるとはかぎらない。人間は論理によって賢くなるわけではない』

と説く。その意味は、

「道とは無為自然（自然の本質、宇宙の真理、宇宙の意思、佛の心）を直覚することであるから、論理的思考はそれに逆行する」

ということである。なぜなら、私見では、

「論理的思考は形而下学的思考（左脳型思考）であり、神秘的思考は形而上学的思考（右脳型思考）であるから、一般には両者は二律背反する」

からである。ところが意外なことに、

「道を強く主張する神秘的思考の形而上学の道家は、論理的思考の形而下学を強く否定しながらも、その一方で、鋭い直観（直覚）によって形而下学の現代科学にも通ずる深遠な洞察力を獲得している」

ということである。この点に関しては、私は本書においても、しばしば、

「東洋の神秘思想の直覚の驚異」

として述べているが、ここではその例証の一つとして「太極の思想」をあげておこう。ここに、

「太極の思想とは、陰が極まれば陽になり、陽が極まれば陰になるとの陰陽の周期交代の思想」

のことである。詳しくは、

「太極の思想とは、この世の諸現象は陰陽の両極に分かれ（二極対立し）、絶えることのない自然のエネルギーの交流（交換）のなかで互いに盛衰を繰り返すから（周期交代するから）、人は無為のままに、その自然のエネルギーの流れ（盛衰）に従うことこそが道である」

との「道家の中心思想」をなす「無為自然の思想」のことである。

そうであれば、この太極の思想に象徴される「タオの思想」を、ちなみに「死生観」を例にとって、「量子論」の立場からもいえば、私は、

「この世の諸現象は、生の世界（粒子の世界）のこの世と死の世界（波動の世界）のあの世の表裏に分かれ（二極対立し）、その絶えることのないエネルギーの交流の中で盛衰（周期交代、輪廻転生）しているから、そのことを（その量子性を）直観することこそが死生観である」

と考える。とすれば、私はこの例からも、

「未来の西洋科学の量子論の発展にとっても、東洋の直観（閃き）の果たすべき役割は極めて大きい」

と考える。その意味は、逆にいえば、

「来たるべき新東洋文明の創造と進化のために、未来の西洋科学の量子論の果たすべき役割は極めて大きい」

ということでもある。私が、

「本書において、東洋の古代神秘思想と西洋の最先端科学の量子論を並説して重視する所以はここにある」

といえる。

以上が、「東洋の直観の可能性の観点」からみた「西洋の論理と東洋の直観の接近」についての私見である。

八　西洋の論理と東洋の直観からみた対立世界の統合

以上、来たるべき「物心一元論」の「新東洋文明の創造」にとって問題となる「西洋の論理の限界」（相対性理論と量子論のみはその例外）と、逆に「物心一元論」の「新東洋文明の創造」にとって不可欠となる「東洋の直観の可能性」についてみてきたが、以下ではその「物心一元論」の「新東洋文明の創造」にとって、とくに重要な役割を果たすと思われる「西洋の論理」の「相対性理論」や「量子論」と、「東洋の直観」の「神秘思想」との「統合」についてみておこう。

なぜなら、私は、

「西洋の論理の相対性理論や量子論と東洋の直観の神秘思想による東西文明の統合こそが、来たるべき新しい物心一元論の東洋文明の創造にとって不可欠である」

と考えるからである。論拠は以下のとおりである。

1　四次元世界の「あの世」と三次元世界の「この世」の対立世界の統合

それには、はじめに、来たるべき「新しい東洋文明」の指向すべき「対立世界の統合」としての「四次元世界の心の世界のあの世」と「三次元世界の物の世界のこの世」の統合、いわゆる「物心一元論の世界」について明らかにしておく必要がある。

東洋の神秘思想家の荘子は、すでに二〇〇〇年も前に、

『万物は同じ世界の二つの側面を現しているにすぎないから、その対立（差異）は全て相対的である』

と説いた。その意味は、

「この世の万物は四次元世界のあの世では同じであるが、三次元世界のこの世では二つの側面を現しているにすぎないから、万物の差異は全て相対的である」

ということである。より具体的には、

「生と死などにみられる差異は、それぞれが別の世界の現象ではなく、四次元世界の同じものの三次元世界における二つの側面にすぎないから、万物の差異は全て相補的である」

ということである。とすれば、そのことはまた量子論の説く「自然の二重性原理」としての「相補性原理」そのものといえよう。しかも、荘子のこの考えと同じことを、佛教の「禅」でも、「この世における全ての対立は相補的なものであるから、それを超越してあの世の元の姿を視る

（直覚する）ことこそが悟りである」

と説いている。いい換えれば、

「この世での対立を統合することこそが、宇宙の本質を知ることであり、悟りである」

ということである。すなわち『易経』にいう、

『時《とき》に陰（暗）を、時《とき》に陽（明）を出現させている本質を知ることこそが道である』

がそれである。とすれば、それこそは量子論にいう「量子性」としての「相補性原理」そのものであるといえよう。

さらに、そのことを現代科学の「生物学」の面からもいえば、すでに述べたように、

「男女はそれぞれ外的には異なっているようにみえても、その実、互いに男性ホルモンと女性ホルモンの二重作用を受けており、その根源においては同体であるから、その差異は相対的であるから、その本質（相補性）を知ることこそが重要である」

ということである。その意味は、

「人間も男女に分かれ、外面的には異なっているかに見えても、本質的には同体であるから、その本質（相補性）を知ることこそが重要である」

ということである。つまり、

「男女は四次元世界では同じであるが、三次元世界のこの世では二つの側面を現しているにすぎないから、その本質を知ることこそが重要である」

ということである。

このようにして、東洋の神秘思想家は体験（道、タオ）を通じて二〇〇〇年以上も前に「両極合一の自然観」（両極統合の自然観）に到達したが、現代物理学者も相対性理論や量子論を通じて最近になってようやくそれと「同様な自然観」に到達したということである。

ちなみに、それを象徴しているのがアインシュタインの「相対性理論」にいう「質量とエネルギーの等価の式」（$E=mc^2$）であるといえよう。その証拠に、現代物理学ではこのような「相補的な世界」を記述（数学的定式化）するのに「相対性理論」が用いられている。なぜなら、「ニュートン理論によれば、三次元世界では時間と空間は全く別物で対立する両極と考えられていたのが、相対性理論による四次元世界への移行によって、両者が統合されて四次元時空となり、その時空の合一性が相補性原理として確認されるようになった」

からである。その意味は、

「相対性理論の登場によって、はじめて三次元世界のこの世から四次元時空のあの世への高次元への移行が科学的に可能となり、両極（この世と、あの世）の合一性が相補性（原理）として確認されるようになった」

ということである。重ねていえば、

「相対性理論の出現によって、はじめて三次元世界のこの世のみを研究対象としてきたニュートン力学の古典的物理学が超克され、三次元世界のこの世から四次元時空のあの世への移行（それゆえ両者の統合）が可能になった」

ということである。とすれば、

「来たるべき新しい東洋文明では、そのような物心一元論の相補性の世界を科学的に追求しなければならない」

ことになる。

一方、量子論におけるそのような「対立概念の統合」（相補性原理）は、「量子性」として「素粒子レベル」の「四次元レベル」で生まれた。ところが残念なことに、人間の「思考パターン」は「三次元感覚」しか持ちえないから、量子論学者といえども、四次元時空の世界を「言葉」によって表現することは極めて難しいとされている。

とはいえ、このように、外見的には全く別々の世界が高次元で統合されることは、なにも相対性理論や量子論によらずとも、カプラの次ページの図によっても簡単に理解できよう。

はじめに、図1－2についていえば、この図は円運動を投影したものであるが、一次元（直線、この世と想定）では上下運動する（二極対立する）両極が、二次元（平面、あの世と想定）では統合されて円運動（それが対立世界の本質）になっていることが示されている。

ついで、図1－3についていえば、この図は二次元平面で水平に切断されたドーナツ・リングを示したものであるが、二次元平面（この世と想定）では完全に分離された二つの切断面（二極対立する二つの円盤）が三次元空間（あの世と想定）では統合されて一つのドーナツ・リング（一つの筒、それが対立世界の本質）になっていることが示されている。

図１－２　対立する極の統合（一次元世界と二次元世界の統合）

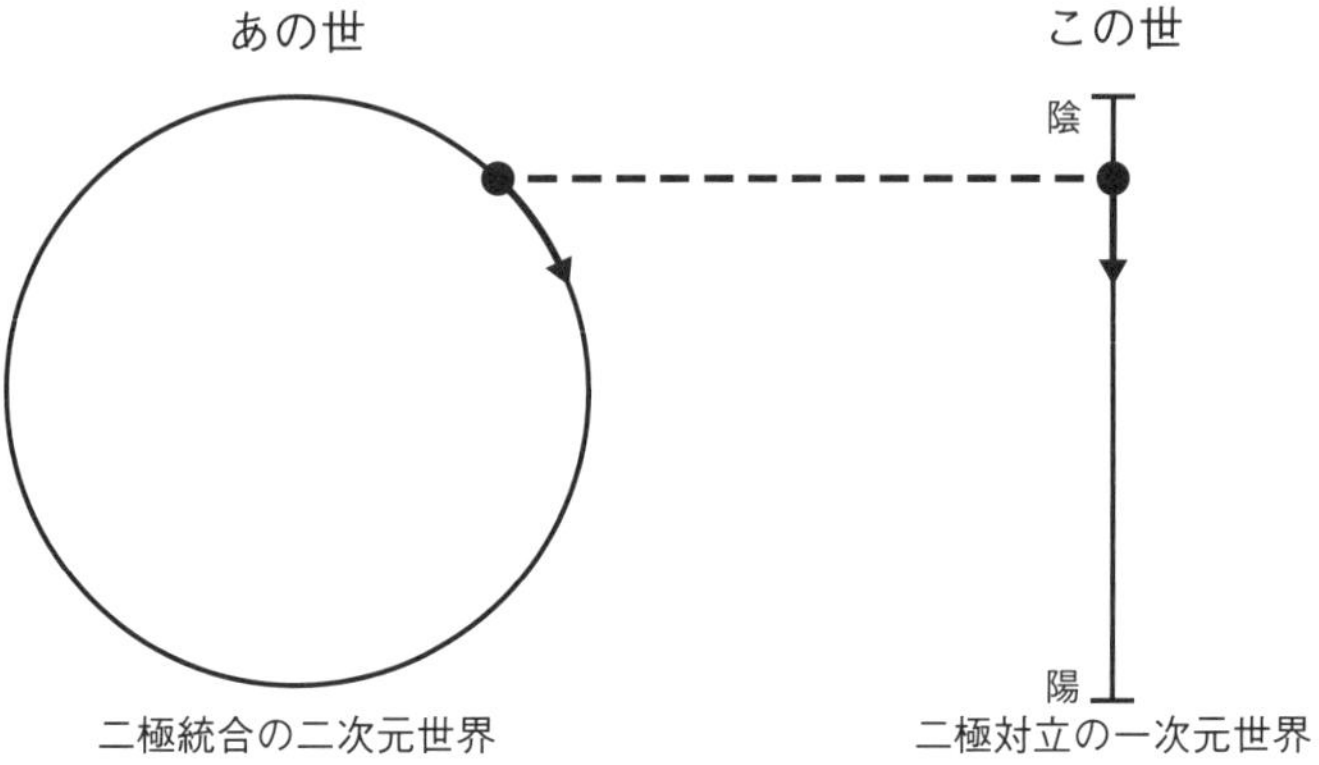

（F.カプラ『タオ自然学』工作舎 p.165を参考に作成）

図１－３　対立する極の統合（二次元世界と三次元世界の統合）

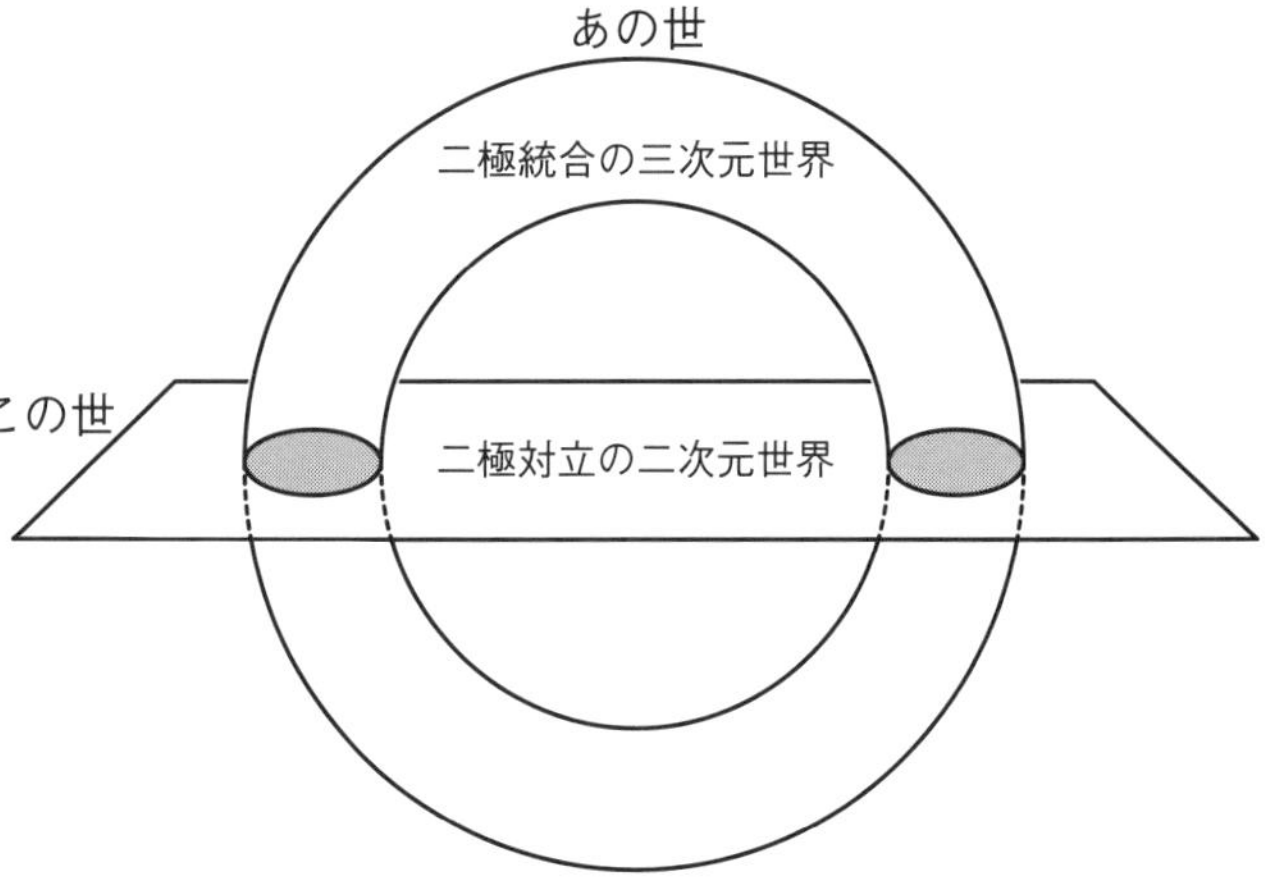

（F.カプラ『タオ自然学』工作舎 p.168を参考に作成）

図1－4　対立する極の統合（三次元と四次元の統合）

［四次元世界のあの世と三次元世界のこの世の統合
（波動の世界を介しての宿命と運命の関係：量子論の観点から）］

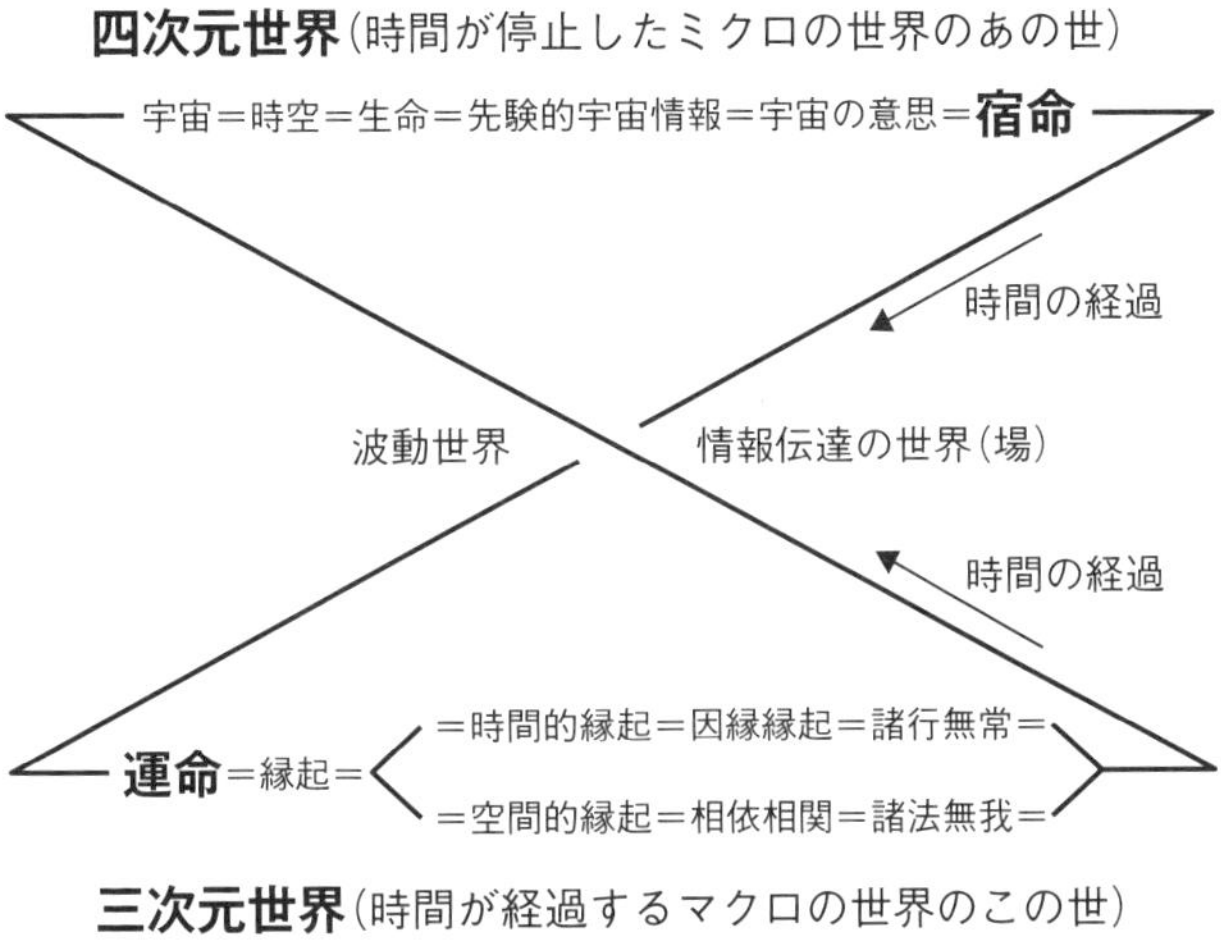

出典：岸根卓郎『宇宙の意思』東洋経済新報社 p.395

一方、「東洋の神秘思想家」も、深い「瞑想」によって、それと同様な「対立世界の統合」を「体験」することができるという。すなわち、

「東洋の神秘思想家も、深い瞑想によって、三次元世界の物質世界のこの世と四次元世界の心の世界のあの世が統合した宇宙的織物の世界（有機体的な世界）を体験することができる」

という。いい換えれば、

「東洋の神秘思想家も、深い瞑想状態の下で、日常の三次元世界のこの世を超越し、全ての対立が統合された有機体的な世界としての別次元の四次元世界のあの世を体験することができる」

という。そして、そのことを私見として図示（視覚化）したのが図1－4である。本図は、

「時間が停止した四次元世界の宇宙の意思の神の心の宿命が、時間の経過とともに、波動の世界を介して時間の推移する三次元世界の運命へと移され、その運命がまた時間の経過とともに、再び波動の世界を介して、時間の停止した四次元世界の宇宙の意思の神の心の宿命へと戻されるという、三次元世界と四次元世界の統合」

を示したものである。

このようにして、三次元世界のこの世から四次元世界のあの世への移行による「対立世界の統合」が「視覚的」にも理解されたと考える。

以上が、「三次元世界のこの世と四次元世界のあの世の対立世界」、すなわち「物の世界と心の世界の相補性の世界」、いわゆる「物心一元論の世界」についての私見である。

2　実在の世界の「あの世」と像の世界の「この世」の対立世界の統合

以上では、「四次元世界の心の世界のあの世と、三次元世界の物の世界のこの世の対立世界の統合」について明らかにしたが、ここでは同じことを、見方を変えて「四次元世界の実在の世界のあの世と、三次元世界の像の世界のこの世の統合世界」としても明らかにしておこう。それには、再び「西洋の相対性理論と東洋の神秘思想」の関係についてみておく必要がある。

⑴西洋の相対性理論と東洋の神秘思想からみた対立世界の統合

すでに述べたように、西洋科学では相対性理論が出現するまでは、「絶対的な三次元の空間」と「独立した別次元の時間」という、「空間」と「時間」とが別々の「知的概念」が基本となっていた。

これに対し「東洋の神秘思想」では、「空間も時間も人間の知性がつくりあげたものであり、他の全ての知的概念と同様に知性の産物にすぎず、それゆえ幻想にすぎない」とみなされてきた。ちなみに、ブッダは、「空間も時間もただの名前であり、それゆえ思考の形態にすぎない」とみていた。

以下、このような観点に立って、「西洋の相対性理論と東洋の神秘思想の統合」について述べるが、それには、はじめに「幾何学の概念」の「東西の違い」についてみておく必要がある（参考文献7）。

古代ギリシャでは、「幾何学こそは、神の啓示であり、自然の本質そのものである」と考えられていた。プラトンのいう、

「神は、幾何学者である」

との言葉は、そのことを最もよく象徴しているといえよう。この古代ギリシャの幾何学は、以後、何世紀にもわたって西洋の哲学や科学に強い影響を与え続けてきた。

これに対し、東洋では幾何学は西洋のように「自然の本質」としては成立しなかった。しかし、カプラによれば、それはインド人や中国人が幾何学的な知識を持ちえなかったからでは決してないという。その証拠に、彼らは幾何学の知識を広く応用して天体図をつくったり、幾何学的な形の祭壇を設計したり、土地を測量したりした。ただ、東洋では、

「自然の本質（宇宙の真理、神）を幾何学とは考えなかったから、自然の本質の解明に幾何学を用いようとはしなかった」

だけのことである。つまり、カプラがいうように、東洋では西洋のように、

『自然を直線や円に当てはめる必要がなかった』

ということである。その意味は、古代のインドや中国の神秘思想家たちは、

「幾何学は自然の本質（宇宙の真理、神）ではなく、単なる知性の産物にすぎない」

と考えていたということである。

その証拠に、東洋の神秘思想家たちは「時間と空間の概念」についても、アインシュタインが登場するまでの西洋の科学者のそれとは全く異なった考え（時空の概念）を持っていた。ということは、

「二〇〇〇年後のアインシュタインの特殊相対性理論の登場を待って、はじめて、現在の西洋の

科学者の時間と空間の概念が、古代の東洋の神秘思想家の時間と空間の概念のそれ（時空）と一致するようになった」

ということである。その意味は、

「二〇〇〇年後の特殊相対性理論の登場を待って、はじめて、西洋の科学者の時間と空間の概念が、東洋の神秘思想家の時間と空間の概念（時空の概念）に追いついた」

ということである。逆にいえば、

「東洋の古代神秘思想家たちは、二〇〇〇年以上も前に、すでに現在の西洋科学の特殊相対性理論にいう四次元世界の時空の概念と同様な概念を持っていた」

ということである。私が、しばしば、

「東洋神秘思想の閃き（直覚）の凄さ」

を強調するのはこのゆえである。

では、アインシュタインの特殊相対性理論にいう「時間と空間が統合した時空の概念」とは何か。それを一言でいえば、上記のように、

「空間と時間の測定は全て相対的である」

ということである。このことを、よりわかりやすくするために、はじめに、

「空間の測定が相対的である」

ことから説明すると、

「空間内の物体の位置は、他の物体との相対位置で決まる」

ということである。そのことを、カプラは次の比喩によって以下のように説明している。

いま、二人の観察者が空中に浮かんだまま一本の傘を観察していると仮定したさい、その傘はたとえば一方の観測者から見ると自分の左側にあって、しかも自分のほうに傾いて見えるが、他方の観測者から見ると自分の右側にあって、しかも自分の反対側に傾いてみえる。ゆえに、この例の意味は、左、右、上、下、斜めなどの「空間的な記述」は全て観察者の「位置次第」であり、それゆえ「相対的」なものにすぎないということである。とすれば、このことは上記の荘子のいう「無差別自然の思想」そのものといえよう。

ついで、

「時間の測定が相対的である」

ことについて説明すれば、時間についても「前」や「後」や「同時」や「同時ではない」などの「時間的な記述」(時間的な序列、時系列)は観察者次第であるということである。その意味は、

「時間も、空間と同様に観察者によって左右され、相対的である」

ということである。もちろん、私たちの日常生活では、あらゆる現象は「時系列順」に起こっているかにみえるが、それは光の速度が秒速三〇万キロメートルと極めて速いため、現象の発生と観測を同時のように「錯覚」するからである。

つまり、実際の日常生活では、その伝播《でんぱ》に要する時間が極めて短く瞬間的であるため「時間の

測定が相対的である」ことに気づくことができないだけのことである。

ところが、もしも観察者が、現象に対して光速で移動しているような場合を想定すれば、現象の発生とその観察までの時間が、現象の「時系列の序列」に決定的な影響を及ぼすことになる。なぜなら、光速で移動している場合には、ある人から見て同時に起こったと見える現象も、他の人から見れば別の時系列で起こったように見えるからである。その意味は、

「観察者の移動速度が異なれば、現象の時系列の序列も異なる」

ということである。


このようにして、「特殊相対性理論」で明らかにされたことは、

「空間も時間も、観察者によって異なり、相対的なものであるから、空間と時間に関する測定には絶対的な意味がない」

ということである。たとえば、ニュートン物理学では、棒は動いていても静止していても、長さは同じと考えられていたが、相対性理論によって、それは正しくないことが明らかにされた。事実、棒の長さは「棒と観測者の相対的な運動状態」によって左右される。すなわち、

「棒は観測者に対する速度がゼロのとき最長となり、観測者に対する速度が増すほど短くなる」

つまり、

「物体は、その運動方向に縮む」

ということである。では、

「どちらの棒の長さが本当の長さ」なのか。そのさい重要なことは、それを問題にしても「全く意味がない」ということである。

なぜなら、それを比喩すれば、

「人の影の長さを測ってみても、影は虚像であるから、日常生活では何ら意味を持たない」

のと同じであるからである。その意味は、

「影は三次元空間の物体（実像）を、二次元平面に投影したもの（虚像）であるから、投影する角度によって長さも変わる」

からである。同様に、

「運動物体の長さも、四次元空間の点を三次元空間に投影したものであるから、基準座標軸（基準系）が四次元空間と三次元空間とで異なれば、その長さも変わるから、どちらの棒の長さが正しいかを問題としても意味がない」

ということである。

しかも重要なことは、

「特殊相対性理論によれば、運動物体の長さに関していえることは、そのまま時間についてもいえる」

ということである。その意味は、

「時間の長さもまた、空間と同様に基準系次第である」

ということである。すなわち、時間の場合は、

「観測者に対する相対速度が増加すると、時間の長さも増加する」

ということである。このことをわかりやすく説明するのによく使われる有名な比喩が「双子のパラドックス」である。すなわち、この例で説明されることは、

「かりに、双子のうちの一人が宇宙への高速往復旅行に出かけたとすると、彼が地球に戻ってきたときには、相手よりも若くなっている」

ということである。なぜなら、それは、

「観測者に対する相対速度が増加すると、時間の経過も遅くなる（時間の長さも増加する）から、高速で宇宙旅行に出かけた彼の全ての時計（心臓の鼓動や脳波など総じて寿命）が、地球にいる相手から見ると旅行中には遅くなっている、それゆえ寿命も長くなっている」

からである。このようにして、

「このパラドックスは、特殊相対性理論で説明される四次元世界が、三次元世界に住む人間にとっては不思議に思えて、容易に理解できない」

ことを雄弁に物語っており、それは現代物理学における「最も有名なパラドックスの一つ」となっている。


ゆえに、以上を通じて、私のいいたいことは、

「三次元世界のこの世に住む人間にとっては三次元世界の虚像しかみることができず、四次元世

界（時空の世界）のあの世の実像をみることはできないから、四次元世界が不思議に思えて容易に理解できない」

　ということである。その意味は、

「もしも、人間が三次元世界の虚像のこの世にありながら、四次元世界の実像のあの世を垣間みることさえできれば、人間にとってパラドックスは何一つない」

　ということである。そして重要なことは、

「東洋の古聖賢は、瞑想（閃き）によって、そのようなパラドックスの何一つない四次元世界のあの世を垣間みた（体験した）」

　ということである。


　では普通の私たちにとっては、どのようにすればそのような「四次元世界のあの世への移行」が可能になるのか。それを数学的にいえば、

「法則が、全ての座標系で同形式で表されるように定式化すればよい」

ということになる。そして、この発想こそがアインシュタインの「特殊相対性理論」の出発点であり、「相対性の考えそのもの」であるといえよう。そのため、

「特殊相対性理論では、三次元空間の座標に時間という第四の座標が組み込まれ、四次元連続体が形成される」

　ことになる。それが、いわゆる「時空の概念」であるが、その意味は、カプラによれば、

『相対性理論では、空間と時間は同一の基盤で時空として不可分に取り扱われ、時間を考えない空間など考えられないし、空間を考えない時間も考えられない』

ということである。しかも驚くべきことに、上記のように、

「特殊相対性理論の発見によって、現代物理学がようやく捉えた相対的な空間や相対的な時間の概念が、すでに二〇〇〇年も前の古代東洋神秘思想（淮南子《えなんじ》）にいう空間や時間の概念と酷似している」

ということである。その意味は、

「東洋の神秘思想家は、瞑想（悟り）という、普通の意識とは全く違った状態の中で、特殊相対性理論と同様な世界、すなわち三次元世界の虚像のこの世を超越した、時間と空間が統合した四次元世界の実像のあの世を、この世において体験することができた」

ということである。そして、このことをカプラは、

『東洋の神秘思想家たちが瞑想によって体験した時間と空間の統合した世界（実像の世界：著者注）が、特殊相対性理論にいう時空の概念（実像の世界：著者注）と酷似していることは、実に驚異である』

と表現している。そして、それこそがここにいう、

「東洋神秘思想と特殊相対性理論からみた、虚像のこの世と実像のあの世の統合世界、すなわち相補性の世界」

であるといえよう。このようにして、

「東洋の神秘思想家は瞑想による直観（直覚）を通じて、他方、西洋の物理学者は実験による論理を通じて、ともに三次元世界の虚像のこの世から四次元世界の実像のあの世へと移行することができる」

ということである。その意味は、

「東洋神秘思想によっても西洋の特殊相対性理論によっても、三次元世界の虚像のこの世と四次元世界の実像のあの世はつながっていて相補関係にある」

ということである。しかも、そのことを、

「理論的に証明したのがベルの定理であり、それを実験的に立証したのがアスペの実験である」

といえよう。この「ベルの定理とアスペの実験」については、第二部で改めて詳しく説明する。

(2) 東洋の神秘思想の時空の世界からみた対立世界の統合

以上、「西洋の相対性理論と東洋の神秘思想からみた対立世界の統合」について述べたが、以下では改めて「東洋の神秘思想の時空の世界からみた対立世界の統合」についてもみておこう。

ド・ブロイによれば、

『四次元世界の時空の世界では、われわれ一人一人にとって現在、過去、未来を構成している物事は、観測者が知る以前にすでに時空を構成する事象のアンサンブルとして一括して与えられる（なぜなら四次元世界では時間が停止しているから：著者注）。ところが、観測者（時間が経過している三次元世界に住む観測者：著者注）は観測者の時間的経過とともに、それを時空の新しい断片として発見し、それが観測者の目には自然界の現実と見えるのだ』

という。これに関連して、私は「宿命」と「運命」について、

「ド・ブロイのいう四次元時空を構成する事象のアンサンブルが、私がいう宇宙の先験的情報（宇宙の意思、神の心）としての実像の〝宿命〟（天命）であり、そのような実像の〝宿命〟は、私たちが知る以前に、時間が停止している四次元世界では過去・現在・未来の区別なしに一括して存在しており、その四次元世界の実像の〝宿命〟が、時間が経過する三次元世界に住む私たちにとっては、時間の経過とともに時系列順に虚像の〝運命〟として運ばれてくる」

と考える（図1－4を参照）。とすれば、私は、

「もしも、そのような時間が停止した実像の四次元時空の世界を、時間が経過する虚像の三次元世界に住む私たちが瞑想か何かの方法によって見渡すことさえできれば、私たちは各自の永遠の現在としての実像の宿命を一瞬にして一望する（知る）ことができるし、その永遠の現在としての実像の宿命が、時間の経過とともに三次元世界に運ばれてくる虚像としての運命についても知ることができるはずである」

と考える。ところが残念なことに、

「私たちが住んでいるのは時間の流れる三次元世界の虚像の世界であるから、東洋の古聖賢たちのような鋭い直覚（閃き）が働かない普通の人間にとっては、時間の停止した四次元世界の実像の世界の宿命についてはわからないし、それが時間とともに三次元世界の虚像の世界のこの世に運ばれてくる運命についても因縁生起としてしか体験できない」

ことになる。以上が、

「宿命と運命」

についての私見である。

そこで、このような私見を傍証するために、次に東洋の古聖賢たちの「宿命論」についてもみておこう（参考文献8）。はじめにラマ・ゴヴィンダによれば、

『われわれが瞑想中の空間体験を語るとき、全く別次元を扱っている。瞑想状態での空間体験では、時系列の序列は同時的な共存状態に変わってしまい、並行して物事が存在するのである。それが三次元に住む人間にとっては宿命に映るのだ』

というし、鈴木大拙《だいせつ》氏もまた、

『この精神世界（瞑想による四次元世界：著者注）には過去、現在、未来といった時間の区別はない。それらは現在という単一の瞬間に収縮している。……そこでは過去も未来も輝けるこの現在の瞬間に巻き上げられるが、それが三次元に住む人間にとっては宿命に映るのだ』

といっている。しかも、このことが「三次元世界」の「思考の世界」（論理的な科学の世界）に住む私たちにとって「不思議」に思えるのは、

「瞑想（直覚、閃き）は時間を超えるが、思考（論理、科学）は時間の中でしか行われない」

からである。

以上が、「東洋の神秘思想の時空の世界からみた対立世界の統合」についての私見である。

3　東洋の神秘思想の空の思想（無の思想）からみた対立世界の統合

――「無」こそ「有」の根源であるとする東洋神秘思想

東洋神秘思想の佛教の「空の思想」、すなわち「無の思想」によれば、

「空間（無）こそが万物（有）を生成させる母体であり、空間（無）と万物（有）は一体である」

という。それが「般若心経《はんにゃしんぎょう》」に説く、

「色即是空《しきそくぜくう》、空即是色《くうそくぜしき》」

である。その意味は、

「色（物質）は、すなわち空（無・心）であり、空（無・心）は、すなわち色（物質）である」

ということである。いい換えれば、

「見える物質（有）は実は見えない空間（無・心）であり、見えない空間（無・心）は実は見える物質（有）である」

ということである。とすれば、そのことはまた、

「物質（有）と空間（無・心）は統合しており、一つの全体を構成する不可分な存在である」

とする「量子論」にいう「同化の原理」そのものである。さらにいえば、

「物の世界と心の世界の対立世界は統合していて、物心一元論の相補性の世界である」

ということである。

一方、道教においても、老子は、

『天下の物は有より生じ、有は無より生ず』（『老子』第四〇章）

と説き、

「無は姿こそないが（空）、そこには無限の妙用（有）が生まれる根源があり、それこそが道（宇宙の真理）である」

と説いている。これが老子のいう、有名な、

「無用の用」

であり、しかも、それこそが、

「無（空・心）こそが、有の根源である」

と説く老子の、

「無の思想であり、空の思想」

である。

とすれば、このことは第二部で明らかにするように、「量子論」にいう、

「粒子（有、物）は波動（無、心）であり、その波動（無、心）は粒子（有、物）である」

とする「量子性」そのものである。とすれば、ここでもまた「東洋の神秘思想の直覚」の偉大さに驚くほかない。


他方、荘子もまた彼の「気の思想」（空の思想）において、

『人間が生きているというのは生命を構成する気（空、心）が集合しているということであり、気（空、心）が集合すれば生（有）になり、離散すれば死（無）になる。もし、このようにして生死が一気の集散（量子論にいう粒子と波動の交代、量子性：著者注）にすぎないとすれば、生死について何を憂える必要があろうか』（『荘子』「知北遊篇」の気の思想）

と説いている。

とすれば、以上を総じて、

「老子や荘子にみる、あの世とこの世の対立世界の統合を説く古代の東洋の神秘思想は、二〇〇〇年後の最近になってようやく西洋の現代物理学の量子論が到達しえた相補性の原理や同化の原理、総じて量子性の原理と、いささかも矛盾しない」

ことになる。このようにして、結局、私は、

「三次元世界のこの世における物質と空間、有と無、物と心、生と死などの両極性は、四次元世界のあの世における一極性（合一性）の三次元世界のこの世における発現形態にすぎない（相補性原理）」

と考える。いい換えれば、

「三次元世界における物質と空間、体と心、生と死など、総じて有と無は、四次元世界における同じものの、三次元世界における二つの側面（表裏）にすぎない（相補性原理）」

と考える。それこそが、本節にいう「対立世界の統合」、すなわち、

「宇宙を構成するありとあらゆるものは、そのことごとくが、見える三次元世界のこの世では互

いに対立しながら存在しているが、見えない四次元世界のあの世では統合してただ一つである」ということである。

最後に本節のまとめとして、上記の東洋の神秘思想にいう「空の思想」（気の思想）からみた「対立世界の統合」を、視点を変えて、西洋科学の「量子論」（波動の理論）からみた「対立世界の統合」としても再度みておこう。

先にも述べたように、老荘の「無の思想」（気の思想）は、「気は集合と離散を繰り返し、あらゆるもの（有）を生み出しながら、やがて無（空）へと帰入する」との考えであるから、このことを「量子論」の見地から「科学的」にいえば、「気（波動）はあらゆるものを生滅させる量子の場である」といえよう。私が本書において、「気を対立世界の統合」（この世とあの世の統合、物と心の統合、身心の統合、生と死の統合など）として、「量子論にいう量子性」の見地から取り上げる理由はそこにあるといえる。

九　西洋文明から東洋文明への交代の必要性
――西洋文明の定向進化の危険性

以上、私は、この第一部を通じて、

「人類文明は、文明興亡の宇宙法則により、二一世紀に入ってからは物心二元論の遺伝子を持つ西洋文明から、物心一元論の遺伝子を持つ東洋文明への交代が不可欠であり、その交代こそが次代の新しい東洋文明の創造と人類文明全体の進化と永続のために不可欠である」

ことを明らかにした。その意味は、

「東西文明には、それぞれ長所短所はあるも決して優劣はないが、これまで八〇〇年間続いてきた従来の物心二元論の西洋物質文明のエントロピーが二〇世紀後半から二一世紀前半にかけて極大に達し、その欠点が露《あら》わになってきたために（その定向進化の危険性が露呈してきたために、後述）、宇宙の意思が今回の七回目の東西文明の周期交代期にあたり、従来の物心二元論の西洋物質文明に対し、来たるべき物心一元論の新東洋精神文明との交代を要求している」

ということである。

そのことを立証するために、私は、この第一部において、

「東西文明の長所と短所を東西文明遺伝子の違いの観点から徹底的に解明し、東西文明交代の必要性ないしは必然性を科学的に実証しよう」

とした。具体的には、

「東西文明の長所と短所を、東西文明の遺伝子の違いの観点から、東西の自然環境の違いや、東西の思想の違いや、東西の宗教の違いなどの各面から徹底的に解明し、東西文明交代の必要性ないしは必然性を科学的に実証しよう」

としたということである。なぜなら、繰り返し述べたように、私は、

「東西文明には、それぞれに違いがあってこそ、それぞれに存在価値があり、しかもそのように違った東西文明の交代によってこそ、人類文明は進化し永続できる」

と考えるからである。私がこの第一部において、「東西文明遺伝子の違いと、その交代の必然性」について、かくも詳細に「分析」し、かつ「検討」したかの、理論的な根拠が十分理解されたことと思う。

なお、この「東西文明交代の必要性」については、この後の「補論」においても視点を変えて、「東西文明交代の必要性と、日本が果たすべき役割」として改めて詳しく論証するので、それをも参照されたい。

その他にも、以上の研究を総じてわかったことは、

「二〇〇〇年以上も前に東洋の神秘思想が直覚した物心一元論の宇宙観の正しさが、二〇〇〇年

後の今日に至って登場してきた西洋の最先端科学（相対性理論や量子論）によって科学的に立証されるようになってきた」

ということである。その結果、

「今回の東西文明の交代にあたっては、西洋の最先端科学の相対性理論や量子論の協力によって、新しい東洋精神文明の心の文明ルネッサンスの時代がやってくることも科学的に立証されるようになってきた」

ということである。

ところで、この第一部の冒頭では、

「東西文明のグローバル化は、人類文明を消し去る最も危険な道である」

ことについて、ＥＵ統合を例にとって私見を詳しく述べたが、ここでは、それとは別の意味で、

「東西文明の一方のみの定向進化もまた、人類文明を消し去る最も危険な道である」

ことについて私見を述べる。

生物学には「定向進化」という「学術用語」があるが、それによると、

「定向進化とは、生物のある器官が、生物自体の生命維持のための本来の機能からはずれ、また他の諸器官とも無関係に一定の方向に突っ走って止まない現象」

をいうとある。

その好例として「マンモスの定向進化」があげられているが、「マンモスの牙」は、もとはといえば木の根や地表を掘り起こして餌を探したり、敵と闘うための器官であった。それが繁栄の絶頂期を過ぎて「衰亡期」に向かった「絶滅寸前」のマンモスの牙ともなれば、「定向進化」によって「三六〇度」近くも巻いて「何の役にもたたなくなった」ばかりか、それがかえって「邪魔」になって、「マンモス自体の滅亡」を早める原因となったといわれている（参考文献9、10）。

とすれば、私はこの事例より類推して、

「人類文明にも定向進化の危険性がある」

と考える。というのは、繰り返し述べたように、

「人類文明は東西文明の二つの文明の周期交代によって永続しているが、その中のいずれか一方の文明のみが一方的に異常に進化して定向進化すれば、人類文明全体のバランスが崩れ、人類文明そのものが崩壊することになる」

と考えるからである。

周知のように、

「物心二元論の共産主義文明は、すでにそのエントロピーが極大に達し崩壊したし、同じく物心二元論の資本主義文明もまた、そのエントロピーが極大に達し、いまや崩壊の予兆がみえはじめた」

といえよう。もちろん、共産主義文明も資本主義文明もともに物心二元論の西洋物質文明であるが、生き残った西洋物質文明の資本主義文明にもそのような崩壊の兆《きざ》しがみえはじめたということは、物心二元論の「西洋物質文明」そのものに「崩壊の兆し」がみえはじめたということである。

資本主義が誕生してから今年で二五〇年程になるが、このような「崩壊の兆し」はもちろん、資本主義誕生以来の「最大の危機」といえよう。しかも、その「最大の危機」を象徴している要因の一つが、現在の資本主義に露わになった「貧富の巨大格差」といえよう。ちなみに、報道（ＮＨＫ、二〇一六年一〇月）によれば、そのような「貧富の巨大格差」は、「世界のわずか六二人の高所得者層の所得が、世界の三六億人もの低所得者層の所得と同じであるというほどの想像を絶する異常な貧富の巨大格差」

である。いい換えれば、それは、

「世界の高所得者層一人の年間所得が三兆円であるのに対し、世界の低所得者層一人の年間所得はわずか五万円であるというほどの、想像を絶する異常な貧富の巨大格差」

である。しかも私見では、このような、

「資本主義文明にみられる貧富の異常な巨大格差は、物心二元論の資本主義文明自体に内在する拝金主義、競争主義、排他主義、弱肉強食主義などに起因する資本主義文明自体の抱える宿命であり、しかもそれこそが西洋文明の定向進化の一因となって、人類文明そのものの崩壊にもつながる」

　ということである。

　もちろん、それ以外にも、私は、

「物の世界のみを追求する物心二元論の西洋の科学物質文明の下で開発が進められている人工知脳の異常な進化もまた、基本的には、心の世界を無視し、物の世界の研究開発のみが進められているという別の意味で、現代西洋科学文明の定向進化の一因になる恐れがある」

と考える、なお、この点について詳しくは、第五部「量子テクノロジーの異常進化と人類の定向進化の危険性」の所においても言及しているので、それをも参照されたい。

　以上、「人類文明の定向進化の危険性」について私見を述べたが、私がそのさい、とくに指摘しておきたい重要な点は、

「東西文明のいずれか一方の文明の定向進化による人類文明全体の崩壊を防ぎ、人類文明そのものを永続させるための宇宙の意思こそが、自説にいう東西文明興亡の宇宙法則である」

　ということである。具体的には、私は、

「八〇〇年ごとに、東西文明のいずれか一方の文明のエントロピーが極大に達し、必ず起こる東西文明のいずれか一方の文明の定向進化を防ぎ、人類文明全体を永続させるための宇宙の意思こそが、東西文明興亡の宇宙法則である」

と考える。逆にいえば、

「東西文明にみられる八〇〇年ごとの正確な周期交代としての東西文明興亡の宇宙法則こそが、人類文明の定向進化を防ぎ、人類文明を永続させるための宇宙の意思（神の心）である」

と考える。私が、この第一部において、

「東西文明遺伝子の違いと、その違った文明遺伝子を持った東西文明の八〇〇年ごとの正確な周期交代としての文明興亡の宇宙法則説についてかくも詳細に論じた所以は、まさにそこにある」

といえる。

第二部

量子論の登場

第一部の目的は、今回の「七回目の東西文明の興亡」により、二一世紀に入ると「西洋物質文明」から「東洋精神文明」への移行による「心の東洋文明」の到来、すなわち「心の文明ルネッサンス」の到来のあることを「東西文明の遺伝子の相違」の観点から明らかにすることにあったが、ここ第二部の目的は、そのさい、「西洋物質文明の遺伝子」を持ちながらも、同時に「東洋精神文明の遺伝子」をも持ち、来たるべき「東洋の心の文明ルネッサンス」の台頭に大きく寄与することができると期待されるのが「西洋の最先端科学」の「量子論」であることを明らかにすることにある。

上記のように、これまでの「物の文明ルネッサンス」を主導してきた「物心二元論の遺伝子」を持つ「西洋科学」では、「見えない理解不可能な心の世界の研究」は捨象し、「見える理解可能な物の世界の研究」のみをもって「科学研究の鉄則」としてきた。それが、いわゆる「物心二元論の西洋の科学観（物心二元論の西洋科学の遺伝子）」である。

そのため、そのような物心二元論の西洋科学では「デカルトの自我の思想」に幻惑されて、これまでは科学者が「心の問題」に立ち入ることは「タブー視」されてきた。しかも、その傾向は現在もなお依然として続いている。

ところが驚くべきことに、そのような「物の世界」のみを研究対象とする「物心二元論の遺伝子」を持つ「西洋科学」でありながらも、「物の世界」も「心の世界」も共に重視し、それらを「同時に研究対象」とする「物心一元論の遺伝子」を持った「量子論」、なかんずく「量子論的唯我論」の登場によって、二〇世紀後半に入ってからの西洋科学は、「物の世界」に加え「心の世界」をも「科学の研究対象」とするようになってきたということである。その意味は、「物心一元論の遺伝子を持つ最新の西洋科学の量子論、なかんずく量子論的唯我論の登場（協力）によって、二一世紀に入ってからは新しい東洋文明は新しい心の文明へと科学的に進化する」

ということである。いい換えれば、そのことは、

「最新の西洋科学の量子論、なかんずく量子論的唯我論は、来たるべき心の文明ルネッサンスの新東洋文明への強力な協力者になれる」

ということである。ここ第二部の目的は、このような観点に立って、新しい西洋科学の「量子論の登場」について考察することにある。

一　二つの科学手法の違い
——仮説に基づく従来の物理学、感覚的な直観に基づく量子論

人は何かを「理解」しようとするとき必ずそれを二つに分けて対立させて考える。すなわち「分別」して考える。

たとえば、「〝あそこ〟と〝ここ〟」「善と悪」「幸と不幸」「生と死」「明と暗」「物と心」「表と裏」のように「分け」て考える。

そこから「分かる」（理解する）という言葉が生まれたとされている。事実、人は「混沌」としたものを「そのまま理解」することはできない。それを正確に理解しようとすれば、どうしても「分別手段」（分析手段）によらざるをえない。

ところが、古代中国の思想家の荘子は、そのような分別手段（分けるという恣意的《しいてき》行為）こそが、自然（物事）の「ありのままの姿」を損なうことになると説いた。

ちなみに、そのことを「あそこ」と「ここ」についていえば、「ここ」とは現在の自分の居場所であり、「あそこ」とは現在の自分の居場所から離れた場所のことである。しかし、もしも自分がその居場所を移動すれば、いままでの「ここ」が「あそこ」になり、逆にいままでの「あそ

こ」が「ここ」になる。つまり、本来、一つであるべき場所（自然）が、人の「分別」という「恣意」（差別）によって、「ここ」ともなれば「あそこ」ともなる。しかし、人の存在を無視した絶対的空間では、本来、「ここ」も「あそこ」もないはずである。このようにして、荘子は、「人が分別という差別を捨て去るとき、はじめて本当の自然をみることができる」と説いた。それが、いわゆる荘子の「無差別自然の哲学」である。

ゆえに、このような「無差別自然の観点」から、「従来の物理学」と「現代の物理学」の「量子論」の違いについてみると、前者が自然（現象）を細かく「分析」（分別）したうえで「捨象と抽象化」によって「仮説」（理論モデル、数学モデル）をつくり、それを解析する「ニュートンの運動理論」や「アインシュタインの相対性理論」、それゆえ「差別自然の哲学に立つ物理学」であり、後者が自然（現象）を分別（分析）せずに「ありのままの自然」を対象に、それを「体験」（観測と実験）によって「直観」する「量子論」、なかんずく「量子論的唯我論」、それゆえ「無差別自然の哲学に立つ現代物理学」であるといえよう。あるいは、「従来の物理学が論理的な理性の科学（左脳型科学）であるのに対し、現代の物理学の量子論、なかんずく量子論的唯我論が感覚的な直観の科学（右脳型科学）である」といえなくもなかろう。

1 古典物理学の危険性
――理性の科学の危険性

これまでの西洋科学では、「物事を分析（分解）」して「ばらばら」にし、それを再構築して「理論武装」してきた。その背景には、

「科学的であるためには、客観的で合理的な説明がつくこと（論証性）と、いつでもどこでも実証できて再現できること（実証性と再現性）の三つの基本的条件が満たされることが必須条件として要求されてきた」

からである。そこに、

「直観（心象）を排除した、理性の科学の物心二元論の科学が生まれる」

ことになった。

その結果、ニュートン理論にみるように、「理性の科学」では、未来は「理論的に決定」されており、それゆえ、その理論的に決定された未来は理性（数学）によって「合理的」に予測可能（決定可能）であるし、過去もまた現在を知れば理性（数学）によって「合理的」に再現可能（決定可能）であるとの「合理的で決定論的な科学観」が生まれることになった。なぜなら、その背後には、

「過去は連続的に現在に連結しているし、未来もまた連続的に現在に連結しているとの連続的で決定論的な科学観」

があったからである。

ところが重要なことは、このような「理性の科学」には「大きな欠点」があるということである。なぜなら、そのような、

「理性の科学では、科学者が自然現象を分析し、それを抽象化して数学モデル（仮説）をつくるさい、観測不可能な事象（命や心の問題など、総じて見えない現象）は数学的に表現することが困難であるから、それらを全て無視ないしは捨象して数学モデルをつくることになり、対象が複雑であればあるほど、それを抽象化した数学モデルは、ますます現実から乖離《かいり》することになる」

からである。その証拠に、抽象化された数学モデル（仮説）に依拠する「理性の科学」では、そのモデル（仮説）に矛盾（誤り）が発見されれば直ちに崩壊することになる。それを比喩すれば、

「抽象化された数学モデル（仮説）に依拠する理性の科学は、家そのものが崩壊寸前の崖（仮説）の上に建っているのに、その家の設計図（理論）は正確で間違いないから家は安全（正解）である」

というのと同じである。あるいは、別の比喩を用いれば、

「宝くじが当たるという予想（仮定）を基に、いくら正確な家の設計図（数学モデル）をつくっても、宝くじが当たらなければ（仮説が誤っていれば）、その家はない（その理論は役に立たない）」

のと同じことである。

これに対し、

「直観の科学の量子論は、実際の観測と実験に依拠し、現実を捨象したり抽象化したりする仮説には一切よらないから、その危険性はほとんどない」

とされている。もちろん、

「量子論でも数学は用いるが、そこで使用される数学は、仮説としての数学（モデルとしての数学）ではなく、実際の体験（観察と実験）を基に構築された数学（現実的で実用的な数学）であるから、その信頼性と実用性は極めて高い」

とされている。その証拠に「理論先行型」の「理性の科学」のアインシュタインの相対性理論は、実用的な技術面では一般的には応用が困難なのに対し、「現象先行型」の「実験の科学」の量子論は、実用的な技術面でも一般的に応用されている。そのことは、量子論の応用によって生まれた現在の「ＩＴ技術」や「ＩＴ社会」の普及がそれを如実に立証しているといえよう。

そこで、この違いを再度「数学モデルを背景とした理論物理学」と「観察と実験を背景とした量子論」の違いによって、より明確にしておく。そのため、はじめに「数学」と「物理学」の違いについてみておこう。

まず数学についていえば、数学は文字どおり「数の学問」であるから、対象が「現実の存在」（実在）でなくとも何ら問題はないということである。その証拠に、数学では現実に存在しない「ゼロ」（無）や「マイナス」（負）や「虚数」などが「独立した数字」として使われる。ということは「数学は現実の存在には何ら関係のない学問である」ということである。

これに対し、物理学は、本来、現実に存在する認知可能な事物や現象を研究対象とする「現実に依拠する学問」であるということである。

そのさい注意すべきことは、物理学は数学と同じく、数や量や空間の図形などを研究対象とする学問であるが、物理学、なかんずく理論物理学からみれば、数学は物理学の「道具」であり「言葉」でもあるから、物理学がその理論構成に高等数式を表現手段として使うのは必要であり、当然のことである。その結果、

「近年以降の理論物理学の急速な抽象化と数学化の潮流は、理論物理学をして現実離れした数学ゲームへと変貌させてきた」

とさえいわれ、ニュートン理論以来の「理論先行型の理論物理学」は「理性の科学」とか「数学物理学」などと呼ばれるようになり、それに対抗して登場してきたのが、

「現象先行型で、実験優先型の量子論」

であるといえよう（参考文献1）。

2　量子論の信頼性
――実験優先型科学の安全性

その結果、重要なことは、

「現実乖離の理論先行型の理論物理学は、現実優先で信頼性の高い現実即応型の量子論の出現によって大きく揺らぎはじめた」

ということである。ちなみにスティーヴン・ホーキングの宇宙論（理論物理学）についていえば、この理論の最大の特徴は「虚の時間」や「虚の空間」にあるが、そのような虚の時間や虚の空間は「理論上の仮説」としてはあるかもしれないが、宇宙のどこを探しても「実体」としては存在しない。

そのため、「理論先行型」のこの理論では、それらをどのように「観測」し「応用」してよいか全くわからない。「理論先行型」のホーキングの宇宙論などが「技術面で応用困難」とされている所以はそこにある。

これに対し、「量子論」が技術面でも多角的に応用され「信頼性が極めて高い」といわれているのは、量子論が「現象先行型」で「現実即応型」であるからである。このような理由から、量子論は、理論物理学に比べて今後ますますその「応用範囲」を拡大し「進化」し続けるであろうといわれている。

「二一世紀はまさに量子論の時代」

といわれる所以はそこにある。第五部で述べるように、私が本書において「量子宗教」や「量子医学」や「量子農業」や「量子社会」などを「未来科学」として提唱する理由もそこにある。

ところが、一部の人からは、これまで、「量子論は不可解で理解しにくい曖昧な理論」などと異端視されてきた。それは、

「ミクロの世界を対象とする量子論では、マクロの世界を対象とする古典物理学の理論がほとんど通用しない」

からである。なぜなら、

「量子論では、従来の物理学が必須条件としてきた論証性や実証性や再現性がほとんど通用しない」

からである。そのため、「論証性や実証性や再現性のない学問は科学ではない」としてきた従来の古典物理学の信奉者にとっては、量子論が「非科学的」で「まやかしの理論」のように思えるのは当然のことであろう。このようにして、現状では量子論は一般の科学者にとってさえも「不可解で理解しにくい学問」とされている。

それでは、量子論は「永遠に理解不可能な学問」であろうか。そうではない。なぜなら、

「人工知脳の驚異的な進化が、その流れを大きく変えようとしている」

からである。事実、

「人工知脳、なかんずくコンピュータ脳の進化の速さは、人間の知脳の進化のそれに比べてはるかに速く、日進月歩の勢いにあり、その進化の勢いはすでに量子論が解明しようとしている心の問題にまでも迫ろうとしている」

からである（参考文献2）。

二　科学革命が量子論を生んだ

——古典物理学の重要理論の放棄が量子論を生んだ

一九世紀後半以降の物理学は、「相対性理論」（theory of relativity）と「量子論」（quantum theory）という「革命的な理論」の登場によって急激な発展を遂げた。その結果、これらの物理学は、それまでの古典物理学に対し「根本的な変革」を迫っている。

1　相対性理論による科学革命
——ニュートン理論を書き換える

事実、このうちの「相対性理論」は、従来のニュートンの「時間」の考え方に対し「根本的な変革」を迫った。というのは、ニュートン理論では、「時間は、人間とは独立に、宇宙の中を絶対的な速さ（リズム）で流れている」と考えられてきたが、アインシュタインは、上記のように、「時間は、人間が時計で計ってはじめて決まるから、時間は時計を持っている人の立場によって決まる相対的なものである」

との「相対性理論」の考えから、「ニュートン理論」を根本的に書き換えた。

2 量子論による科学革命
――物理学のニューパラダイム

一方、「量子論」もまた、従来の物理学の科学常識、すなわち、

「宇宙（自然）は、人間の観測とは独立に因果法則によって運行しているから、観測方法さえ精密にすれば、宇宙の運行（自然の法則）をどこまでも正確に知ることができる」

との考えを完全に覆《くつがえ》した。すなわち、量子論によれば、

「宇宙の万物は、心を持った人間の観測方法（観察方法）によって姿を変えるばかりか、その行動様式までも変えるから、いくら観測方法を精密にしても自然の姿や運行を正確に知ることはできない」

ことを明らかにした。事実、

「宇宙の万物は、人間の観測方法によって、あるときは連続した波動のように見えるし、またあるときは不連続な粒子のように見えるから、観測方法をいくら精密にしても、その真の姿を正確に知ることは決してできない」

ことを明らかにした。そのさい、

「連続性の姿を現すのが波動であり、不連続性の姿を現すのが粒子であるが、そのことを量子論では量子性ないしは粒子と波動の状態の共存性」

と呼んでおり、それこそは「量子論の基本原理」とされている。ところが、このような「量子性」は従来の古典物理学では決して「解明」できない。

一九〇〇年に、マックス・プランクはドイツ物理学会において「珍妙な理論」を発表した。そして、その日こそが後に記念すべき「量子論の誕生日」とみなされるようになったといわれている。そして、その「珍妙な理論」とは、

「観測者（人間）は、観測対象に対して影響を与える」

逆にいえば、

「観測対象は、観測者（人間）によって影響を受ける」

というものであった。その「真意」は、なんと、

「観測対象は観測者（人間）と同様に心を持っていて、観測者（その心）によって影響を受ける」

ということであった。この点に関しては後に詳しく述べるが、そのようなことは従来の物理学の科学常識ではとうてい考えられない「珍妙な理論」であったため、当時の多くの科学者によって「量子論」は「奇妙な学問」「まやかしの学問」などと揶揄《やゆ》されるまでになった。

ところが、一九世紀のはじめに、トマス・ヤングの「光による干渉効果」の実験によって、

「光は波の性質を持っている」

ことが発見され、さらに一九世紀の後半になって、マイケル・ファラデーやジェームズ・マク

スウェルらの研究によっても、

「光は電磁場における波、すなわち電磁波であり、波動性を持っている」

ことが確認された。

それればかりか、その後、プランクによって、

「光は量子（粒子）である」

ことも発見された。そして、このような、

「光は波であると同時に粒子でもある」

との考え（量子性と呼ばれている）こそが、人類による「量子論の大発見」へとつながったとされている。このようにして、

「ミクロの物質（物質の根源の素粒子）は、波動であると同時に粒子でもある」

との「量子論の最も基本的な考え」である「量子性の考え」が生まれ、しかも、

「その量子性の考えこそが、従来の物理学の科学常識を完全に打破し、人類の自然に対するこれまでの見方までも根本的に覆し、二〇世紀以後の新しい物理学の基本概念（ニューパラダイム）になった」

ということである（参考文献3）。すなわち、「量子論の登場」である。

三　量子論の登場

1　量子論を支配する三つのパラドックス

上記のように、物理学者は電子などの素粒子の「ミクロの世界」を探求する中で、新しい科学理論としての「量子論」を発見したが、量子論はその発見によって、次のような三つの大きな「パラドックス」（逆説）に直面することになった。すなわち、

(1)第一のパラドックス——物質の位置は飛躍する

このパラドックスは、四次元世界（量子の世界）では、従来の三次元世界の物理学理論の「ニュートンの運動法則」（ニュートン力学）は全く通用しないこと。

ちなみに、従来の物理学では、三次元世界では運動する物体の位置の変化は「ニュートンの運動法則」によって、ある点からある点へと「連続的に移動する」と考えられてきたが、四次元世

界の「量子の世界」では、その「ニュートンの運動法則」は全く通用しないこと。すなわち、四次元世界では「運動に飛躍が起こる」こと、である。

(2)第二のパラドックス――時間の因果律は通用しない

このパラドックスは、四次元世界の量子の世界では、従来の三次元世界の物理学理論のアインシュタインの「特殊相対性理論」にいう「時間の因果律」が全く通用しないこと。

周知のように、従来の物理学では、アインシュタインの特殊相対性理論によって、私たちが住む三次元世界の「光速の下」では、「時間の進む方向」は「過去↓現在↓未来」となって「時間の因果律」は完全に通用する。その意味は、

「三次元世界の光速の下では、時間の因果律は絶対に崩壊しない」

ということである。ところが、

「四次元世界の量子の世界では、超光速現象は当たり前に起こっているから、そこでは因果律の崩壊（時間の反転）も当たり前に起こっており、アインシュタインの『特殊相対性理論』にいう『時間の因果律』が全く通用しない」

ことになる。

より詳しくは、三次元世界のこの世では、光は一秒間に約三〇万キロメートル程しか進めないから「因果律は崩壊」しない。しかし「因果律が崩壊」（時間の矢が反転）するためには、「物体の運動スピードが光速を超える」こと（超光速、到達時間が完全なゼロの瞬間到達を超えること）

が絶対条件となるから、光速（三〇万キロメートル／秒）を超えた程度では「時間の反転」（因果律の崩壊）など決して起こりえない。

ちなみに、到達時間が完全なゼロのスピードとは、光でさえ二三〇万光年もかかってやっと到達できる隣の銀河系のアンドロメダまでの所要時間が「ゼロ秒」（瞬間到達）という速さである。ところが、数学ではさらに速いスピードを考えることができる。それが「マイナス時間」である。ちなみに、そのような速さを比喩すれば、それは号砲が鳴る前に走者がゴールに飛び込む速さで、「所要時間がゼロを超える速さ」、それゆえ「マイナス時間の速さ」のことであり、そのような速さになってはじめて「時間の矢は反転」し、「未来↓現在↓過去」となって「因果律は崩壊」することになる。

このようにして、アインシュタインのいう「光速を超えた程度の速さ」では、時間の逆転（因果律の崩壊）など決して起こりえないということである。すなわち、

「因果律の崩壊（時間の逆転）は、運動スピードが無限大（到達時間が完全なゼロ、瞬間到達）を超えたときにのみ起こる」

ということである。しかし、

「量子の世界では、そのようなパラドックスは普通のことである」

という。量子論学者のデヴィッド・ボームやジョン・スチュッワート・ベルなどが、

『量子論を考えるさいには、科学をアインシュタイン以前（光速以上、すなわち超光速：著者注）に戻す必要がある』

と主張するのはそのためである。

(3)第三のパラドックス――電子は心を持っている

このパラドックスは、科学者の「科学観」に関するものである。従来の「対象を物質レベル（マクロレベル）で観測する科学観」では、

「科学に用いる道具は、対象を客観的に観測できる合理的で秩序立ったものでなければならない」

とされてきた。ところが、「対象を量子レベル（ミクロレベル）で観測する量子論の科学観」では、

「電子の観測に用いられる道具そのものが、電子の姿を変える」

という「パラドックス」に直面する。具体的には、

「対象を量子レベルで観測する量子論の科学観では、人間が観測のためにどのような道具や装置を選ぶか、その人間の心そのものが対象とする電子の姿を変えるというパラドックス」

に直面する。そのさい、この「パラドックス」として引き合いに出されるのが「電子の二重スリット実験」である。この実験では、

「人間が電子の観測のために用いる観測装置の衝立のスリットを一本にするか、二本にするかによって、観測対象の電子が、姿を粒子や波動に変える」

という「パラドックス」である。それゆえ、この「パラドックス」の意味は、

「電子は人間の心が読める」

いい換えれば、

「電子は心を持っている」

ということである。もちろん、このような科学観は従来の科学観ではとうてい考えられないことである。

以上が、ミクロの世界の量子の世界を研究する中で、量子論学者たちの前に立ちはだかった三つの大きなパラドックスである。とすれば、結局、

「量子論研究の目的は、これら三つのパラドックスをどう解決するか、そのための新しい知のパラダイム（科学観）を切り開くことにある」

といえよう。

2 量子論が解き明かす未知の世界

――物質世界のこの世は、ほんとうは存在しない

ついで、「量子論が解き明かす未知の世界」についていえば、

「量子論は原子の内部構造や電子の運動などを力学的に突き止め、それを体系化しようとする理論」

である。それゆえ、量子論は別名「量子力学」とも呼ばれている。ところが、その量子論は一

方では、

「自然は人間の観測とは独立に存在しているのではなく、人間と同様に心を持っていて、人間の観測方法によって、あるときは不連続な粒子からなる見える自然のようにも振る舞うし、あるときは連続した波動からなる見えない自然のようにも振る舞う」

ことを明らかにした。その意味は、

「心を持った自然は、同じ自然でも、心を持った人間にとっては、見える自然であったり、見えない自然であったりする」

ということである。それこそが、「量子性」と呼ばれる「量子論」にとっての最も重要な「基礎理論」であり、それこそが、

「量子論をして量子論的唯我論」

とも呼ばしめる所以であるが、それによって「量子論」は従来の「古典物理学」にいう、

「自然は心を持たず、心を持った人間とは独立に、宇宙の因果律の法則によって支配されているから、観測装置さえ精密にすれば、人間は自然の運行（法則）をどこまでも正確に知ることができる」

との定説を完全に覆すことになった。

いうまでもなく、「量子論」によるこのような新知見は「革命的な出来事」であり、それによって量子論は従来の科学ではとうてい考えられもしなかった「未知の世界の不思議」を次々と解明することになった。その「最たる例」の一つをあげれば、

「人間が認識する物質世界のこの世は、本当は実在しない」

というものである。その意味は、量子論によれば、

「人間が認識する物質世界のこの世は、人間の意識が創り上げたものであるから、実態としては存在しない」

ということである。

そればかりか、「量子論」によって、

「見えないあの世（四次元世界の波動の世界）と、見えるこの世（三次元世界の粒子の世界）が共存している状態（量子論にいう、あの世とこの世の共存性）」

までもが確認されており、それを理論的根拠に、量子論は、

「人間が見ているこの世の正体とは何か？」

とか、

「人間が存在することの意味は何か？」

とかいった、従来の科学ではとうてい考えられもしなかった「難解な問題」までも「科学的に解明」しようとしている。とすれば、私見では、それを根拠に、量子論によって、

「人はなぜ生まれ、なぜ死ななければならないのか？」

とか、

「人は何処《いずこ》より来《きた》りて、何処へ去るのか？」

などの「人類にとっての永遠の謎」も「科学的」に解明されることになろう。これらの点につ

いては、私の別著『量子論から解き明かす　神の心の発見』においても私見を詳しく述べているので、それをも参照されたい。

3　量子性の発見が量子論を生んだ

量子論の発展、なかんずく量子力学（実験物理学）の発展によって、原子は粒子が硬く詰まってできたものではなく、広がりのある空間を旋回する極微の粒子（電子）からなっていることが明らかにされた。しかも、その「粒子」でさえも古典物理学では定説であった「剛体粒子」ではなく、「波動」であることもわかってきた。その意味は、

「物質の根源の電子は、粒子にもなれば波動にもなって宇宙空間に広がっており、粒子性と波動性の二面性を備えており、光とも共通する性質を持っている」

ことが明らかにされたということである。そのさい重要なことは、この奇妙な性質、すなわち、

「電子が、粒子であると同時に波動としても宇宙空間に広がっているという、電子の粒子性と波動性の二面性に関する矛盾の克服が、やがて量子論の形成へとつながっていった」

ということである。

その結果、量子論によって次の二つの重要な点が解明された。

（1）自然は独立して存在する最小単位に分割することは決してできないこと。すなわち、観測者が物質の内部をどのように探ってみても基本的な構成要素は見つからず、全体の中の部分が互いに関連し合う複雑な「織物」（波動、干渉波）しか現れてこないこと。

（2）しかも、そのさい観測者は必ずその織物の中に含まれていること。そのため、対象とする電子の特性は、その電子と観測者の相互作用を考慮しないかぎり、決して理解することはできないこと。

以上の二点が、量子論が解明しえた最も重要な点（量子性、量子効果）であり、それによって明らかにされたことは、

「量子の世界を考える場合には、自然の客観的な記述という古典的な考えはもはや全く通用しなくなり、自然と私、観測対象と観測者のように両者を分離して考える物心二元論の思想は、もはや全く意味を持たなくなった」

ということであった。とすれば、私は、この「量子論の考え」こそは、

「自然の傍観者としての観測者（人間）はありえないとする物心一元論の古代の東洋神秘思想の考えそのものであり、それは二〇〇〇年以上も前の古代の東洋神秘思想が、現代の西洋の最先端科学の量子論の考えと驚くほど一致していることを意味するものである」

と考える。私が、

「自然と人間の心の相互作用を説く本書において、しばしば古代の東洋神秘思想と量子論の類似

性を取り上げる理由はそこにある」

ことが理解されよう。本書の第一部において、私がしばしば、「来たるべき東西文明の交代にあたり、物心一元論の新東洋文明の創造において量子論の果たすべき役割の重要性を強調した理由はまさにここにある」といえる。

四　量子論の不思議な世界

1　見えない存在は、人が見たとき実在となる

――誰も見ていない月は存在しない。人が見たときはじめて存在する

これまでは、

「誰も見ていなくても、月は存在している」

と考えるのが「科学的な常識」であり、もちろん「一般的な常識」でもあった。ところが、量子論学者のデビット・マーミンは、

「誰も見ていない月は存在しない」

といった。その意味は、

「自分がこの世にあるからこそ、この世の事物（自然）は認識できるが、自分が死んでこの世から消え去れば、この世の事物は何も認識できないから、この世の事物は存在しないのと同じである」

ということである。とすれば、そのことはまた、

「この世の万物は、人の心の化身《けしん》であるから、人が認識できない事物は存在しない」

ということでもある。あるいは、それを逆説すれば、

「見えない存在は、人間が見たとき、はじめて実在する」

ということにもなる。このようにして、量子論が解き明かした結論は、

「個人が客観的に存在していると認識している事物は、その人の心が観察する（見る）という行為によってのみ実在し、個人が観察していない（見ていない）ときには存在しない」

という「不可解」なものであった。


しかも驚くべきことに、そのことはまた「佛教の教義」にいう、

「即心即佛・一心一切」

すなわち、

「（認識したと思う）人の心そのものが佛（宇宙の心）であり、（認識したと思う）人の心そのものが一切（宇宙の万物）である」

とも完全に一致することになる。とすれば、そのことは、結局、

「人の心（認識）なくしては、宇宙の心も宇宙の万物（自然）も存在しない」

ということになろう。このようにして、

「西洋科学の最先端をいく量子論は、従来の西洋科学の常識（人間の知覚の範囲）を超えて、二

〇〇〇年も前の東洋の神秘思想（その閃き、直覚）の佛教や道教（タオイズム）へと接近してきた」

ということになろう。

これまでの西洋科学では、科学者は「意識」（心）を持たずに対象を「客観的に観察」しなければならないとされてきたし、それこそが「西洋科学の鉄則」とされてきた。

しかし、現実には人間が「意識」（心）を持たずに対象を「客観的に観察」することなど不可能である。なぜなら、「客観的に観察しよう」と考えること自体がすでに「意識」（心）を持つことになるからである。その意味は、

「観測者が客観的に観察しようとすればするほど、そこに観測者の意識（心）がより強く入り込むことになるから、ますます客観的でなくなる」

ということである。さらにいえば、

「観測者が意識せずに研究しようと心に決めること自体が、すでに観測対象をどう認識するかに影響を与えることになるから、そこに観測者の主観（意識、心）が入り込んで客観的な観測はできない」

ということである。つまり、量子論の立場からは、

「どのような観察でも、そこに人間の意識（心）が必ず入り込むから客観的でない」

ということである。このようにして、量子論の主張は、

「個人が客観的に存在していると認識している事物は、人が観察するという行為によってのみ実在し、誰も観察していない（見ていない）ときには事物は存在しない」

というものである。

ところが、アインシュタインはこのような量子論の考えに猛然と反対し、

「宇宙（森羅万象）は、人間の意識とは関係なく、客観的な実在である」

と主張した。いうまでもなく、このような考えは従来の科学観であり、現在の私たちの常識とも完全に一致する。そこで、このように量子論の考えにはどうしても納得できなかったアインシュタインは、インドの哲学者でありノーベル文学賞受賞者でもあったタゴールに、

「われわれが見ていないときには、空にかかる月は存在しないのでしょうか？」

と尋ねたという。それに対し、彼は答えた、

「人間の意識（心）の中にしか月は存在しない」

と。その意味は、

「人間の意識（心）こそが、月（宇宙、現実）を創造している（見ている）」

ということである。このことを「量子論の立場」からいうと、私見では、

「月は波動としてつねに存在しているが、人間（その心）が見ようとしないときには波動となって見えないが、人間（その心）が見ようと意識した瞬間に波束の収縮によって瞬時に粒子（実体）となって見えるから、月は人間の心の中にのみ存在する」

ということになろう。

とすれば、この「タゴールの答え」こそは、まさに「量子論の答え」そのものであり、ここでもまた、

「東洋の神秘思想家の閃き（直覚）の偉大さには驚く他ない」

といえよう。

そこで、この「月の比喩」をさらに別の比喩でもわかりやすく説明すれば、

「いま何年か前に、遠くの星から出発した光が地球に到達したとして、もしもそのとき、そこに私たちがいなかったら（私たちの目がなかったら）、その光は存在しないことになるのだろうか」

ということである。もちろん、古典物理学では、私たちがいようがいまいが（私たちの目があろうがなかろうが）、「その光は存在する」ことになる。ところが、量子論ではそうは考えない。なぜなら、

「見えない波動としての光は、私たち人間の目（心）がそれを見たとき、はじめて波束の収縮によって私たちの網膜上に見える粒子としての実在の光に変わるから、私たちが見ていないときには波動のままで見えない」

と考えるからである。それは、

「誰も見ていない月は存在しない。見たときはじめて存在する」

のと同じ意味である。

同じことを敷衍して、さらに身近な例についていえば、

「世界で起こる様々な出来事は全て潜在的（暗在的）に存在しているが、私たちが見ないうちは見えないが、私たちが見るとその瞬間に顕在化（明在化）して見える実在に変わり、現実のものになる。すなわち存在することになる」

ということである。このことが、量子論の主張する、

「見えない存在（潜在的な存在、隠れた存在）は、人間が見た瞬間に現実のものになる」

との意味である。

このような見地から、量子論学者のユージン・ウィグナーは、

「私たちの意識（どう見るかの心）こそが、世界を変える」

という。とすれば、

「私たちが経験している世界は、私たちの意識（心）がそのように選択した結果である」

ということになろう。その意味は、結局、

「私たちが世界をどう見るかは、私たちの意識（心）次第である」

ということになろう。それを比喩すれば、

「三次元世界の映画やテレビは何度見ても同じストーリーが展開されていて、見る人の意識（心）によってそのストーリーを変えることはできないが、四次元世界の心の世界では、その人の意識（心）によって変えることができる」

のと同じである。以上が、

「誰も見ていない月は存在しない。人が見たときはじめて存在する」

すなわち、

「見えない存在は、人が見たときはじめて実在となる」

についての私見である。

2 物質は粒子であると同時に波動である
——粒子性と波動性（量子性）

上記のように、従来の科学観では量子論は不可解で難解な学問と思われているが、それは、「学問そのものが不可解で難解なのではなく、量子論がミクロの世界を探索する段階で次々と発見する量子の性質が、従来の科学常識ではとうてい理解できないような不可解なものであるから、難解なように思われている」

ということである。いい換えれば、

「量子論が難解な学問と思われているのは、量子論が対象とするミクロの世界の四次元の世界の現象が、マクロの世界の三次元の世界に住む人間からみれば、高次元の世界で起こっている現象であるから不可解で難解なように思われる」

ということである。

ちなみに、そのような「量子論の不可解な世界」の一例として、絵画をあげると、量子の世界からみた絵画は、人間も絵具もキャンバスもそれぞれが心（意識）を持っていて、それらの心が四次元世界で互いに対話することによって、三次元世界に現実の姿（絵）となって現れる。

　ということである。その意味は、

「三次元の世界からみた場合、絵画は人間の心（意識）によってのみ描かれているようでも、四次元世界の量子世界の心の世界からみた場合、絵画は人間と絵具とキャンバスの三者が、互いに心を通わせながら描かれている」

　ということである（参考文献4）。そして、この「不思議」こそが、「量子論をして不可解で難解な学問と思わせる原因」になっているということである。このようにして、

「量子論が対象とするミクロの世界の現象は、高次元の世界で起こっている心象現象であるから、低次元の世界に住む人間の常識ではとうてい理解できず、量子論は不可解な学問である」

と思われているということである。そのため、量子論の育ての親と呼ばれるボーアは、

『量子の世界を知るには、従来の科学常識を捨て去り、量子の持つ不思議な世界の現象（四次元のミクロの世界の心の世界の不思議な現象：著者注）を素直に受け止めよ』

　といっている。そして、その考えこそが、まさに、

「量子論の正しい解釈（理解）として有名なコペンハーゲン解釈」

　であるといえよう。

　なお、この「コペンハーゲン解釈」については、第五節の「量子論的唯我論の登場」としても改めて詳しく私見を述べるが、ここでは、その理解を助けるために、

「ミクロの世界は、なぜそのように不思議な世界なのか？」

について簡単に説明しておく。その理由を「科学的」に一言でいえば、繰り返しになるが、

「ミクロの世界では、物質は粒子であると同時に波動（心）でもある」

からである。いい換えれば、

「ミクロの世界では、量子論の名が示すように、物質は波の姿をとると同時に、粒子の姿をもとる、いわゆる『量子』である」

からである。そして、この性質こそが「量子性」（波動性と粒子性）と呼ばれるもので、「量子論」を特徴づける「最も重要な性質」の一つとされている。この「量子性」についても後に再度詳しく述べるが、ここでは、「二重スリット実験」によって簡単に証明しておく。

「いま、一個の電子をスリット（隙間）の開いた衝立《ついたて》に向けて発射する。そのさい、スリットが一つの板の場合には、板の向こう側のスクリーン上には粒子の痕跡が点として残るが、スリットが二つの板の場合には、板の向こう側のスクリーン上には波の跡が干渉縞として残る」

ことになる。ということは、この二重スリット実験によって、

「電子は（その電子より構成されている万物も）、粒子と波動の両方の性質を持っている」

ことが証明されることになる。しかも、この実験でさらにわかった重要な点は、

「電子（万物）は、粒子のときには質量やエネルギー量や運動量などの物理的性質が空間的に互いに隔絶していて見えるが（局所性）、波動のときにはその物理的性質が空間的に連続していて見えない（非局所性）」

ということであった。そして、このような、

「量子性（粒子性と波動性、局所性と非局所性）こそが、ミクロの世界の全物質に共通する、最も特徴的で最も重要な性質である」

といわれている。しかも、この量子性の発見によって、

「電子は可視（粒子）と不可視（波動）の両面を持っているばかりか、空間的には宇宙全体へ、時間的には何十億年もの過去や未来へと広がるような非局所性をも持っている」

ことも明らかにされた。その意味は、

「人間の知覚を超えたミクロの世界の電子は、空間も時間も超越した宇宙的な全体性を持っているということであり、しかもその電子は心も持っていることから、心の問題を科学的に解明しようとする本書にとって、電子の問題を取り扱う量子論、なかんずく電子の心の問題を取り扱う量子論的唯我論の研究こそは、基本的に最も重要な課題になる」

ということである。

五　量子論的唯我論の登場

――心の科学の登場

1　量子論的唯我論とは

――電子の心こそが、この世を創造する

量子論には、「素粒子の電子は心を持たない物質」とみて研究する、いわゆる「量子力学」の分野と、「素粒子の電子は心を持った物質」とみて研究する、いわゆる「コペンハーゲン解釈」としての「量子論的唯我論」の分野の二つがあるが、本書では、このうちの後者の「量子論的唯我論」について明らかにする。

そこで、以下では、このことをよりわかりやすくするために「無生物」と「生物」の関係を例にとって比喩的に説明することにする。いうまでもなく、「生物とは無生物的構造の無機物質が、生物的構造の有機物質に形を変えただけのことである」といえよう。その証拠に「生命の誕生説」では、「無機化合物から化学反応によって分子進化が起こり、それによって有機化合物が生成され、そ

れから心を持った原始生命が誕生した」

とされている。この点について詳しくは、私の著書『環境論』をも参照されたいが（参考文献5）、このことからいえることは、

「原始生命の生物が心を持っているとすれば、その原始生物を構成する基（素）となる無生物も当然、心を持っていなければならない」

ことになろう。なぜなら、

「無生物の有機的な統合作用の結果が心を持った生物であるなら、その基となる無生物が心を持っていないかぎり、その統合体としての生物もまた心を持ちえないことになる」

からである。ゆえに、このように考えれば、私たちが、一般に、

「生まれるといっているのは、心を持った無機物が統合されて、心を持った有機物がつくり出される統合作用のことである」

といえよう。あるいは逆にいえば、私たちが、

「死ぬといっているのは、心を持った有機物が統合作用を失って、心を持った元（素）の無生物に還る」

ということになろう。とすれば、ここに最も重要なことは、

「心もまた、肉体の輪廻転生とともに輪廻を繰り返す」

ということである。このことを、さらに敷衍すれば、

「心の住むあの世と、肉体の住むこの世は相補化していて、それらが互いに輪廻している」

ということにもなろう。ゆえに、このように考えれば、結局、

「自然界全体（大自然、大宇宙）の下では、無生物も生物も基本的には何ら区別はなく、それらを構成する同じ電子が粒子や波動に姿を変えて流転《るてん》しているにすぎない（量子性）」

ということになろう。とすれば、

「そのような粒子（物）と波動（心）の輪廻する世界を、量子論の観点から科学的に解明することこそが量子論的唯我論の意義（目的）である」

といえよう。

2 量子論的唯我論の意義

――コペンハーゲン解釈の意義

ゆえに、ここで改めて「量子論的唯我論の意義」について私見を述べることにする（参考文献6）。一九二七年に世界の著名な物理学者たちがベルギーのブリュッセルに集まり、「第五回ソルヴェー会議」が開催されたが、その席上で「量子論の解釈に関する結論」として出されたのが「コペンハーゲン解釈」であり、それこそが、

「量子論が科学体系として定式化された最初のものであるばかりか、それが後に現代物理学史上に金字塔として燦然《さんぜん》と輝くことになった意義深い声明であった」

といえよう。

なお、この「コペンハーゲン解釈」なる呼称は、「量子論の育ての親」と呼ばれたニールス・

ボーアが量子論を確立した都市のコペンハーゲンの名に由来するが、ボーアはその会議の席上で、

『この世の万物は、観測者の人間に観測されてはじめて実在するようになり、しかもその実在性そのものが観測者の人間の意識（心）に依存する』

と主張した。その意味は、

「この世の万物（自然）は人間に観測されてはじめて実在することになるから、実在（自然）そのものが人間（観測者）の行為（意識、心）に依存する」

ということである。さらにいえば、

「人間の意識（心）そのものが、実在としての現実（自然）を創造する」

ということである。

ところが、これに対する古典物理学者の考えは、もちろん、

「自然（実在）は人間の観測（意識、心）とは無関係に存在し、それは科学によってのみ解明される」

というものであった。

とすれば、このような、「コペンハーゲン解釈」こそは、

「既成の科学概念を根底から覆すものであり、それは従来の科学（古典物理学）に対する決定的な挑戦であった」

といえよう。なぜなら、このような「コペンハーゲン解釈」は、従来の古典物理学者に対し

て、

「量子論の実験結果が、従来の古典物理学の考え（ニュートン力学、マクスウェルの電磁気学、熱力学、アインシュタインの相対性理論など）と矛盾するならば、それは量子論よりも古典物理学のほうが誤っているから、改めるべきは古典物理学のほうである」

ことを主張していることになるからである。さらにいえば、このような「コペンハーゲン解釈」が、ちなみに、

「古典物理学者のアインシュタイン（彼は「光量子論」を提唱した現代物理学の「量子論」の創始者の一人であると同時に、「相対性理論」を提唱した古典物理学者の一人でもある）が、科学はあくまでも理論的であるから、いかなる実在（事象）も科学によって解明できると主張するが、その主張が量子論学者のボーアのいう、いかなる実在（事象）もありのままに受け入れ、それに合うように理論を考えるべきであるとの主張と齟齬《そご》があれば、改めるべきは量子論学者のボーアのほうではなく、古典物理学者のアインシュタインのほうである」

ことを宣言していることになるからである。つまり、このコペンハーゲン解釈は、

「新しい量子論の主張が従来の科学常識（古典物理学）と合わなければ、それは従来の科学のほうが誤っているからであり、変革すべきは量子論ではなく従来の科学（古典物理学）のほうである」

ことを宣言していることになるからである。

ゆえに、このような観点から「コペンハーゲン解釈」の「量子論的唯我論」を一言でいえば、

結局、

「量子論的唯我論とは、自然現象は科学によって全て解明できるとする従来の古典物理学の科学観を完全に否定する学問である」

ということになろう。


では、なぜ「古典物理学」と「量子論的唯我論」との間にそのような「齟齬」が生じるのか。

私見では、
その理由の第一は、

「古典物理学が、物の世界のみを研究対象とし心の世界の研究を無視する物心二元論の学問であるのに対し、量子論的唯我論は、物の世界と心の世界を同時に研究対象とする物心一元論の学問である」

からである。その意味は、

「現実の世界は物だけの物心二元論の世界ではなく、物と心が一体となった物心一元論の世界であるから、そこに物心二元論の世界を研究対象とする古典物理学と、物心一元論の世界を研究対象とする量子論的唯我論との間に齟齬が生じる」

ということである。

ついで、理由の第二は、先の第一の理由とも関係があるが、

「物心二元論の古典物理学では、観測対象の物質は心を持っておらず、心を持った観測者によっ

て影響を受けないとするのに対し、物心一元論の量子論的唯我論では観測対象の物質は心を持っていて、心を持った観測者によって影響を受ける」

とすることにある。

さらに、理由の第三は、量子論的唯我論は、

「心を持った人間は単なる宇宙の観測者であるばかりか、宇宙の創造者でもあるから、宇宙は心を持った人間に依存している」

とすることにある。よりわかりやすくいえば、量子論的唯我論は、

「宇宙や宇宙の万物で起こる様々な出来事は、全て潜在していて、心を持った人間がそれを観測しないうちは実質的な存在（実在）ではないが（それゆえ見えないが）、観測すれば瞬間的に実質的な存在（実在）になる（それゆえ見えるようになる）」

とすることによっても、その齟齬をより鮮明にしたということである。いい換えれば、

「宇宙の万物や宇宙で起こる様々な出来事はつねに潜在しているが、それを観測する私たち人間の心がないかぎり決して実在しえない」

とすることによっても、その齟齬をより鮮明にしたということである。なぜなら、このような主張は古典物理学ではとうてい考えられないことであるからである。ちなみに、このことを最もよく比喩したのが「量子論を象徴」する、

「人間が見ていないときには月は存在しない。人間が見たときはじめて月は存在する」

である（参考文献7）。

このことを、ユージン・ウィグナーは、

『私たちの意識が、私たちを変えることによって、この世（宇宙）を変える。しかも、その意識は私たち自身がその量子的波動関数（量子性：著者注）を変えることによって、それを行う』

といっている。

さらに、ジョン・ホイーラも、彼の「遅延選択の実験」を敷衍して、

『宇宙は人間の心によってのみ存在する』

ともいっている。

このようにして、「量子論的唯我論」（コペンハーゲン解釈）によれば、結局、

「宇宙は、人間の心による認知を待っている」

ことになろう。とすれば、そのことはまた見方を変えれば、

「心を持った人間こそが、宇宙の心を決定する宇宙の最高位の存在である」

ということにもなろう。私は、これこそが、

「人間原理としての量子論的唯我論の意義である」

と考える。


このようにして、私がここに「量子論」を理解するうえで重ねて指摘しておきたい重要な点は、繰り返しになるが、

「量子論は従来の科学観（科学理論）では決して理解できないが、それは量子論が誤っていて古

典物理学との間に齟齬があるというのではなく、量子論が従来の科学観ではとうてい理解できないような未知の真理であるからである」

ということである。さらにいえば、

「量子論的唯我論（コペンハーゲン解釈）の主張は強烈かつ不可解であるが、それは量子論的唯我論が誤っているのではなく、量子論的唯我論が従来の科学観ではとうてい理解できないような、人間の心こそが宇宙の心であるとの未知の真理を科学的に宣言している究極の科学観（科学理論）であるからである」

ということである。とすれば、私は、

「その未知の真理を直覚し、それを真正面から真摯《しんし》に受け止めることこそが、量子論を学び、量子論の心の世界を理解するうえでの王道である」

と考える。

しかも、そのことを「思弁的」に説いているのが「東洋の神秘思想」にいう、

「天人合一の思想」

すなわち、

「人間の心こそが宇宙の心であり、宇宙の心と人間の心は一体である」

であり、さらには「佛教の法身」（基本的教義）にいう、

「即心即佛・一心一切」

すなわち、

「人間の心そのものが佛、すなわち宇宙の心であり、人間の心そのものが宇宙の万物であるから、人間の心と宇宙の心は一体である」

といえよう。

それればかりか、もしも私たちがこのような「量子論的唯我思想」（コペンハーゲン解釈）を素直に受け入れることとさえできれば、

「これまでは、人間にとっては神秘的としか思われてこなかった心の世界の多くの不可解な出来事も、科学的に納得いくかたちで理解することができる」

といえよう。ゆえに、これに関連してさらに一言、私見を付記すれば、皮肉なことに「コペンハーゲン解釈」を否定したアインシュタインが、その一方で、佛教を評価し、

『科学と対話できる宗教があるとすれば、それは佛教である』

といったが、その理由はここにもあるといえよう（参考文献8）。

最後に、ここで私がもう一つ付記しておきたい重要な点は、先にも記したように、「量子論の研究分野」には「量子力学」と「量子論的唯我論」の二つの分野があって、それらはともに従来の「物心二元論の西洋の自然観」の下で誕生し発展してきたが、このうちの「量子論的唯我論」は、今後は「物心一元論の東洋の自然観」と相俟って、その発展がより大きく期待されると考える。なぜなら、

「物心一元論の東洋人の自然観、なかんずく日本人の自然観（哲学・宗教観）は、物心一元論の量子論的唯我論の研究分野において、その特性をよりよく発揮し、量子論的唯我論の発展に大きく寄与することができる」

と考えられるからである。より詳しくは、私は、

「西洋人の自然観は、言語によって見える物質自然を論理的に説明し尽くそうとする、分析型で部分思考型で完成型の物心二元論の自然観であるのに対し、東洋人、なかんずく日本人の自然観は、感性によって見えない空間（無、場）の心の世界を総合的に直覚しようとする、直覚型で全体思考型で未完成型の物心一元論の自然観である」

と考えるからである。あるいは見方を変えれば、私は、

「日本人の自然観は、相反するものが、自分という個（場）を持ちながらも互いに相手を受け入れ、しかもそれを自分の一部（場）として所有せず、また相手の一部（場）としても所有されず、自分の個（場）も相手の個（場）も尊重し、互いに受け入れるが互いに所有せずという、相手に開かれた心の世界の無碍《むげ》の自然観である」

と考えるからである。つまり、私はそれこそが、

「物心二元論の西洋の自然観（哲学、宗教観）を受け入れながらも、それに和して同ぜずの物心一元論の日本人の無碍の自然観（哲学、宗教観）である」

と考えるからである。このような理由から、私は、

「物心一元論の日本人は、物心二元論の西洋科学を受け入れながらも、決してそれに和して同ぜ

ず、それを物心一元論の未来科学として大きく発展させる基本的な資質がある」と考える。とすれば、私は、ここでも、

「日本人の出番がやってきた！」

といいたい（参考文献9）。なお、この点に関しては、さらに「補論」の「東西文明交代の必要性と、日本が果たすべき役割」をも参照されたい。

六　量子論的唯我論の主張と、その意義

――ベルの定理とアスペの実験

一九六四年に発表されたジョン・スチュッツワート・ベルの定理は「不等式で構成された確率関数」であり、その後、幾度か「ベルの定理」として「定式化」されてきたが、ベルの定理が科学者たちにとって多大な衝撃を与えたのは、

「ベルの定理によれば、量子論的唯我論の主張するあの世とこの世が一体化した物心一元論の自然観は科学的に正しい」

ということであった（参考文献10）。

その第一の理由は、

「ベルの定理は、それをどのように再定式化しても、ミクロの世界（量子の世界）のあの世の非合理的な側面（非科学的な側面、不思議な側面）が、マクロの世界のこの世へ投影されたものであることを立証していることは間違いない」

ということであった。その意味は、

「ベルの定理は、宇宙の個々の諸要素は基本的には非局所的に広がっていて、しかもその全ての

存在（あの世とこの世の全ての存在）が全体として本質的に結びついていることを立証していることは間違いない」

ということであった。より具体的にいえば、

「ベルの定理は、ミクロの世界の四次元世界の心の世界のあの世と、マクロの世界の三次元世界の物の世界のこの世は、電子（波動、心）によって非局所的に結びついていて、しかも物心一元論の相補関係にあることを立証していることは間違いない」

ということであった。

その第二の理由は、

一九七四年になって、この「ベルの定理」の「検証実験」に取り組んだのが、アラン・アスペとその同僚たちであったが、彼らの実験によって一九八二年に明らかにされたことは、

「ベルの定理は、電子の量子性によって、ミクロの世界の心の世界のあの世とマクロの世界の物の世界のこの世が結びついていて物心一元論の相補関係にあることを証明していることは間違いない」

ということであった。その意味は、

「ベルの定理は、ミクロの波動の世界の四次元世界の心の世界のあの世と、マクロの粒子の世界の三次元世界の物の世界のこの世は、電子の波動（心）によって結びついていて、物心一元論の相補関係にあることには間違いない」

ということであった。

以上のようにして、「ベルの定理」の正しさが「アスペの実験」によっても立証されたので、以下、この「アスペの実験」の概要について具体的に説明することにする。

「電子の粒子は一定の重さ（質量）と電気量の他に、スピン（回転）という性質」を持っている。アスペの実験は、

「この電子のスピンの性質を利用して、ミクロの波動の世界の心の世界のあの世とマクロの粒子の世界の物の世界のこの世が、電子の波動（心）によって結びついていて物心一元論の相補関係にあることを立証しようとした」

ものである。具体的には、以下のような実験である。

ここにいう、「スピンの性質」とは「コマのような性質」のことで、コマには「軸」があるが、この実験で重要なことは、かりに二つの粒子のうちの片方の系の粒子の「スピンの軸が上向き」になれば、必ず他方の系の粒子の「スピンの軸は下向き」になるし、そのときの「スピンの軸の回転の向き」も片方の系の粒子の「スピンの軸が右回り」になれば、必ず他方の系の粒子の「スピンの軸は左回り」になる。しかも、「スピンの軸の回転の速さ」は「両者ともつねに等しい」ということである。

ということは、二つの系の粒子はどのような位置にあっても、互いのスピンの軸の「上下の向き」と「回転の向き」は必ず「正反対」で、「回転の速さ」はつねに「等しい」ということであ

る。しかも、その粒子のスピンの「上下の向き」と「左右の回転の向き」は、実験者（心を持った人間）が「磁場」を操作することによって「自由に変える」ことができる。

そこで、実験者がこの「電子の性質」を利用して、いま離れた位置にある二つの粒子について、そのうちの一方の粒子に対して磁場をかけて、そのスピンの向きを上向きから下向きにした場合、かりに一方の粒子のスピンが上向きになれば他方の粒子のスピンは自動的に、しかも瞬時に必ず下向きになるし、スピンの回転方向についても一方の粒子のスピンの回転が右向きになれば他方の粒子のスピンの回転は自動的に、しかも瞬時に必ず左向きになる。

ということは、実験者は片方の粒子についてのみ測定すれば、他方の粒子については何ら測定する必要はないということである。なぜなら、スピンの上下の向きと左右の回転の向きは必ず反対とわかっているからである。

そこで、つぎに、この「アスペのスピンの実験」を利用して、「あの世とこの世がつながっていて相補関係（表裏一体関係）にある」ことを立証してみよう。いまAとBの二つの粒子が互いにそれぞれの領域内（Aの領域をこの世、Bの領域をあの世と仮定）で反対側へと遠ざかっている場合、実験者が、その途中で磁場装置によって、スピンの上下の向きを、かりにA領域内（この世）のA粒子について上向きから下向きに変えたとすると、不思議なことに、このとき、B領域内（あの世）のB粒子は「瞬時」にA領域内（この世）のA粒子のスピンが上向きから下向きに変えられたことを知り、スピンの向きを下向きから上向きに変える。

　同様に、A領域内（この世）のA粒子のスピンの回転の向きを左向きから右向きに変えたとすると、不思議なことに、このときもB領域内（あの世）のB粒子は、なぜかA領域内（この世）のA粒子のスピンが左向きから右向きに変えられたことを知り、「瞬時」にスピンの向きを右向きから左向きに変える。ということは、私見では、

「B領域（あの世）の粒子は心を持っていて、A領域（この世）での人間の心を瞬時に（超光速で）感知して、即時にその存在形態を変える」

　ということである。しかも、このことは、

「二つの粒子（この世の粒子とあの世の粒子）が宇宙的規模でどんなに遠く離れていても理論的には全く同じである」

　という。ゆえに、これより私は、

「アスペの実験は、電子が心を持っていて、しかもその電子の心は非局所的であるから、どんなに遠く離れていても（あの世とこの世のように離れていても）、観測者（人間）の心によって、電子はその対応を瞬時に変えることを立証していることになる」

　と考える。とすれば、そのことはまた別の見方をすれば、アスペの実験によって、

「ベルの定理にいうように、宇宙の個々の諸要素は基本的には波動として非局所的にどんなに遠く広がっていても、全体（あの世とこの世の全体）としては結びついていて相補関係（表裏一体関係）にある」

ことを立証していることは間違いないということになろう。いい換えれば、「ベルの定理にいうように、ミクロの心の世界の四次元世界のあの世とマクロの物の世界の三次元世界のこの世は、どんなに遠く離れて広がっていても、電子（波動、心）によって非局所的に結びついていて物心一元論の相補関係（表裏一体関係にある）にあることは間違いない」

ということになろう。

以上のようにして、私は、

「物心一元論の自然観は科学的に正しいとするベルの定理の正当性が、アスペの科学実験によって見事に立証された」

と考える。


それればかりか、このアスペの実験結果は、なんと、

「ボーアのいう客観的な実在（電子からなる実体）は非局所化していて光速を超えることができるとする量子論的唯我論（コペンハーゲン解釈）が正しく、アインシュタインのいう客観的な実在は局所化していて光速を超えることはできないとする特殊相対性理論が誤っている」

ことをも立証したことになろう。


このようにして、ベルが先頭を切って打ち立てた画期的な理論と、アスペとその同僚たちが協力して実行した優れた実験結果が相俟って、

「量子論的唯我論（コペンハーゲン解釈）の正しさが見事に立証された」

ことになろう。さらにいえば、

「ベルの定理とアスペの実験は、量子論的唯我論（コペンハーゲン解釈）の主張が古典物理学からみて、いかに不可解に思われても、それを真正面から受け入れなければならないことを理論的にも実験的にも立証した」

ことになろう。それればかりか、

「ベルの定理とアスペの実験は、人間のこの世についてのこれまでの合理的と思われてきた考え（従来の科学観）にも根本的な間違いがあるから、それを改めなければならない」

ことをも明らかにしたことにもなる。このようにして、結局、

「ベルの定理とアスペの実験は、この世は、古典物理学がいうような単なる物だけの世界とは違って心の世界でもあることをも科学的に見事に立証した」

ことになる。その意味は、

「ベルの定理とアスペの実験は、この世は物の世界と心の世界が表裏一体となった物心一元論の相補性の世界であることを科学的に見事に立証した」

ということである。

そればかりか、さらにいえば、

「ベルの定理とアスペの実験は、この世とあの世の関係をどう考えるべきかなどの哲学的な心の議論にまでも大きな影響を与えるようになってきた」

ということである。

このようにして、

「量子論は、二〇世紀の末になって物の科学（ＩＴ技術など）に大革命をもたらしたばかりか、さらに二一世紀に入ってからは心の科学においても重大なメッセージとしても受け止められるようになってきた」

ということである。

以上が、「量子論的唯我論の主張と、その意義」についての私の理解であり、しかもそれこそが「心の世界を取り扱う本書」において「量子論的唯我論」を取り上げる最たる所以でもある。

七　量子論的唯我論が解明した世界

以上、「量子論的唯我論の登場」と「量子論的唯我論の主張と、その意義」について述べたので、最後に「量子論的唯我論が解明した世界」についても述べておく（参考文献11）。

1　空間は心を持っていて、万物を生滅させる母体である

その意味は、量子論によれば、

「四次元世界のミクロの世界の空間は単なる空間（虚無）ではなく、心を持った波動の世界であり、三次元世界のマクロの世界の万物（物質）を生滅させる母体である」

ということである。しかも驚くべきことに、そのことはまた二〇〇〇年以上も前の古代東洋思想の「佛教」にいう、

「色即是空　空即是色」

すなわち、

「三次元世界の色（物質）は、すなわち四次元世界の空（波動、心）であり、四次元世界の空（波動、心）は、すなわち三次元世界の色（物質）である」

とも完全に一致するし、同じく佛教にいう、

「即心即佛・一心一切」

すなわち、

「人間の心こそが、宇宙の心であり、宇宙の万物である」

とも完全に一致するといえよう。このようにして、量子論によって、

「空間は心を持っていて、万物を生滅させる母体である」

ことが立証される。

2　万物は空間に同化した存在である――同化の原理

この意味は、

「三次元世界の万物（粒子）は、四次元世界の空間（波動）に同化した存在である」

ということである。このことを量子論では「粒子と波動の状態の共存性」ないしは「粒子と波動の同化性」、総じて「量子性」と呼んでいる。そのことを比喩すれば、

「氷（万物）は水（空間）に同化した存在である」

というのに等しい。

3 同化している存在ほど、究明は難しい

――量子論が謎に思えるのはなぜか

従来の科学観では、

「心を持った観測者（人間、主体）が心を持たない観測対象の外にいて万物（客体）を客観的に究明する、との考えが基本的な姿勢であり、心を持った観測者（人間、主体）が心を持った観測対象（万物、客体）に同化して万物（客体）を主観的に究明する、との姿勢は全く考えられてこなかった」

といえよう。しかし、それでは、

「心を持った他人の顔は客観的に見えても、心を持った自分の顔は客観的には見られない」

のと同じである。なぜなら、

「直接見る他人の顔は心を持った像であるが、鏡で見る自分の顔は心を持たない像である」

からである。ちなみに、そのことは、

「人類にとっては、隣の銀河系のアンドロメダの姿は望遠鏡で直接客観的に観測できるが、自分の住んでいる銀河系の姿は直接客観的に観測できない」

のと同じである。その意味は、

「同化している存在ほど究明は難しい」

ということである。とすれば、

「四次元世界のミクロの世界のあの世と同化している三次元世界のマクロの世界のこの世に住む人間にとって、四次元世界のミクロの世界のあの世を解く量子論が難しく、謎に思えるのは当然である」

といえよう。

4　空間のほうが物質よりも真の実在である
――あの世のほうが実在で、この世のほうが像である

物質（粒子）と空間（波動）を比べた場合、誰しも「空間」（波動）は見えないから実体がなく、「物質」（粒子）は見えるから実体があるように思うであろう。しかし、量子論によれば、「物質（粒子）はマクロの世界では実体があるようでも、ミクロの世界では波動であり、しかもその見えないミクロの世界の波動が、見えるマクロの世界の物質を生滅させているから、見えないミクロの世界の波動の空間のほうが、見えるマクロの世界の物質世界の物質よりも真の実在である」

ということである。その意味は、

「空間の波動の世界のあの世のほうが実在で、粒子の物質世界のこの世のほうが像である」

ということである。

5 粒子が波動に、波動が粒子に変わる

――粒子と波動の共存性と量子効果

量子論では、

「見えないミクロの世界では、粒子は個であると同時に波（波動）である」

という。このことを量子論では「粒子と波動の状態の共存性」、すなわち「量子性」というが、そのことは先にも述べたように、

「ミクロの世界の空間（波動）は、物質（粒子）を生滅させる母体である」

との量子効果（同化の原理）を考えれば当然のことである。

このことをわかりやすくするためには、海水に浮かぶ氷山をイメージすればよい。そのさい、

「海水が波動で、氷山が物質（粒子）にあたる」

と考えればよい。そうすると、

「氷山（物質）と海水（波動）が接している境界領域では、つねに氷山（物質）が溶けて海水（波動）になり、逆に海水（波動）が凍って氷山（物質）になっている」

ことになる。ゆえに、このように考えれば、量子論にいう、

「粒子と波動の状態の共存性」

がよく理解されよう。そこで、この比喩をさらに敷衍して、

「氷山がこの世の物質世界に相当し、海水がそれを取り巻くあの世の精神世界に相当すると考え

れば、氷山にあたるこの世の物質世界と、海水にあたるあの世の精神世界の境界領域では、つねに氷山にあたるこの世の物質世界（物質）が、海水にあたるあの世の精神世界（波動）へと還元し、逆に海水にあたるあの世の精神世界（波動）が、氷山にあたるこの世の物質世界（物質）へと還元している」

ことになろう。とすれば、それはまさに佛教にいう、

「色即是空　空即是色の世界」

それゆえ、

「物心一元論の世界」

そのものといえよう。

6 相補性原理の重要性
――実在は、認識されてはじめて実在になる

一般にマクロの世界では、

「実在とは、知覚できる存在のことであり、観測とは、すでに知覚によって存在している実在を確認すること」

をいう。ところが、量子論ではそうは考えない。量子論では「実在と観察の関係」は、

「実在は観測（認識）されるまでは実在でなく、観測されてはじめて実在になる」

と考える。このことを量子論では「相補性原理」と呼んでいるが、そのことをコインを例にと

って比喩すれば、

「コインには表と裏があって一体であるが、表が見えているときには裏は決して見えないし、裏が見えているときには表は決して見えないが、相補性原理とは、そのような表裏の二重性と一体性のこと」

である。


量子論によれば、宇宙（自然）もまたこれと同じように「相補的な性質」を持っているという。そのことを、月を例にとって比喩すれば、

「月（自然）もまた、ある場合には見える粒子（物質）からなり、また別の場合には見えない波動からなるから、人間にとって粒子（物質）からなっている月（自然）は見えるが、波動からなっている月（自然）は見えないという相補性を持っている」

ということである。しかも、このような「粒子と波動の相補性」は全ての物質にある。ちなみに、私たち人間もまた例外ではなく「自然の相補性」の一部である。その証拠に、

「私たち人間もまた、粒子（物質）として生きているときには見えるが、波動になって死んでいるときには見えないという生と死の相補性を持っている」

といえる。それこそが、

「人間にみる生死の相補性」

である。このように、

「自然もまた、粒子からなる自然と波動からなる自然の表裏の二面性を持ち、その振る舞いは相補性原理に従うから、自然の実在についての認識もまた矛盾をはらむことになる」

ということである。しかも、

「人間にとって、このような自然の二重性（相補性）が矛盾に思えるのは、人間自身の実在（見えるマクロの三次元世界の像）と人間の外に存在する実在（見えないミクロの四次元世界の像）との間に、同化の原理によって境界がない」

ことにもよる。その結果、

「マクロの三次元世界のこの世の実在は、ミクロの四次元世界のあの世との同化の原理と相補性原理によって、人間がその実在をどう観測するか、人間の心によって左右される」

ことになる。その意味は、結局、

「人間は基本的には同化の原理と相補性原理によって、四次元世界のミクロの世界のあの世に影響を及ぼし、かつ及ぼされている」

ことになる。その結果、「同化の原理」や「相補性原理」は、

「私たちの日常の経験的感覚は、実在の全貌を知る手がかりとしては信頼できるものではない」

ことをも教えてくれることになる。なぜなら、

「私たちが経験するあらゆることには、必ず隠れた相補的な面としての潜在的な実在があり、しかもその隠れた相補的な実在は、現実には決して現れない」

からである。このことを比喩すれば、

「表を向いて地面に落ちたコインの隠れた相補的な面は、裏返さないかぎり現実には決して現れない」

ということである。その意味は「相補性原理」によって補足すると、

「この世での私たちの行為もまた、実在の一方の面の顕在的な実在を決定すれば、他方の面の潜在的な実在は絶対に決定できない」

ということである。しかも重要なことは、

「この潜在的な実在の決定は、私たち自身の潜在的な選択（心）に委《ゆだ》ねられている」

ということである。その意味は、

「私たち自身の心が潜在的にどう選択するかによって、私たち自身の実在と呼ぶ顕在的な行為が決まる」

ということである。とすれば、

「私たちの顕在的な行動（実在と呼ぶ行為）は、全て私たち自身の潜在的な心の選択の結果にほかならない」

ことになろう。ところが、私たちは、

「ミクロの世界のレベルで行う自身の潜在的な心の選択には気づいていないから、そのミクロの世界のレベルで行う潜在的な心の選択が、マクロの世界のレベルでは宿命に映る」

ということである。とすれば、

「人間は実在の創造者であると同時に、創造の犠牲者でもある」

ともいえよう。

以上が、私見としての「あの世とこの世の相補性についての総括」であるが、残念なことに「人間の思考パターン」は「三次元的感覚」しか持ちえないから、「四次元世界のあの世と三次元世界のこの世が相補化した世界」を「言葉」によって正確に表現することは至難であるといわれている。

とはいえ、このように、外見的には全く別々の世界が「高次元で統合」されて「相補化」された姿は、なにも難しい相対性理論や量子論によらなくても、ちなみに第一部の図1－3によっても簡単に「視覚化」して理解できよう。

同図はカプラの図で、平面で水平に切断されたドーナツリングを示したものであるが、二次元平面（この場合は、像としてのこの世を想定）では完全に分離された二つの切断面、対立する二つの円盤、対立する二つの世界（対立するあの世とこの世）が、三次元空間（この場合は、実在としてのあの世を想定）では統合されて一つのドーナツリング（一つの筒、一つの世界）になって「相補化」していることが容易に理解されよう。ゆえに、私はこの図からも、

「三次元世界の見える物の世界のこの世と、四次元世界の見えない心の世界のあの世は相補化していて同体である、すなわち物心一元論の世界である」

と考える。さらに、そのことを敷衍して「この世での生死」についてもいえば、

「この世での生と死もまた相補化していて、あの世では同体である、すなわち生死一元である」

ということになろう。

以上の第二部が、「心の問題を取り扱う本書」において重要な役割を果たす「量子論的唯我論」についての私の「基本的な理解」である。

第三部

心とは何か

「心の問題」ほど「形而上学的」にも「形而下学的」にも難解なものはない。

しかも、来たるべき「新東洋文明」はそのような「心のルネッサンス」を目指す「心の文明」である。

それゆえ、ここ第三部の目的は、このような見地に立って、その難解な「心の問題」を「宗教論」「生物論」「宇宙論」「情報論」「相対性理論」、および「量子論」の各見地から「学際的」に解明することにある。

一　宗教論からみた心――心の営みは永遠に続く

ここでは「心とは何か」について、「宗教論」、なかんずく「佛教」の観点から明らかにするが、それには、はじめに佛教にいう「縁起《えんぎ》」について知っておく必要がある。

佛教には「縁起」について「時間的縁起」と「空間的縁起」の二つの考え方があるが、それらの「縁起」と「心」との関係は以下のとおりである。

佛教では、

「万類の命や心は時間的な因縁《いんねん》によって生起する、すなわち時間的に因縁生起する」

という。その意味は、

「万類の現在の命や心は、過去の万類の命や心の因縁によって生起し、万類の未来の命や心もまた、万類の現在の命や心の因縁によって生起する」

ということである。いい換えれば、

「現在において私たちに命や心があるのは、過去においてその因縁があったからであり、未来において私たちに命や心があるのも、現在においてその因縁があるからである」

ということである。それゆえ、佛教の「時間的縁起」によれば、

「万類の命や心は、時間的縁起によって未来永劫《えいごう》である」

ということになろう。とすれば、佛教の時間的縁起によれば、

「心は時間的に永遠なり」

ということになる。

また、佛教では、

「万類の命や心は空間的な因縁によっても生起する」

という。ここに、「空間的縁起」とは「相依相関関係」（持ちつ持たれつの関係）のことであるから、そのことを「命と心」についていえば、佛教では、

「万類の命と心は、それぞれ自分以外の他の全ての命と心によって生かされ、空間的に相依相関関係にある」

ということになろう。とすれば、佛教の「空間的縁起」によれば、

「万類の命や心は、空間的縁起によって無限に広がっている」

ことになる。それゆえ、佛教の空間的縁起によれば、

「万類の心は空間的に無限なり」

ということになろう。

このようにして、結局、

「佛教からみた心は、時間的縁起と空間的縁起によって時空的に永遠かつ無限に広がっている」

ということになろう。


以上が、二〇〇〇年以上も前の佛教に説かれた縁起（時間的縁起と空間的縁起）からみた「心」についての私見であるが、一方、「浄土教」では、後に再度詳しく述べるように、「心」について、

「無限の過去から無限の未来への時間の流れが無量寿《むりょうじゅ》であり、一つのものから他のものへの無限の空間の広がりが無量光《むりょうこう》であり、その無量寿・無量光（それゆえ無限の時空）こそが命であり心である」

と説かれている。すなわち、「浄土教」では、

「無限の時間の流れ（無量寿）と無限の空間の広がり（無量光）、それゆえ無限の時空（無量寿・無量光）こそが命であり心である」

と説かれている。とすれば、佛教論的見地（宗教論的見地）からみた「心」とは、結局、

「無限の時間的縁起と無限の空間的縁起、それゆえ無限の時空的縁起こそが心である」

ということになる。

このようにして、以上を総じて「佛教的見地」からは、「宇宙」と「時空」と「心」の関係は、

「宇宙は時空であり、時空は心である」

逆にいえば、

「心は時空であり、時空は宇宙である」

ということになる。それを「定式化」すれば、結局、

「宇宙＝時空＝心」

すなわち、

「心＝時空＝宇宙」

ということになろう。しかも、このような、

「心の営みは、時間的縁起としても空間的縁起としても、宇宙の誕生以来これまで全ての人間（全人類）の中で行われてきたし、この瞬間にも、そしてこれからも永遠に行われていく」

ことであろう。そして、これこそが「宗教論からみた心」についての私の解答である。

二　生物論からみた心
――タンパク質を設計図（DNA）どおりつくっても心は生まれない

周知のように、宇宙が地球を生み、その地球が生物を生み、その生物が命と心を育《はぐく》んできたことは疑う余地もない事実である。それゆえ、

「宇宙と地球と生物と命と心は一本の糸でつながっている」

こともまた疑う余地もない事実であろう。とすれば、それは紛れもなく、

「心の源は一つである」

ということになる。つまり、

「漆黒の大宇宙の片隅の地球上で、宇宙塵のなかの有機物が何十億年もの歳月をかけて命と心を獲得し、その最初の命と心が今日まで連綿と継承されて地球上の全ての生物に含まれている」

ことになる（参考文献1）。その証拠に、

「あらゆる生物を物質レベルまで分けて分けて分け尽くすと、最後は有機物の核酸（いわゆるDNA）とタンパク質の二つになり、これら二つの物質が万類の生命活動の源、すなわち万類の命と心の素である」

ことも明らかにされた。ゆえに、

「生物学的には、命と心とは、生体と環境との間の物質代謝によって生体の細胞内で絶えず核酸とタンパク質が創造され崩壊していく永遠の化学過程である」

ということになる。このようにして、結局、

「生物論からみた地球上の万類の命と心は、環境の存在を前提として、核酸とタンパク質で結ばれた永遠の共通の命と心である」

ことがわかる。とすれば、私見では、

「万類の永遠の心が記されているのが一本の長いDNAの遺伝情報であり、万類に共通の心が記されているのが、そのDNAに遺伝情報を記すための万類共通の四つの遺伝文字の塩基の、アデニン（A）、チミン（T）、グアニン（G）、シトシン（C）である」

ということになる。


ゆえに、このことを人類についていえば、先の「佛教論的見地」から、私は、

「生物論からみた場合、心とは、佛教にいう時間的縁起に相当する、地球上の全人類が何十億年もの時間をかけて先祖から連綿と受け継いできた長い一本のDNA（核酸）に記された遺伝情報のことであり、また佛教にいう空間的縁起に相当する、地球上の何十億人という全人類が共通に持っているDNA（核酸）に遺伝情報を記すための四つの遺伝文字のことである」

と考える。より敷衍していえば、

「万類の遺伝情報のＤＮＡが佛教にいう時間的縁起にあたり、万類の遺伝情報のＤＮＡに記された共通の遺伝文字が佛教にいう空間的縁起にあたる」

と考える。

以上が、「生物論からみた心」についての私見であるが、ここで私が改めて指摘しておきたい重要な点は、「生物論的観点」からは、

「生物の遺伝情報のＤＮＡを生体学的にいくら分析しても、心そのものは決して見出せない」

ということである。逆にいえば、従来の生物論的観点からは、

「生物を創るのに必要な設計図（ＤＮＡ）と生物を創るのに必要な物質（タンパク質）はことごとくわかっているのに、それらの物質（タンパク質）を設計図（ＤＮＡ）どおりに組み立てても、決して心は生まれてこない」

ということである。なぜなら、

「従来の生物論的観点からは、生命活動を支えるＤＮＡの核酸や蛋白質は物質であり、心そのものでは決してない」

からである。

いま、このことを自動車を例にとって比喩すれば、自動車を造るのに必要な設計図（ＤＮＡ）と、その部品（四つの塩基）はことごとく揃っており、完全な自動車を組み立てることができた

としても、それだけでは自動車は決して走らないということである。

それを走らせるには（それに心を与えるには）、自動車以外の「第三者」、すなわち「心を持った人間」がセルモーターをかけてエンジンを稼働させ、行き先を指示しなければならないということである。つまり、この比喩で私のいいたいことは、

「自動車を動かすには（自動車に心を与えるには）、自動車以外の第三者の存在、それゆえ心を持った人間の存在が絶対に必要である」


ということである。もちろん、同じことは現在の最新型の「自動運転車」についても、行先を指示したり変更したりするには、心を持った人間の存在が絶対に不可欠であるということである。

そこで、このことをさらに視点を変えて「量子論の観点」からもいえば、後に明らかにするように、

「自動車を動かすには、心を持った電子からなる自動車と、同じく心を持った電子からなる人間との心の交流、いわゆる量子論にいう心の量子効果が絶対に必要である」


ということになる。

同じことはコンピュータを例にとってもいえよう。すなわち、コンピュータを人間にたとえれば、人間のＤＮＡ（核酸）がコンピュータのプログラムに相当し、人間の行動がコンピュータの計算に相当するが、この比喩において、コンピュータを構成するハードとソフトを設計図どおり

に完全に組み立てても、そのままではコンピュータは決して計算しないということである。とすれば、このことは、

「コンピュータに計算をさせるには、さらにコンピュータ以外の第三者の存在、すなわち心を持った人間の存在が絶対に必要である」

ことを意味していることになる。このことを「量子論の観点」からいえば、先の自動車の例と同様に、

「コンピュータに計算をさせるには、心を持った電子からなるコンピュータと心を持った電子からなる人間との心の交流、いわゆる量子論にいう心の量子効果が絶対に必要である」

ということである。

このようにして、以上の二つの比喩からも明らかなように、

「人間の肉体を設計図のＤＮＡどおりにつくっても、そのままでは人間は決して心を持って行動することはできない」

ということである。その意味は、

「人間を生かして行動させるためには、人間独自のＤＮＡが必要であるが、それだけでは人間は決して心を持って行動することはできない。人間に心を持たせ行動させるためには、そのＤＮＡに人間独自の遺伝情報を書き込み、さらにそれに命と心を与える人間以外の第三者の存在が絶対に必要である」

ということである。そして私は、

「その第三者こそが、情報論にいう先験的宇宙情報であり、量子論にいう量子性であり、私のいう宇宙の意思であり、世間一般にいう神である」

と考える。

以上が、「生物論からみた心」についての私見である。

三　宇宙論からみた心
――大宇宙と小宇宙（人間の心）は自動調和している

以上、「心とは何か」について、「宗教論」と「生物論」の両面から明らかにしたので、ついで同じことを「宇宙論」の面からも明らかにしよう（参考文献2）。

1　物理学的宇宙からみた心――心は無から始まった

現代宇宙論は「三次元の宇宙」（この世）には「始まり」があったことを明らかにした。それが物理学者ジョージ・ガモフのいう「ビッグバン説」（宇宙爆発説、一九六五年）である。すなわち、ガモフによれば、

「宇宙誕生の瞬間には、宇宙のあらゆるものが一点に凝縮《ぎょうしゅく》された状態になっていて、それがあるとき、何らかの原因で爆発的に膨張しはじめ、現在のような大宇宙になった」

という。そして、ガモフはこのような「宇宙の始まり」を「ビッグバン」と呼んだ。現在、この「ビッグバン説」には証拠も発見されており「現代宇宙論の定説」となっている。

また、それより前の一九二九年には、宇宙学者のエドウィン・ハッブルが地球から銀河までの距離を測定しているとき、観測対象の一八個の銀河のことごとくが年々遠ざかっており、しかも遠くにある銀河ほど、より速いスピードで遠ざかっていることから、

「三次元の宇宙は膨張している」

ことを発見した。それが、いわゆるハッブルの「宇宙膨張説」である。その後、さらに精密な観測が進められた結果、いまでは銀河どうしの間隔が一年間に〇・五%ずつ開いていることも突き止められ「宇宙膨張説」の正しさも立証された。

この両説の意味するところは極めて重要である。なぜなら、

第一に、宇宙が時間とともに「膨張」しているのであれば、逆にその時間を元に遡《さかのぼ》っていけば宇宙は次第に「収縮」していくことになるから、その行き着くところが「宇宙誕生の瞬間」、すなわち「ビッグバン」であり、それこそが、

「宇宙の始まりである」

ことになるからである。

第二に、このように「宇宙に始まり」があったとすれば、

「そのとき、時間も一緒に始まったのか、それとも、時間は永遠の過去から続いていて、その途中のある時点で宇宙が誕生したのか」

との疑問にも答えることができるからである。

第三に、これらの疑問に答えることができれば、本書で問題とする、

「心は、いつ生まれ、いつ終わるのか」

あるいは、

「心は、何処《いずこ》より来《きた》りて、何処へ去るのか」

との疑問にも「科学的」に答えることができるからである。

そして、これらの疑問に対して、現代宇宙論はすでに「明確な解答」を出している。それによれば、

「時間は宇宙とともに始まり、それ以前には時間もなかった、全ては無から始まった、それゆえ心も無から始まった」

というものである。なぜなら、

「時間が始まる前には、宇宙（四次元時空）そのものがなかったから、心もなかったことになる」

からである。このようにして、現代宇宙論は、

「宇宙の始まりの瞬間には時間も空間もなかった。それゆえ全ては無からはじまった、したがって心も無から始まった」

ことを明らかにした。これこそが、

「物理学的宇宙からみた心である」

といえよう。

2 生物学的宇宙からみた心
――心も体も、星の生死とともに輪廻転生を繰り返す

上記の「物理学的宇宙からみた心」を、次に改めて「生物学的宇宙からみた心」との関連でもいえば、

「物理学的宇宙からみた心は無から始まったから、その物理学的宇宙から始まった生物学的宇宙の心もまた無から始まった」

ということになろう。

とすれば、このことはまた二〇〇〇年以上も前の古代東洋思想の『老子』にいう、

『天下の物は有より生じ、有は無より生じる』(第四〇章)

にも通じるといえよう。なぜなら、この言葉の含意は、

「この世の万物は形のある物理学的宇宙(見える宇宙、物質宇宙、三次元宇宙、有)から生まれるが、その形ある物理学的宇宙は形のない非物理学的宇宙(見えない宇宙、反物質宇宙、四次元宇宙、無)から生まれる」

と解釈できるからである。

このようにして、「宇宙と時空と命と心の関係」は「生物学的宇宙時間」の観点からは、「ビッグバンの瞬間には物理学的宇宙(時空)はなかった。それゆえ、命も心もなかった。ビッ

グバンの時点から生物学的宇宙（時空）が始まったとすれば、その時点から生物の命も心も始まった」

ということになろう。なぜなら、

「宇宙＝時空＝命＝心」

であるからである。このようにして、私は「生物学的宇宙」の観点からは、

「万類の個々の心は、宇宙とともに百数十億年（それが宇宙の年齢）をかけて進化してきた万類共通の心である」

と考える。とすれば、

「万類の心は大宇宙とともに進化してきた小宇宙であり、それゆえ大宇宙（宇宙の心）と小宇宙（万類の心、人間の心）は自動調和している」

ことになろう。これこそが、東洋の神秘思想にいう、

「天人合一の思想」

である。

このことを比喩すれば、宇宙空間には星間物質という宇宙の塵《ちり》が漂っていて、その塵が集まって星が誕生するが、星になる塵はもとはといえば死滅した星の残骸であるから、結局、どの星も互いに「生死の輪廻」を繰り返しながら存在していることになる。とすれば、

「私たちの心も命も肉体も、星の生死とともに、宇宙の法則（宇宙の意思、神の心）に従って輪廻転生を繰り返している」

ことになる。私たち人間が「星くず」とも「小宇宙」とも呼ばれる所以はそこにある。

ちなみに、五〇億年前に誕生した太陽も、五〇億年後には大爆発を起こして死滅するといわれており、そのとき、地球をも含めた太陽系物質が宇宙に飛び散ることになるが、それらの物質はしばらくの間は宇宙の塵として宇宙空間を漂っているが、やがて集まって新しい星の材料となって再び光り輝き出すことになるであろう。すなわち新星の誕生である。

とすれば、その中には私たちの「肉体」も「命」も「心」も含まれているから、そのとき、私たちもまた新星とともに生まれ変わり、宇宙のどこかで再び「光り輝く」ことになるであろう。それこそが、いわゆる「天人合一」の思想」である。

以上が、「生物的宇宙論からみた心」についての私見である。

3 物理学的宇宙時間と生物学的宇宙時間との関係からみた生物の宇宙寿命

——時制を知る人間のみが有意義に生きられる

そこで、次に上記の「物理学的宇宙時間」を改めて「生物学的宇宙時間」としても捉え、両者の関係から、さらに深く「生物の宇宙寿命」について究明する（参考文献3）。

(1)心拍数や呼吸数からみた生物の宇宙寿命——すべての生物は同じ数を刻む

本川達雄氏の『ゾウの時間　ネズミの時間』（中公新書、一九九二年）によれば、「生物学的宇宙時間」の観点から、心拍（心臓の鼓動）の周期（心周期）を哺乳類で比べると、人間の場合は一分間に約六〇回、それゆえその「心周期」は約一秒となる。これに対し、体の小さいハツカネズミは一分間に六〇〇回、それゆえその「心周期」は約〇・一秒となる。同様に、猫は約〇・三秒、馬は約二秒、象は約三秒といわれている。ということは、体（体重）が大きいほど「心周期」も大きくなるということである。

そこで、このような「生物学的宇宙時間」の観点から、「体重と心周期の関係」を調べたところ、

「心周期は体重の1／4乗に比例する」

ことが明らかにされたという。つまり、

「体重が一六倍になると心周期は二倍になる」

ということである。そればかりか、

「寿命も体重の1／4乗に比例する」

ことも明らかにされた。

このようにして、「心周期」も「寿命」も、それぞれ体重の1／4乗に比例するので、

「寿命を心周期で割ると、体重によらない定数が求められるが、それは全ての哺乳類について一五億回である」

という。ということは、

「全ての哺乳類は、心臓が一五億回鼓動すると宇宙寿命が尽きる」

ことになる。同様に、

「寿命を呼吸の周期で割ると、体重によらない定数が求められるが、それは全ての哺乳類について三億回である」

という。ということは、

「全ての哺乳類は、肺臓が三億回呼吸すると宇宙寿命が尽きる」

ことになる。とすれば、

「心拍数や呼吸数を生物学的宇宙時計と考えると、どの生物もみな同じ心拍数や同じ呼吸数だけ生きて宇宙寿命が尽きて死ぬ」

ことになる。

ゆえに、以上を総じていえることは、

「心拍数や呼吸数を生物学的宇宙時計としての生物時計と考えると、全ての哺乳類は同じ心拍数の生物時間や同じ呼吸数の生物時間だけを生きて、生物としての宇宙寿命を迎えて死ぬ」

ことになる。いい換えれば、

「ネズミにはネズミの、象には象の、人間には人間の、それぞれのサイズに合った同じ長さの宇宙寿命が与えられていて、その宇宙寿命に達すると死ぬ」

ということである。その意味は、

「どの哺乳類にも平等に与えられた生物の宇宙寿命を、それぞれの生物はそれぞれのサイズに従って、ネズミは速く使い、象は長く使って死を迎える」

ということである。ゆえに、これよりわかることは、「生命の宇宙寿命としての長さ（心拍数や呼吸数からみた宇宙寿命の長さ）は、万類にとっても、それぞれの個体にとっても、全て平等に与えられている」ということになる。まさに、宇宙の不思議、宇宙の摂理、宇宙の意思、神の心というほかない。なんと神秘的で、なんと厳粛《げんしゅく》で、なんと感動的なことであろうか。

(2)遺伝子からみた生物の宇宙寿命——細胞の分裂回数は決まっている

このように、「物理学的宇宙時間」と同じ時間を「生物学的宇宙時間」として生きる「生物の寿命」を「生物の宇宙寿命」とみて、次にそれを「遺伝子」の観点からも考えてみよう。

いうまでもなく、「生物が個体を維持するためには、その生物を構成する各細胞がそれぞれの寿命に従って死んで新しい細胞と入れ替わら」なければならない。なぜなら「細胞の老化は個体の老化につながり、ついには個体の死につながる」からである。そして遺伝学では、そのような「細胞の交代死」のことを「アポトーシス」（能動的細胞死）と呼んでいる。このように、各細胞は、「個体の維持」のために分裂を繰り返しながら死んで、次々と「新しい細胞と交代」しなければならない。

ところが、それにも限界があって、

「生物は種の維持のためには、個体自身もまたいつかは寿命がきて死んで、他の個体と入れ替わら」なければならない。そして、そのような「個体の交代死」のことは「アポビオーシス」と呼ばれている。それを比喩すれば、

「各生物は細胞寿命についての一定の分裂回数券を持っていて、分裂の度ごとにアポトーシスを起こし、それを一枚ずつ使い、その分裂回数券を使い果たすと宇宙寿命がきて死ななければならない」

ということである。そのさい、その「分裂回数券」にあたるのが、各細胞のDNAの末端部分にある「テロメア」といわれる部分であるとされている。

そして、この「テロメア」は細胞分裂の度ごとに短くなっていき、それが「元の半分」ほどの長さになると、細胞は「分裂を停止」し（アポトーシスを止めて）、個体は「宇宙寿命」が尽きて「死」ななければならないことになるという。

このように「アポトーシス」を起こして死んでいく細胞は、血液細胞や肝細胞のように、短期間で新しい細胞と交代する「再生系細胞」であるという。

これに対し、神経細胞や心筋細胞のように何十年も生きる「非再生系細胞」には、「アポトーシスによる細胞死」ではなく「寿命による個体死」があり、それは「アポビオーシスによる死」と呼ばれている。

ゆえに、以上のことを総じて比喩すれば、

「アポトーシスが宇宙寿命の回数券であるのに対し、アポビオーシスは宇宙寿命の定期券である」

ということになろう。とすれば、

「全ての生物は、宇宙（神）から同じ宇宙寿命の回数券と同じ宇宙寿命の定期券を平等に与えられていて、それらを使い切れば寿命が尽きて死ななければならない」

ことになる。いい換えれば、

「アポトーシスやアポビオーシスは、万類の個々の細胞のＤＮＡにあらかじめ平等にプログラムされた宇宙からの共通の死の宣告状であり、その宇宙からの死の宣告状の期限がくれば、万類は宇宙寿命が尽きて死ななければならない」

ということである。これもまた、自然の摂理、宇宙の意思、神の心というほかない。なんと神秘的で、なんと厳粛で、なんと感動的なことであろうか。

(3) 人間の心の中にのみある宇宙時間

神学者であり哲学者でもあったアウグスティヌスは、

『過去はすでになく、未来はまだない。宇宙の時間は人間の心の中だけにある』

といったし、マルティン・ハイデガーもまた、

『人間は根源的に宇宙の時間的存在である』

といった。

このことを、私は、

「四次元世界の宇宙のあの世では、時間が停止しているか、永遠の現在であるか、時間がないかの何れかであり、時間があるのは事象の前後関係のある三次元世界のこの世に住む人間の心の中だけである」

と考える。その意味は、

「時間は、時制を知ることができる三次元世界のこの世に住む人間の心の中にだけにある」

ということである。とすれば、私がここで解明したいことは、

「三次元世界のこの世に生を受け、時制を知ることができる人間の心の中だけにある宇宙時間としての心の時間とは何か」

ということである。


すでに、「相補性原理」のところでも明らかにしたように、私たち人間もまた「自然の相補性の一部」であり、コインの表裏と同様に「肉体（表）の部分」と「心（裏）の部分」の「自然の二重性」からなっている。そこで、私が問題としているのは、

「宇宙から人間に与えられた肉体の部分の宇宙の寿命時間は、物理的には全ての人間にとって平等であるのに、その心の部分の宇宙の寿命時間は、その人の心の持ち方によってそれぞれ大きく異なる」

ということである。それを比喩すれば、

「宇宙より与えられた人間の肉体の寿命切符の長さは、物理的には全ての人間にとって平等であるのに、その心の寿命切符の長さは、人間の心の持ち方（無意味に早く使い切るか、有意義に長く使うか）によって大きく異なる」

ということである。その意味は、上記のように、

「宇宙時間は時制を自覚できる人間の心の中だけにあるから、人間が心の持ち方を大きくすれば（有意義にすれば）それだけ宇宙時間も大きく（長く）なるし、人間が心の持ち方を小さくすれば（無意義にすれば）宇宙時間もそれだけ小さく（短く）なる」

ということである。私は、そこにこそ、

「時制を知らない他の生物にはない、時制を知る人間にのみある固有の宇宙の心の寿命時間がある」

と考える。とすれば、私は、

「宇宙より万物に平等に与えられた物理的な時間としての肉体の寿命時間を、人間にのみ与えられた宇宙よりの心の寿命時間として、いかに宇宙の意思（神の心）にそって有意義に使うかが、人間にとってのみ課せられた心の時間の真の使い方であり、それを全うすることこそが、人間にのみ問われる真の宇宙時間の過ごし方である」

と考える。いい換えれば、

「宇宙からの物理的時間としての肉体の寿命時間が万類に平等に与えられているなかで、その物理的な肉体の寿命時間を、宇宙よりの心の寿命時間としても認識できるのは唯一、時制を知る人

類のみであるから、その心の寿命時間を有意義に全うすることこそが、人間にとってのみ問われる真の宇宙時間の過ごし方である」

ということである。なぜなら、アウグスティヌスやハイデガーがいうように、

『人間は宇宙の時間的存在であり、その宇宙時間は人間の心の中にだけにある』

からである。とすれば、私はこのような、

「時制を知る人間の心の中にだけにある心の宇宙時間を、人間としていかに有意義に過ごすかを科学的に問うこともまた、人類にとってのみ課せられた宇宙よりの最も重要な宿題である」

と考える。その意味は、

「唯一、宇宙と心を通わすことができる心の世界に生きる人間にとっては、宇宙から人間にのみ与えられた心の寿命時間をいかに有意義に過ごすかを科学的に問うことこそが、人類にとっての最も重要な研究課題である」

ということである。具体的には、

「宇宙より人間にのみ与えられた心の豊かさを幸福度として科学的に問うことこそが、人類に与えられた最も重要な研究課題である」

ということである。この点に関しては、後の「補論」においても改めて「幸福とは何か」として私見を問うことにしている。

四　情報論からみた心
――情報の価値は人間の主観によって変わる

以上、「宗教論」や「生物論」や「宇宙論」からみた「心」について私見を明らかにしたので、次に「情報論」からみた「心」についても私見を明らかにする。

1　物質世界と情報世界の相補性からみた心
――実体の世界の背後に心の世界がある

情報論によれば、

「可視の物質世界（実体の世界）の背後には、必ずそれを支配する不可視な情報世界（虚の世界、心の世界）があるし、不可視なソフトな情報世界（心の世界）の背後には、必ずそれによって支配される可視なハードな物質世界（実体の世界）がある」

という。このことを人間についていえば、

「可視の物質世界の人間の肉体の背後には、必ずそれを支配する不可視な情報世界の人間の心の世界があるし、不可視な情報世界の人間の心の世界の背後には、必ずそれによって支配される可視の物質世界の人間の肉体の世界がある」

ということになる。とすれば、そのことは、

「見える物質世界の人間の肉体の世界と、見えない情報世界の人間の心の世界は相補関係にある」

ということになる。より敷衍すれば、

「見えるこの世、物質世界、肉体の世界があるかぎり、それに対応して必ず見えないあの世、情報世界、心の世界があり、両者は相補関係にある、すなわち物心一元論の関係にある」

ということである。その証拠に、

「あの世の情報世界（心の世界）があって、それがこの世の人間の心とつながっているからこそ、予知やテレパシーや共時性などの超常現象が起こるとしても、それも理解できる」

と考えられる。

以上が、「物質世界と情報世界の相補性からみた心」についての私見である。

2 物質と情報の二元実在性からみた心
――肉体は心にコントロールされている

さらに情報論によれば、

「宇宙にはソフトウエアの情報とハードウエアの物質の両立、それゆえ情報と物質の二元実在性、すなわち心と物の二元実在性があり、しかも前者は後者に優先する（情報の先験的実在性）」

という法則がある。よりわかりやすくいえば、情報論によれば、

「宇宙には情報（心）と物質（物）の二元実在性があり、しかも情報（心）が先にあって（それが先験的情報）、それによって物質（物）やエネルギーがコントロールされ、宇宙自身も維持される」

という法則である。その意味は、

「宇宙は先験的情報（宇宙の心、神の心）によって、物質やエネルギーをコントロールし、自身をも維持している（物心二元論）」

ということである。事実、

「人間が謙虚に宇宙を知ろうとすればするほど、そこには目的があるとしか思えないような合目的的な精緻《せいち》な先験的宇宙情報（ソフトウエアとしての宇宙の意思、神の心）が備わっていて、それによって物質（ハードウエアとしての宇宙の万物）が見事にコントロールされ、維持されている」

ことがわかる。その証拠に、植物をみても、

「植物の種子は、土に蒔《ま》かれ、芽を出し、葉をつけ、花を開き、そして再び種子をつくって次代に備えるといった植物の再生産に必要な一定の先験的宇宙情報（生命維持のための一定の宇宙の目的、一定の宇宙の意思、一定の神の心）を持っていて、種子そのものは、その宇宙情報（ソフトウエア）を実現するための単なる容れ物としての物質（ハードウエア）にすぎない」

ことがわかる。この事実からも明らかなように、

「宇宙の万物（物質）は、実に驚くべき精緻な、それぞれに定まった一定の宇宙情報（先験的宇

宙情報）としての一定の宇宙の目的、一定の宇宙の意思、一定の神の心によってコントロールされ、しかも、それによって宇宙そのものがまたコントロールされ、維持されている」

ということである。これが情報論にいう、

「情報（心）と物質（物）の二元実在性と、情報（心）の先験的実在性、それゆえ物心二元論」

の意味である。このことを、さらにわかりやすくいえば、

「物質（上例では植物）には形や色や大きさや重さなどがあるが、それらをコントロールしているのが宇宙情報（宇宙の心）であり、その宇宙情報は先験的に実在するから、結局、宇宙には情報（心）と物質（物）の二元実在性があり、しかも情報（心）には先験的実在性がある、それゆえ物心一元論」

ということである。ゆえに、これより私は、

「宇宙には物質世界をコントロールするための宇宙情報（宇宙の心）が先験的に備わっていて、その先験的宇宙情報（宇宙の心）によって万物は生かされ、心を持っているから、その先験的宇宙情報こそが私のいう宇宙の意思であり一般にいう神の心である」

と考える。

以上が、「物質と情報の二元実在性からみた心」についての私見である。

3　物質の実在性と情報の実在性の違いからみた心

——物と心の基本的な違い

次に、上記の「物質と情報の二元実在性からみた心」との関連で、「物質の実在性と情報の実在性の違いからみた心」、いい換えれば「物と心の基本的な違い」についても明らかにする（参考文献4）。いうまでもなく、

「宇宙の万物には、それぞれの間に関係（時間的関係としての因果関係や、空間的関係としての位相関係）という情報的実在があるから、これらの関係の変化によっても新たな情報的価値としての新しい心が発生する」

ことになる。わかりやすくいえば、ここにいう、

「関係の変化とは、物質やエネルギーの量的、質的、配列的な変化のことであるから、それらの関係の変化によっても、新しい情報的価値としての新しい心が生まれる」

ということである。

加えて、「物質」（物）と「情報」（心）に関連して、ここでもう一つ指摘しておきたい重要な点は、

「物質（物）と情報（心）の二元実在性といった場合、物質の実在性（物の実在性）と情報の実在性（心の実在性）とは全く別物である」

ということである。その意味は、

「物質の実在性（物の実在性）と情報の実在性（心の実在性）には本質的な違いがある」

ということである。このことはとくに重要であるから、以下、この違いについて詳しく述べ

る。

違いの第一は、物質（物）には「保存性」という「実在性」があるが、情報（心）にはそれが全くないことである。ちなみに、

「印刷物を焼けば、物質としての印刷物は灰や水や炭酸ガスなどの形で（変化して）、その実在性は保存されるが（残るが）、印刷されていた情報の実在性（その内容、その心）は完全に失われる」

ということである。同様に、

「人間を火葬にすれば、物質としての死体は灰や水や炭酸ガスの形で（変化して）、その実在性は保存されるが（残るが）、人間に宿っていた情報（その人の心）の実在性は完全に失われる」

ということである。このような理由から、私は、

「死生観について語る場合も、物質と情報の実在性の違い、すなわち体と心の実在性の違いについての認識がとくに重要である」

と考える。

違いの第二は、情報（その人の思想などの心）の実在性は全くの無から生まれ、しかもそれは無限に「複製」されて増殖するが、物質の実在性にはそのようなことがないということである。

たとえば、ある人の思想（情報、心）は無から生まれ、しかもその思想を受け継ぐ人たちによって無限に複製され、増殖するが、物質の実在性にはそのようなことは全くないということである。このことは、ドーキンスの「利己的遺伝子」ないしは「社会的遺伝子」（ミーム）によって

も証明される（参考文献5）。

違いの第三は、物質の実在性と情報の実在性の「価値の違い」である。たとえば、名陶のつくった壺と素人のつくった壺とでは、その物質的実在としての価値（物質的価値）にはほとんど違いはないのに、情報的実在としての価値（情報的価値、心的価値）には大きな違いがあるということである。

同様なことは、たとえば精密器機（コンピュータの基盤など）についてもいえる。すなわち、精密器機ではその物質的価値（基盤としての物質的価値）にはほとんど違いがないのに、ほんのわずかな設計内容（情報）の違いで、その情報的価値（心に感じる値打ち）に大きな差が生じることになり、非常に有用で価値のある製品になったり、全く無用で価値のない製品になったりして、その「情報的価値の違い」（心的価値の差）は決定的となる。その意味は、

「宇宙の万物は全て先験的に情報的実在を備えているが、その情報的価値は人間の主観（心）によって左右されるから、万物の情報的価値には大きな違いが生じる」

ということである。

このようにして、「物質的実在と情報的実在」の関係については、以下のような重要な点が解明されよう。すなわち、

（一）宇宙の万物（たとえば人間）は、物質的実在（肉体）と情報的実在（心）の二面を備えてい

るが、その物質的実在（肉体）は先験的情報（心）によってコントロールされていて一元的であること。それこそが、物質と情報の一元性、いわゆる物心一元論（心身一元論）の意味である。

（二）宇宙の万物（たとえば人間）には、それぞれの間に関係という情報的実在があるが、それらの関係（人間関係としての情報的実在）は絶えず変化するから、それによって「新しい情報的価値」（新しい人間関係）が生まれること。

（三）物質（たとえば人間）には保存性という実在性（たとえば肉体）があるが、情報（心）にはそれがないこと。

（四）情報（たとえば人間の心が生み出す思想）の実在性は全くの無から生まれ、しかもその情報は無限に複製されて増殖するが、物質にはそれが全くないこと。

（五）宇宙の万物は先験的に情報的実在を備えているが、その「情報的価値」は人間の「主観」（価値観、人間の心）によって、それぞれ違うこと。

以上が、「情報論からみた心」についての私見である。

五　相対性理論からみた心
――質量とエネルギーの等価の法則からみた心

以上、「心とは何か」について、「宗教論」「生物論」「宇宙論」、および「情報論」の各面からそれぞれ私見を明らかにしたが、以下では、視点を大きく変えて、アインシュタインの「特殊相対性理論」の見地からも「心とは何か」について私見を述べる。

アインシュタインの「質量とエネルギーの等価の式」、すなわち、

$E=mc^2$（ここに、Eはエネルギー、mは質量、cは光速）

によれば、

「エネルギーE（波動）と質量m（粒子、物質）は等価であり、しかもエネルギーE（波動）は質量m（粒子、物質）に姿を変え、質量m（粒子、物質）はエネルギーE（波動）に姿を変える」ことが明らかにされている。とすれば、このことは「量子論」にいう「量子性」そのものといえよう。

以下では、このような観点から（相対性理論の見地から）、「心」について私見を明らかにするが、それには、はじめに「エネルギーの性質」と「質量の性質」について知っておく必要がある。まず、「エネルギーの性質」について説明すると、エネルギー（E）には、次の二つの重要な法則がある。

（1）　エネルギー移動の法則

この法則は、

「エネルギーは元は同じであるが姿を変えて移動する」

との法則である。たとえば、同じエネルギーが「運動エネルギー」や「電気エネルギー」や「熱エネルギー」や「化学エネルギー」などに姿を変えて刻々と移動するという性質である。

（2）　エネルギー保存の法則

この法則は、

「エネルギーは、エネルギー移動の法則によって刻々と姿を変えて移動するが、そのエネルギーの総量は保存されたままで不変である」

との性質である。

ゆえに、以上の二つのエネルギー法則を一括すれば、エネルギーの法則とは、

「エネルギーはエネルギー移動の法則によって刻々と姿を変えて移動するが、そのエネルギー量はエネルギー保存の法則によって保存されたままで、決して失われない」

との法則である。しかも、この「エネルギーの法則」（エネルギーの移動の法則と保存の法則）は、あらゆる自然現象を支配しており、物理学上の最も「基本的な法則」の一つとされている。

ついで、「質量の性質」について説明すれば、質量（m）とは、物体に作用する重量、すなわち「物体重量」のことであるが、これまで古典物理学では、

「質量は不滅の物質的実在で、つねに保存されている」

と信じられていた。ということは、古典物理学では、

「質量が消滅することなど決してありえない」

と考えられていたということである。

ところが、先の「エネルギーの法則」とアインシュタインの「質量とエネルギーの等価の式」$E=mc^2$によって、

「質量（m）はエネルギー（E）の一形態にすぎないから、質量（m）はエネルギー（E）に姿を変えて（移動して）消滅する」

ことが明らかにされた。

以上のようにして、古典物理学では定説であった、

「質量は不滅の物質的実在であり、決して消滅しない」

との考えは、アインシュタインの相対性理論の登場によって「否定」されることになる。

しかし、そのことはまた見方を変えれば、

「質量はエネルギー移動の法則によってエネルギーに姿を変えて消滅しても、そのエネルギー量はエネルギー保存の法則によって不変であるから、この意味では質量は消滅しない」

ことにもなる。事実、「量子論」によれば、

「粒子が衝突した場合、質量のある粒子は衝突によって消滅するが、その質量分のエネルギーはエネルギー移動の法則によって運動エネルギーに変換され、しかもその運動エネルギーはエネルギー保存の法則によって衝突に関与した他の粒子に分配されて保存されることもあれば、その運動エネルギーが新しい質量のある粒子を形成したりすることもある」

ことが明らかにされている。このようにして、

「粒子（物質）はエネルギー（波動）にもなるし、エネルギー（波動）は粒子（物質）にもなる」

との、量子論にいう「量子性」は、アインシュタインのいう「質量とエネルギーの等価の式」によっても見事に立証されることになろう。すなわち、その意味は「相対性理論」によっても、「量子論」にいうように、

「質量（粒子）は物質的実在ではなく、エネルギー（波動）の変形である」

ことが明らかにされたということである。ちなみに、

「この世（物質世界、粒子の世界）は全てエネルギーの変形（波動の世界）である」

といわれる所以はそこにある（参考文献6）。しかも、ここで注意すべきことは、「このような粒子像は、相対論的観点である空間と時間が相互に浸透しあった四次元時空の場、それゆえミクロの世界でしか理解できない」

ということである。その意味は、

「ミクロの世界では、電子は空間的側面と時空的側面の両面を持っており、そのうちの空間的側面（三次元的側面）が電子をして質量（m）のある粒子（物体）とし、時空的側面（四次元的側面）が電子をして等価エネルギー（E）を伴った波動（心）として出現させている」

ということである（第四部の図4－1、図4－2を参照）。とすれば、私は、

「アインシュタインの質量とエネルギーの等価の式 $E=mc^2$ こそは、量子論を象徴する量子性をも見事に立証（傍証）している」

ことになると考える。

ゆえに、ここで「特記」しておきたい「最も重要な点」は、本書の課題とする「量子論からみた心とは何か」との関連で、私は、

「電子は独立した粒子（実在、m）として存在しているのではなく、相互作用の中の部分として存在していて、その相互作用は粒子（m）の交換であり、それは間断なきエネルギーの移動としての波動（E）であって、そのエネルギーの移動（波動、E）の中で粒子（物質、m）が生成されたり消滅されたりしているから、エネルギー（波動）は生きていて命を持っており、それゆえ心

を持っている」

と考える。これこそが、私がここにいう、「相対性理論（$E=mc^2$）からみた、電子は心を持っていること」の「理論的根拠」である。このようにして、「エネルギー（波動）が生きていて心を持っているとすれば、そのエネルギー（波動）の変形である粒子（物質）もまた生きていて心を持っており、その粒子（物質）から構成されている人間をも含む万物もまた生きていて心を持っている」ことになろう（再び第四部図４－１、図４－２を参照）。とすれば、私は、「アインシュタインの質量とエネルギーの等価の式 $E=mc^2$ こそは、量子論にいう量子性と同様に、万物は生きていて心を持っていることをも科学的に立証していることになる」と考える。

しかも、この点に関連して、私がさらに「特記」しておきたいことは、「東洋の神秘思想家」は二〇〇〇年以上も前に、「心」についてこのような「相対性理論」の考えや、この後いう「量子論」の考えと「極めて近い概念」を「直覚」していたということである。そして、それは現在でも「佛教の思想家」においてとくに顕著であるといえよう。その例証をあげれば、佛教の思想家の鈴木大拙氏は、この点に関して次のようにいっている。すなわち、

『佛教では、物体を出来事（エネルギー：著者注）として捉えており、物とか物質とかいった捉

え方はしない。……佛教では物体を行為もしくは出来事（エネルギー：著者注）として考える。このことから、佛教が日常の体験を時間や動きとの観点（エネルギーとの観点：著者注）から理解していることは明らかである』

と。つまり、この意味は、「佛教」は西洋の現代物理学の「相対性理論」や「量子論」と同様に、

「物質を流れの中の過程、すなわちエネルギー（波動）として捉えている」

ということである。このように、佛教では、

「自然の基本的な姿（真実在）は物質的な実在でもなければ静的な姿でもなく、全てはエネルギーの移動の過程での一時的かつ動的な姿にすぎない」

としている。しかも、そのことを象徴しているのが、「佛教の法印」の一つである、「諸行無常《しょぎょうむじょう》」

であるといえよう。このようにして、私はここでも「東洋の神秘思想家の直覚の偉大さ」に改めて敬意を表したい。

以上が、「相対性理論からみた心」についての私見である。

六　量子論からみた心

――人間の心は宇宙を構成している究極の要素

1　万物は電子の量子性によって心を持っている
――物心一元論の意味

「量子論」によれば、「ミクロの世界」では、物質の素となる「電子」は「波動」として動的であり、躍動していて、「命」や「心」を持っているという。そうであれば、「電子によって構成されている物質（万物）もまた、ミクロの世界では本質的に動的であり、躍動していて、命や心を持っている」ことになる。しかも、これこそが、「量子論が科学的に解明しえた新しい物質像であり、量子論ではそのことを量子性」と呼んでいる。とすれば、「量子性こそは、万物は生きていて、命や心を持っている証《あかし》である」といえよう。しかも、ここでも驚くべきことに、このような、

「最新の西洋科学の量子論の考えが、二〇〇〇年以上も前の東洋の神秘思想の考えと一致する」ということである。その証拠に、「佛教」には、上記のように、その法印の一つに「諸行無常」があるが、それは絶え間ない「流転」を意味しており、「佛教思想の出発点」であり「佛教思想の根幹」をなしているが、佛教では、そのような、「流転する諸行無常の世界（量子論にいう量子性の世界）のことをサンサーラ（輪廻転生）と呼んでおり、それは文字どおり絶え間なく動いていて、生きていて、命と心を持っていること」と説いている。

一九二八年に、イギリスの物理学者のディラックは「反物質」（ダークマター、見えない物質とも呼ばれ、全宇宙の約九六％を占めている）を理論的に発見した。それまでは、どの物理学者も「反物質」の存在を信じなかった。なぜなら、当時の物理学者の間では、

「宇宙は正物質からなる正宇宙（物質宇宙、見える宇宙）であり、そこには正物質（見える物質）しか存在しない」

と考えられていたからである。ところが、一九三二年にアメリカの物理学者のアンダーソンが宇宙線のなかに「反物質」のあることを発見し、さらに一九五五年にはカリフォルニア大学のバークレー校の加速器でも「反粒子」が発見され、その後の研究で、

「全ての素粒子（電子）には正反する対の粒子、すなわち見える粒子（粒子性）と見えない粒子（波動性）の対の粒子がある」

ことが明らかにされた。そして量子論では、そのような、

「電子の粒子性と波動性の相補性のことを量子性」

と呼んでいるが、

「この量子性の発見こそが、量子論の誕生の契機になった」

とされている。このようにして、「量子論の誕生」によって、

「素粒子によって構成されている万物には、そのことごとくに相補性としての量子性（粒子性と波動性）がある」

ことが明らかにされた。その意味は、

「万物の基本的構成要素の素粒子に、量子性としての見える粒子（実体）と見えない波動（心）があるかぎり、その素粒子によって構成されている万物にも、見える粒子（実体）からなる万物と見えない波動（心）からなる万物がある」

ということである。とすれば、そのことは、結局、

「万物は全て心を持っている」

ということである。そして、それこそが、いわゆる、

「物心一元論の意味」

である。

2　万物は心を持っていて、人間の心によって姿を変える

現代生物学の概念では、

「情報を処理し、それによって行動する能力、したがって心を持っていて、それによって行動する能力を持っているのは有機体（生物）でしかない」

とされている。

これに対し、量子論では、

「電子は有機体（生物）でないのに情報を処理し、それによって行動するから、電子は心を持っていると認めざるをえない」

とする。その証拠に、量子論では、

「電子からなるこの世の万物（物質）は、有機体（生物）でないのに、人間が意識すると姿を現したり消したりするから、万物は心を持っていると認めざるをえない」

とする。そして、その有名な比喩が、

「月は人間が見たとき姿を現すが、人間が見ていないときには姿を消す」

であろう。


以下、このことを理解しやすくするために「思考実験」によって説明すると、いま「一個の電

子」が箱の中に閉じ込められた場合を想定すると、先にも述べたように、電子は「粒子」であると同時に「波」でもあるから（それを「電子の状態の共存性」という）、もし電子を「波」と考えた場合には、電子の波は「箱全体に波動として存在」しているはずである。

そこで、その箱の中央に板を差し込んで、それを二つに分断したとすると、そのさい、人間の常識では、電子を「粒子」と考えた場合には、電子はそのうちのどちらか「一方の箱」にしか存在できないはずである。ところが、電子を「波」と考えた場合には、電子は波として「どちらの箱」にも存在できるはずである。

とすれば、一方の箱に電子が「粒子」として存在する確率は五〇％であるが、「波」として存在する確率は一〇〇％ということになる。そのさい、「心を持った人間」がその二つの箱のいずれか一方の箱の蓋を開けて中を覗いて、どちらか一方の箱に電子の「粒子」を見つけたとすると、その瞬間に、その二つに区切った箱の全体から電子の「波」は消えてしまうことになる。ということは、

「心を持った人間が見なければ、箱の中の電子の波は決して消えないのに、心を持った人間の見るという行為によって、二つの箱の中に存在していた電子の波が瞬時に消えて（収縮して）、一個の電子の粒子になる」

ということである。その意味は、紛れもなく、

「電子は心を持っていて、人間の心が読める」

ということになる。量子論では、このように、

「人間が見たとき、見えない電子の波が瞬時に収縮して見える電子の粒子に姿を変えることを『波束の収縮』または『波動関数の崩壊』」

と呼んでいる。そして、この「波束の収縮」に理論的根拠を与えたのが、「量子論の基本法則」とされる「シュレディンガーの波動関数」（波動方程式）であるが、この「波束の収縮現象」の不思議なところは、

「心を持った人間の見るという行為が、瞬時に電子をして、見えない波（無）から見える粒子（有、実在、実体）を出現させる」

ということである。いい換えれば、

「心を持った人間が見るという行為によって、無（波）が有（粒子、実体）に変わる」

ということである。とすれば、このことは紛れもなく、

「万物は心を持っていて、人間の心によって挙動（姿）を変える」

ということである。その意味は、結局、

「電子からなる万物は心を持っている」

ということである。ゆえに、ここでもまた、

「物心一元論の正当性が立証される」

ことにもなる。

3 量子論からみた心の持つ意味
――人間の心とは何か

このようにして、「量子論」、なかんずく「量子論的唯我論」では「人間の心」が最大の焦点となっている。なぜなら、量子論的唯我論によれば、上記のように、

「人間の心（意識）がなければ、波束の収縮は起こらないから、現実（この世）は存在しない」

ことになるからである。いい換えれば、

「人間が見なければ（意識しなければ）波束の収縮は起こらないから、万物はつねに波動の形をとっていて見えないが、人間が見れば（意識すれば）波束の収縮が起こるから、万物は粒子の形をとり、見えることになる」

からである。ということは、結局、

「人間が観察するという心（意識）そのものが、この世（現実）を解明しているのではなく、本当はこの世（現実）を創造していることになる」

からである。その意味は、

「宇宙（自然界）は、人間に観測されることによって無限の事象を生み出すが、それがいったん現実のものとして知覚（認識）されると、物質の持つ波動が収縮して一つだけになり（波束の収縮）、それが現実のものとなる」

ということである。とすれば、私は、そのことはまた量子論学者のデヴィッド・ボームのい

う、

『宇宙（自然界）に明在する事物には、宇宙に暗在する全ての情報が統一的に秩序を持って含まれていて、しかもそのような全体宇宙の一瞬一瞬の投影（波束の収縮：著者注）こそが事物の実在であり、人間によって日常的に現実のものとして認識される宇宙の姿である』

との「内蔵秩序の原理」とも完全に一致すると考える。

このようにして、量子論の教える重要性は、

「この世の実体（宇宙の万物）は、人間の心（意識）とは無関係に形成されている（存在している）のではなく、人間の心（意識）そのものがこの世の実体（宇宙の万物）を形成している（創造している）」

ということである。それこそが、本項にいう、

「量子論からみた心の持つ意味」

である。とすれば、そのことはまた上記の佛教にいう、

「即心即佛・一心一切」

すなわち、

「人間の心こそが、宇宙の心であり、宇宙の万物である」

とも完全に一致するといえよう。ゆえに、ここでもまた私は、「東洋の神秘思想」（東洋の直覚）の「偉大さ」を思い知らされることになる。

以上、第三部を総じていえる最も重要な点は、結局、

「人間の心とは何か」

ということになろう。いうまでもなく、人間は「機械」（生物コンピュータ）ではない。では、何が人間をして機械と区別させるのか。


一九三二年に、イギリスのチャドウイックが原子よりも小さい中性子を発見し、それが契機となって「素粒子の時代」が到来した。

ところが一九六三年にアメリカのゲルマンとツヴァイクが、その素粒子よりもさらに小さい「究極の物質単位」として数学的に「クオーク」の存在を提案し、それが定説となって今日に至っているという。しかも、

「このクオークはエネルギーの最小単位として、波動のかたちで宇宙に充満している」

といわれている。

そこで、

「この波動のエネルギーの最小単位としてのクオークが人間の心である」

と仮定すればどうなるか。それは、

「宇宙を構成している究極的な要素こそが、人間の心である」

ということになろう。逆にいえば、

「人間の心こそが、宇宙を構成している究極の要素である」

ということになろう。

とすれば、この仮定が正しければ、量子論の観点からは、

「宇宙の究極の要素こそが人間の心である」

ということになろう（参考文献7）。これこそが、量子論からみた、

「心とは何か」

に対する私の理解であり、同時に、これこそが、この第三部の、

「量子論からみた心」

に対する私の解答である。

第四部

心を科学する

——量子論からみた心の世界

先の第三部の目的は、「心とは何か」を宗教論、生物論、宇宙論、情報論、相対性理論、および量子論などの各面から「学際的」に明らかにすることにあったが、ここ第四部の目的は、そのことを改めて「量子論」の見地から「科学的」（理論的、実験的）に解明することにある。

前記のように、「量子論」によれば、

「物質を分けると原子になり、その原子を分けると素粒子になり、その素粒子を分けると波動（エネルギー波動）になる」

ことが明らかにされた。しばしば、

「万物はエネルギーの変形である」

といわれる所以はそこにある。先にも述べたように、最近では、その超ミクロの「波動の世界」は「ナノメーターの世界」（一〇億分の一メートルの世界）になっているが、その「超ミクロの世界」を覗いてみてわかったことは、「各原子」は原子ごとにその原子核の回りを振動回転している「電子」の「波動」が「固有」であることから、それに応じて「固有の波動」、すなわち「固有の振動」を発していることであった。

それを「原子の固有振動」と呼んでいるが、そのため「振動の違う電子」によって構成された「万物」もまた、それに応じて、それぞれ「固有の振動」、すなわち「固有波動」を発していることがわかった。ということは、

「万物を構成している根源は電子の波動（エネルギー）であり、その波動（エネルギー）だけの世

界が次第にその密度を濃くしながら粒子の世界の各物質（万物）へと変化していく」

ということである。そのさい、私は、

「その電子の波動（エネルギー）がどのような粒子の物質へと変化していくかは、その電子の波動（エネルギー）に刻印された先験的宇宙情報（宇宙の意思、神の心）としての量子性によって決まる」

と考える。なぜなら、第三部四節でも明らかにしたように、情報と物質には、それぞれ「情報的実在性」と「物質的実在性」があり、しかも情報には「先験的実在性」があるから、

「その先験的実在性としての宇宙情報（宇宙の意思、神の心、量子性）が、電子の波動（エネルギー）を通じて、物質的実在性としての物質をコントロールし、いろいろな物質を生み出している」

と考えられるからである（参考文献1）。この点については、後に「神の心の正体とは」として詳しく述べる。

周知のように、元素を「原子番号順」に並べると、「化学的性質」が「周期的に変化」する。これが、いわゆる「元素の周期律」である。そのため科学者はよく、

「この世の事象の全ては、周期律表の中にある」

というが、私は、そのことは、

「現在、自然に見つかっている一〇八種の基本的な元素の一つひとつが、先験的宇宙情報の宇宙

の意思（神の心）によって、それぞれ何らかの意味を封印ないしは刻印されており（それゆえ負荷されており）、万物の形成（生成）に深く関わっている」

ことを意味していると考える。このことを「量子論の観点」からいえば、

「そのような元素（その素は電子）によって形成（構成）された万物もまた、先験的宇宙情報の宇宙の意思（神の心）の量子性によって、それぞれ波動的に何らかの意味を持たされている」

ことを意味していると考える。このようにして、私のいいたいことは、

「人も動物も植物も鉱物も、それゆえこの世の万物は、それぞれの原子の固有振動（その基は電子の固有波動）によって物質化されて固有の形をとるから、それぞれの持つ固有の形が、またそれぞれの固有の波動を生み、それぞれの固有の性質（個性としての心）を保持していることになる」

ということである。とすれば、

「電子の波動こそは、宇宙の意思（神の心）を電子の粒子からなる万物に伝え、万物を固有の形に成形し、万物に固有の性質（心）を負荷する主体、それゆえ神の心の正体（量子性）である」

といえよう。

以上のようにして、

「電子の量子性としての波動こそは先験的宇宙情報（宇宙の意思、神の心）を負荷されたエネルギーであり、万物（人間をも含めた生物や無生物）の形成に最も深く関わっている」

といえよう。さらにいえば、私は、

「電子の量子性としての波動こそが、宇宙の意思であり、神の心である」

と考える（図４－４、図４－５、図４－６を参照）。この点に関しては、後の「神の心の発見」および「神の心の正体の発見」のところでも再度詳しく私見を述べる。

上記のように、

「どの生物も物質も、それゆえ万物は、人間と同様に、先験的宇宙情報（宇宙の意思、神の心）の電子の波動（気、心）によって形成され、コントロールされている」

ということである。そのため、

「万物は、互いの波動（気、心）によって影響を受ける」

ことになる。その証拠に、

「観測対象の物質（粒子）は、観測者が誰であるか、その人の気（波動、心）によって姿（挙動）を変える」

といわれている。なぜなら、それは、

「観測対象の物質（電子の粒子からなる）をコントロールしている先験的宇宙情報の神の心としての電子の波動（心）が、同じく観測者としての人間（電子の粒子からなる）をもコントロールしている」

からである。事実、人間と人間との間ではもちろんのこと、人間と機械（物質）との間でも

「相性の良し悪し」があるといわれるが、私はそれは、人間の出す波動と機械（物質）の出す波動が「同調」するか否かを指していると考える。

もちろん、同調すれば相性が良いし、同調しなければ相性が悪いことになる。後に述べる「ハイポニカ栽培」がまさにそのことを如実に実証しているといえよう。


そこで、以上のことをよりわかりやすく説明するために、「音叉《おんさ》の例」を用いて比喩すれば、いまAとBの二つの音叉があるとして、もし両者の波動（振動数＝周波数）が同じように設計されていた場合には、たとえばAを振動させると、その波動は音叉Bを振動させて「共鳴音」を出させる。すなわち、両者は「同調」して共鳴音を出す。

しかし、もし両者の波動が少しでも違って設計されていれば、いくら音叉Aを振動させても音叉Bは「同調」しないから「共鳴音」は出さない。

もちろん、そのさいの音叉の波動は「物質波動」（音波）であり、それは「精神波動」ではないが、「量子論の見地」からいえば、物質（電子の粒子）の音叉が出す音波（電子の波動）は「心を持っている」から、同じことがいえるはずである。その証拠に、私は、

「人間が物質によって生理的・精神的に影響を受けるのは、物質そのものによるのではなく、物質が発する精神波動の心と人間の発する精神波動の心が同調するか否かによるものであり、両者が共鳴すれば良い影響を受けるし、共鳴しなければ悪い影響を受ける」

と考える。とすれば、このことを敷衍していえる最も重要なことは、結局、

「地球上の全ての現象は、電子の波動の世界（電子の心の世界）を介して、あの世（心の世界）と密接につながっているから、電子の波動の世界（電子の心の世界、量子論的唯我論の世界）を知らずしては（無視しては）、もはやこの世の何事も考えられない」

ということである。以上が、私のいう、

「量子論からみた波動の世界の心の世界」

である。

ゆえに、以下では、このことを前提に、

「電子が心を持っていることを理論的かつ実験的に立証する」

ことにする。

一　電子が心を持っている理論的な証明
――人間が観察すると粒子に、観察しないと波動になる

先にも繰り返し述べたように、量子論では、

「電子は粒子であると同時に波動でもあり、それは電子の量子性と呼ばれており、しかもその電子の粒子と波動の共存状態は電子の状態の共存性（エンタングルメント）とも呼ばれていて、これらはともに電子の最大の特性である」

とされている。これが量子論にいう「電子についての一般論」であるが、この点に関し、量子論学者の山田廣成氏は、それとは異なり、その著書『量子力学が明らかにする存在、意志、生命の意味』（光子研出版、二〇一一年）において、

『電子は粒子としての実体であると同時に波動としての現象でもあり、それこそが電子の最大の特性である』

という。その意味は、同氏によれば、

『電子は波動ではなく波動のような現象を示す粒子で、それが実体であり、その実体としての粒子が引き起こすエネルギー現象が波動である』

ということになる。つまり、それを「水」にたとえて比喩すれば、同氏によれば、

「水面に現れる波紋（波動）は水の実体ではなく、多数の水の粒子が示すエネルギーの干渉現象で、水の実体は粒子である」

ということになろう（参考文献2）。しかし、山田氏がいうように、かりに、

「電子の粒子が引き起こすエネルギーの干渉現象が波動である」

としても、私はそれは、

「電子自体が粒子性と波動性の両方の性質を持っているからこそ起こる電子の現象で、電子が量子性（粒子性と波動性）を持っていることは間違いない」

と考える。なぜなら、上記のように、

「電子は三次元世界の空間的側面では粒子としての見える実体であるが、それは同時に四次元世界の時空的側面では波動としての見えない現象でもあり、それこそが電子の粒子と波動の状態の共存性、すなわち電子の粒子性と波動性であり、それゆえ、総じて量子性である」

と考えるからである。そして、このことを私見として図示したのが図４－１である。すなわち、

「電子は人間が観察すると三次元世界の空間的側面のこの世では見える粒子としての実体となるが、観察しないと四次元世界の時空的側面のあの世では見えない波動現象の干渉現象としての心になる」

ということである。

図4－1　電子が心を持っている理論的な証明

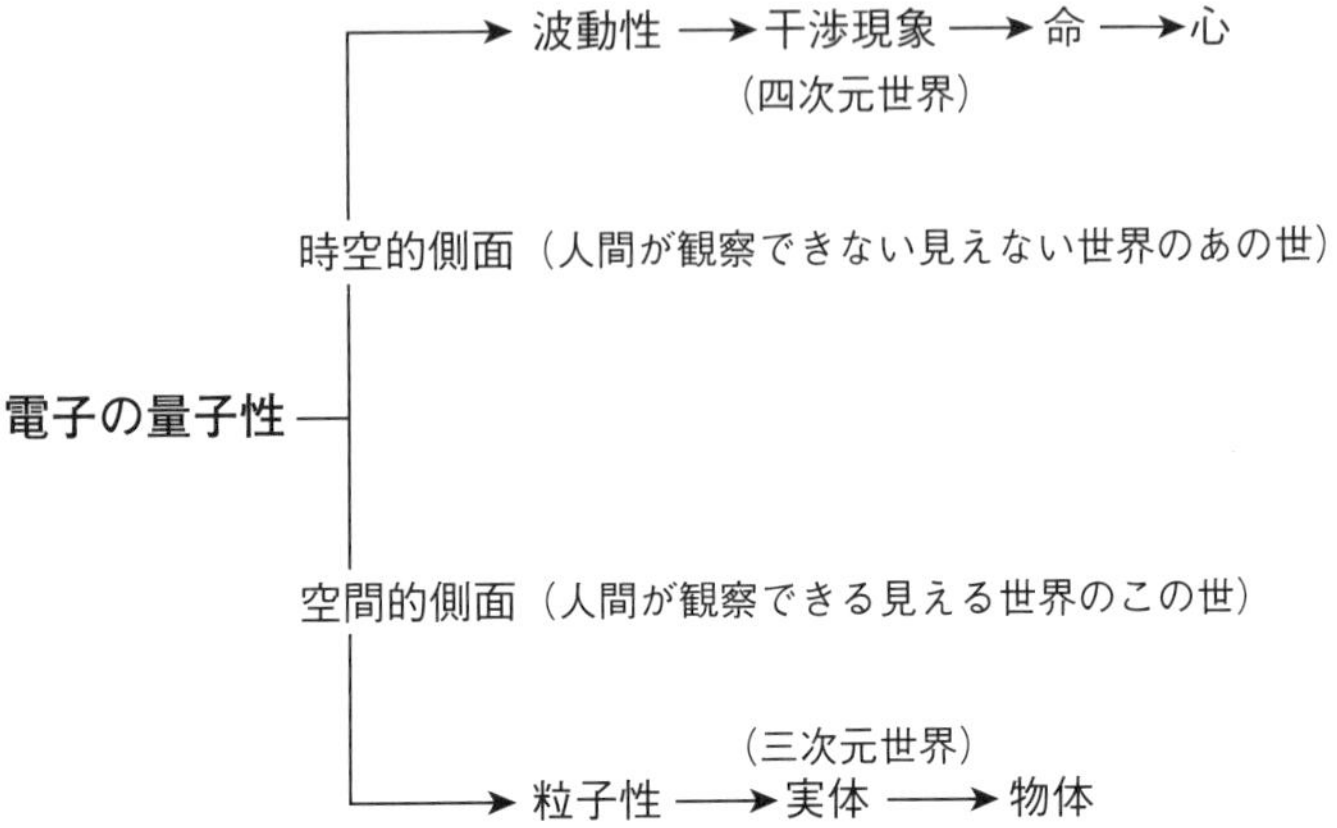

以上が、私見としての「電子が心を持っている理論的な証明」であるが、このことをさらに「人間が心を持っている理論的な証明」にまで敷衍して図示したのが図4－2である。すなわち、同図に示すように、私は、

「見える実体（肉体）としての電子の粒子によって構成されている三次元世界の空間的側面のこの世での人間を通じて現れる、見えない四次元世界の時空的側面のあの世での電子の波動現象（エネルギー現象）としての干渉現象こそが、人間の生命現象であり、人間の命であり、人間の心である」

と考える。いい換えれば、

「電子の粒子性による見える三次元世界のこの世での肉体（実体）としての人間を通じて現れる、電子の波動性による見えない四次元世界のあの世での干渉現象こそが、人間の見えない生

図4-2　人間が心を持っている理論的な証明

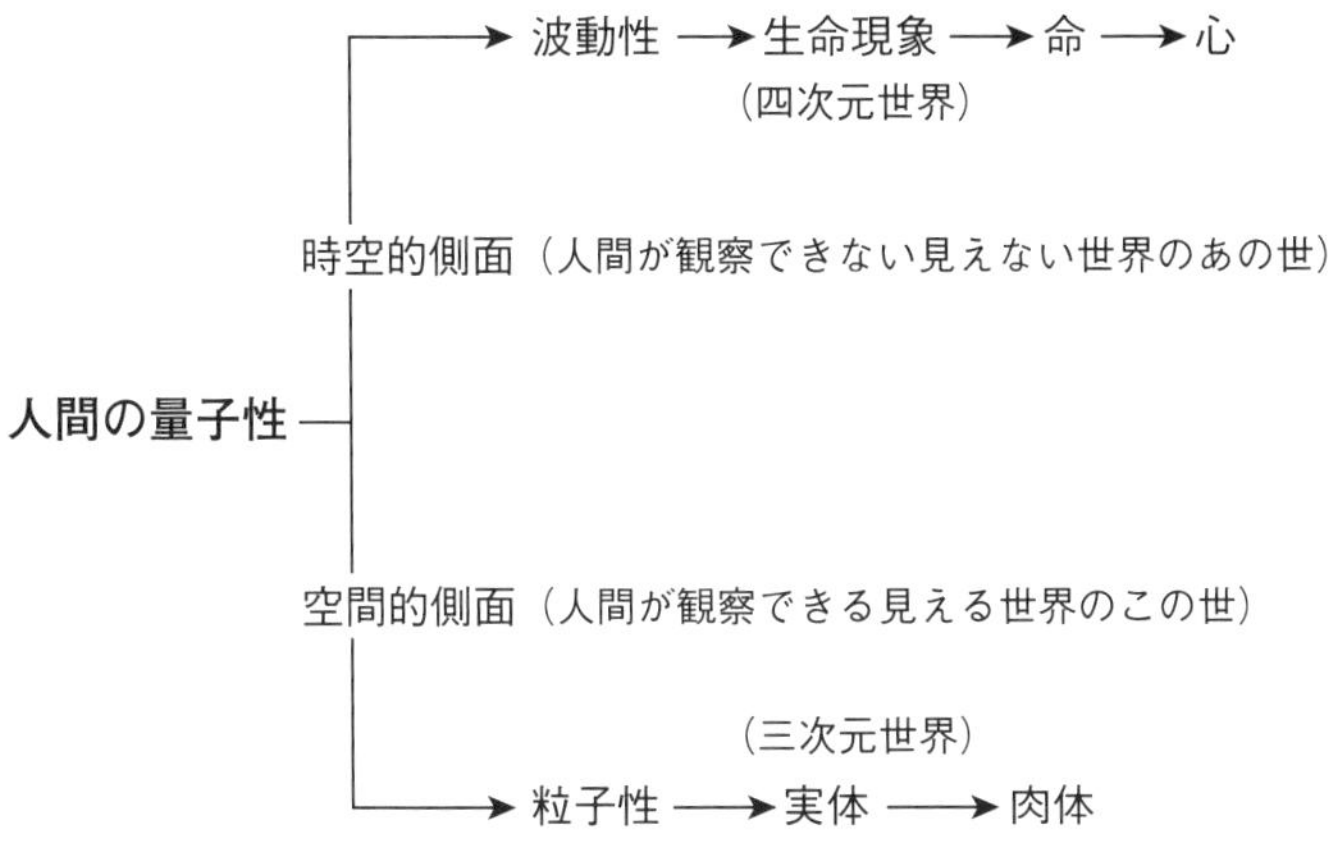

命現象であり、命であり、心である」ということになろう。

以上が、私のいう「人間が心を持っている理論的な証明」である。

二　電子が心を持っている実験的な証明
――ホイーラの「遅延選択の実験」

以上が「電子が心を持っている理論的な証明」であるが、ついで「電子が心を持っている実験的な証明」についても私見を述べる。この「実験」に関しては、すでに拙著の『量子論から解き明かす　神の心の発見』においても、「電子が心を持っている実験的な証明」として、

①　電子の量子性の科学実験による証明（参考文献３・１）
②　電子の状態の共存性の科学実験による証明（参考文献３・２）
③　電子の波束の収縮性の科学実験による証明（参考文献３・３）

として、それぞれ私見を述べたので、それらの説明はそれにゆずるとして、ここではこれらの実験を「一括して理解」するために、同じく私見として、

④二重スリット実験を用いたホイーラの遅延選択の証明

について述べる。

図4-3　電子の量子性（粒子性と波動性）の実験

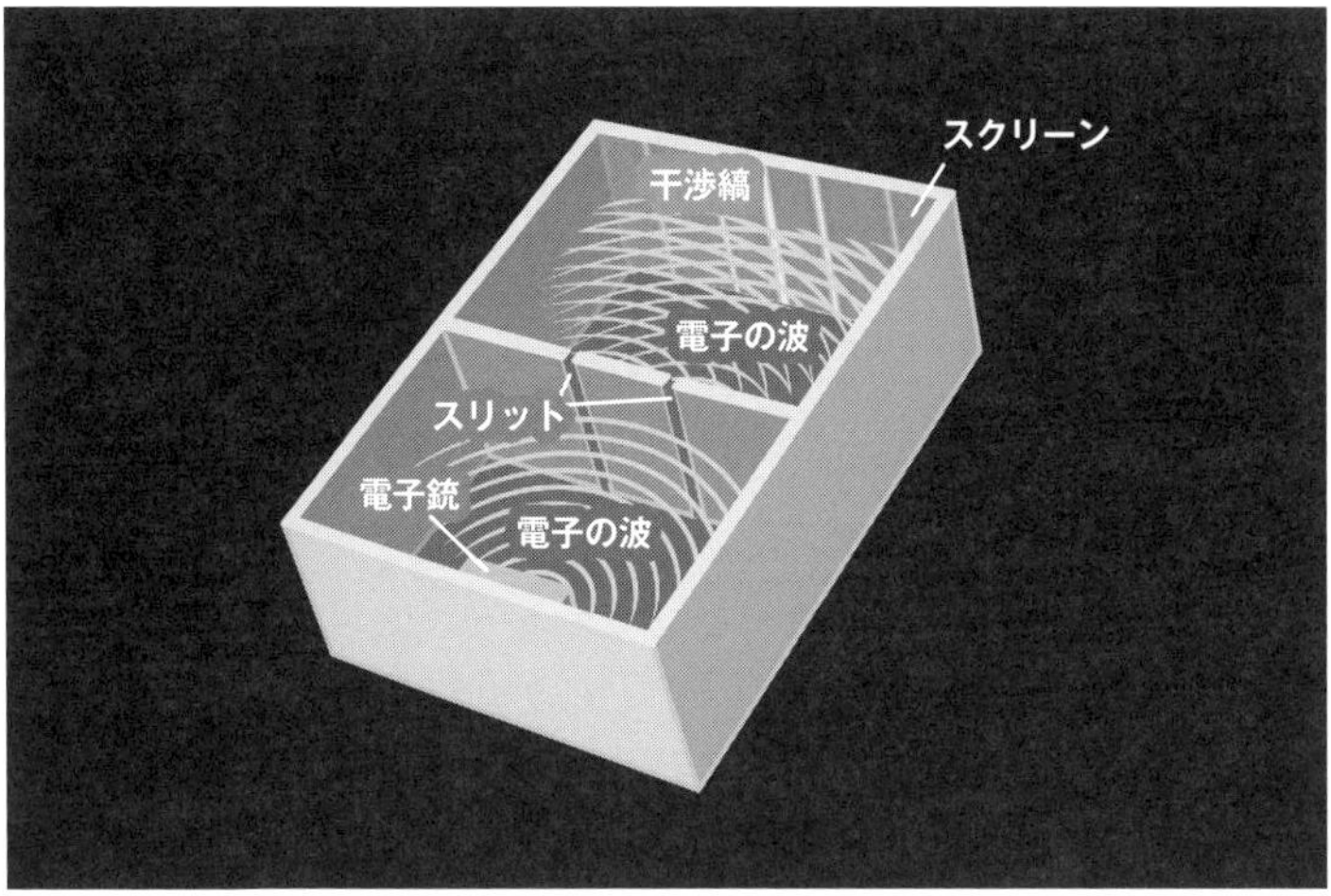

（Newton別冊『量子論　改訂版』〈和田純夫監修〉p.58を参考に作成）

ここに「二重スリット実験」とは、図4-3に見るように、箱の中央に「二つのスリット」（二つの隙間）の開いた板、すなわち「二重スリット板」を置いて、電子銃から電子を発射して電子の行動（性質）を観察する実験のことである。具体的には、以下のとおりである。

すなわち、この「二重スリット実験」においては、はじめに二つのスリットを開けたままにしておいて、電子銃から電子を一個発射する。すると、電子は「波」（波動）になって二つのスリットを通り抜け、そこで互いの波が「回折」を起こして「重なり合い」ながら背後にあるスクリーンに到達するので、スクリーン上には「波が重なり合った」ところが「濃く」なって「縦干渉縞」ができることになる。ということは、この実験によって、

「電子はスリットが二つのときには波になる」

ことが立証されることになる。

そこで、次に二つのスリットのうちのどちらか一方のスリットを閉めてスリットを一つにしておいて電子銃から電子を一個発射する。すると、こんどは電子は「粒子」になって開いたほうのスリットを通り抜け、スクリーン上には「点」の痕跡を残すことになる。ということは、この実験によって、

「電子はスリットが一つのときには粒子になる」

ことが立証されることになる。

ゆえに、これら二つの実験によってわかることは、

「電子は波動性と粒子性の二つの性質（量子性）を持っている」

ということである。


そこで、次にこの「二重スリット実験」を利用して、ホイーラのいう「遅延選択の実験」によって、

「電子が心を持っている」

ことを立証することにする。具体的には以下のとおりである（参考文献4）。すなわち、

「この二重スリット実験において、人間（観測者）が二つあるスリットの中のどちらのスリットでもよいから一方を塞《ふさ》いでおいて、電子銃で粒子の電子を他方の開いたスリットから一個通過させ、その粒子の電子がスクリーンに到達するまでに（到達しないうち）に、遅れて（遅延して）、

塞いでおいたもう一方のスリットを開けてスリットを二つにすると（遅延選択すると）、不思議なことに、スクリーン上には電子の粒子としての点ではなく波動としての干渉縞が映る」

ことになる。それゆえ、これによって、

「電子は心を持っていることが立証される」

ことになる。理由は以下のとおりである。すなわち、この実験によれば、

「電子はすでにスリットの一方を粒子として通過した後だから、人間がその後で（遅延して）他方のスリットを開けてスリットを二つにしても、粒子の電子はすでにそこにはいないはずなのに、その粒子の電子はスリットが二つになったことを後で遅れて知ったにもかかわらず、スクリーン上にはスリットが二つの場合のときと同様に波動としての電子の干渉縞を映し出すから、電子は心を持っていて、人間の心を読んでスリットの数に応じて粒子になったり波動になったりするので、電子は心を持っているとしか考えられない」

ということである。このようにして、この「遅延選択実験の意図」は、

「心を持った人間が電子がスリットを通過する時刻の前後を意図的に選択することによって、電子もそれに応えて意図的に粒子として行動したり波動として行動したりすることから、電子も人間と同様に心を持っていて、人間の心が読めて行動することを明らかにすることにある」

といえよう。そして実験の結果は、ホイーラの考えどおり、

「電子は心を持っていて、人間の心が読め、それに反応して粒子になったり波動になったりすることが立証された」

ということである。このようにして、このホイーラの「二重スリットを用いた遅延選択の実験」によって、

「電子は心を持っていることが科学実験によって証明された」

ことになる。とすれば、ここで何よりも重要なことは、この実験によって、

「電子にかぎらず、心を持った電子によって構成された万物もまた、人間をも含めて、全て心を持っていることが実験（科学）によっても立証された」

ことになろう。


以上は、ホイーラの「遅延選択の考え」を「二重スリット実験」を借りて、私見として説明したものであるが、ホイーラ自身は彼の「遅延選択の実験」において、

「電子が心を持っていることを、電子に代えて光子を、スリットに代えて半透明鏡を用いて立証している」

ので、その詳細については、私の別著をも参照されたい（参考文献5、6）。


このようにして、私はホイーラの「遅延選択の実験」を借りて、「電子が心を持っている」ことを「科学的」（実験的）に立証したが、「心の問題を取り上げる本書」にとっては「電子が心を持っている」ことを明らかにすることほど重要なことはないので、次にこのことを改めてもう一つの「仮想実験」によっても立証しておくことにする。

いま、ここに一つの箱があり、その中へ一個の電子を入れて蓋をする。そうすると、その電子

は蓋をした箱の中では「波」になって箱の中に一杯に広がっている。なぜなら、電子は箱の蓋が開いていて人間に見られると「粒子」になるが、蓋が閉まっていて人間に見られていないと「波動」になるからである。これもまた、電子の「粒子と波動の状態の共存性」（粒子と波動の状態の重ね合わせ、エンタングルメント）と呼ばれる「電子の重要な性質」の一つである。

そこで、この電子の入った箱の蓋を閉めたままにしておいて箱の中に板を入れて、その箱を二つに分けて、その一方の箱をかりに日本の京都に置き、他方の箱をフランスのパリに置いたとする。

ついで、その二つの箱のどちらの箱でもよいから、たとえば京都に置いた「箱の蓋を開け」て「人間がその中を見た」とする。

そうすると不思議なことに、その「瞬間」に、京都に置いた箱の中には「粒子になった一個の電子」があって、パリに置いた箱の中は「空っぽ」になって何もなくなる。あるいは、逆にパリに置いた箱の蓋を開けて「人間がその中を見た」とすると、今度はその「瞬間」に、パリに置いた箱の中には「粒子になった一個の電子」があって、京都に置いた箱の中は「空っぽ」になって何もなくなる。とすれば、この仮想実験によってわかることは、

「電子は心を持っていて、自分が人間に見られたか見られなかったかを瞬時に判断し、その挙動を粒子か波動に変える」

ということである。そのさい、波動から粒子に姿を変えることを、量子論では「電子の波束の収縮」と呼んでいる。ゆえに、このような仮想実験によっても、

「電子は心を持っていることが科学的に立証される」

ことになろう。

以上は、「電子が心を持っている」ことを「波束の収縮実験」によっても立証したものであるが、この「波束の収縮実験」は見方を変えれば「情報の瞬間到着」（量子テレポーテーション）をも立証していることになるので、この点についても、この機をかりて、以下に私見を追記しておく。

なお、このことに関しては、すでに私の前著の『量子論から解き明かす「心の世界」と「あの世」』においても詳しく私見を述べているので、それをも参照されたいが（参考文献7）、結論をいえば、私は、

「波束の収縮によって情報の瞬間到着（量子テレポーテーション）が起こるのは、ミクロの世界の四次元世界では、時間の前後関係がなく、時間が停止しているか、時間がないか、永遠の現在であるからである」

と考える。その意味は、

「時間が停止しているミクロの世界の四次元の世界では、電子は波動として人間の心の中にも外にもあって非局所的に宇宙全体に広がっているから、そこに人間の心（波動）が働くと、電子の心（波動）にも瞬間的に変化が起こり、波束が収縮して、電子の瞬間到着（量子テレポーテーション）が起こる」

ということである。とすれば、私はここでも、

「電子の波束の収縮現象のような瞬間到着現象（量子テレポーテーション）は、心を持った電子と心を持った人間との以心伝心的な量子現象としての干渉現象である」

というほかないと考える。


そこで、この「電子の瞬間到着」（量子テレポーテーション）をさらに視点を変えて「電子の重ね合わせの状態」（エンタングルメント）の「相補性」の面からも説明してみよう（参考文献8）。なぜなら、

「エンタングルメントとは重ね合わせの状態のことであるから、その重ね合わせの状態（相補性）のいずれか一方の情報がわかれば、他方の情報も量子テレポーテーションによって瞬時にわかる」

からである。そして、このことは「双子《ふたご》の比喩」によっても以下のように説明されよう。


いま、双子の兄弟がいるとして、兄のA君（粒子と仮定）と弟のB君（波動と仮定）が「重ね合わせ」の「共存状態」（エンタングルメント）になっているとして、彼らがそれぞれ京都とパリへ旅行に出発したとする。

この比喩では「双子の兄弟」の中のどちらがどちらへ行ったかわからない。ところが、もしも「兄のA君」（粒子）が京都で見つかったという「情報」が得られれば、その時点で「弟のB君」（波動）はパリへ行っていることが「瞬時」にわかる（量子テレポーテーション）。なぜなら、A君

とB君は「粒子と波動の重ね合わせ」（エンタングルメント）の「相補状態」になっているからでである。

もちろん、このようなことは従来の物理学（ニュートン理論など）では決して理解できないし解明もできないであろう。なぜなら、

「量子現象は、従来の物心二元論の物の科学常識を超えた、物心一元論の心に関わる未知の世界の現象（真理）である」

からである。その意味は、

「人類は量子論、なかんずく量子論的唯我論の創造によって、すでに従来の物の世界を超えて心の世界の扉を開く段階にまできている」

ということである。ついに、

「心の時代がやってきた！」

といえよう。

三　神の心の発見

「心の発見」については、上記のように、

一　電子が心を持っている理論的な証明
二　電子が心を持っている実験的な証明

として明らかにしたが、ここでは村上和雄氏が「Something Great」と呼ぶ、人類にとっては現在でも「永遠の謎」とされている、「神の心の発見」について、第三部の「心とは何か」との関連で、以下の「三つの観点」（その1、その2、その3）から、それぞれ私見を述べることにする（参考文献9）。

1 神の心の発見（その1）
――佛教の浄土教と量子論の量子性の合一性の観点から

(1) 発見の根拠（その1）
――「宇宙＝光の化身＝佛の心」と説く佛教

第三部一節の「宗教論からみた心」のところでも述べたように、佛教の「浄土教」では、すでに二〇〇〇年以上も前に図4－4－（A）にみるように、

「無限の過去から無限の未来への無限の時間の流れを無量寿（アミターユス）といい、また一つのものから他のものへの無限の空間の広がりを無量光（アミターバー）といい、その無限の時間の流れの無量寿と無限の空間の広がりの無量光の無限の時空の宇宙のことを無量寿・無量光と呼び、それを光（電子）の化身と見て具象化したのが阿弥陀佛、すなわち佛（その心）である」

と説いている。ということは、佛教では、

「宇宙は無限の時空の無量寿・無量光であり、しかもそれは光（電子）の化身であり、佛の心である」

と説いていることになる。とすれば、「佛教的観点」からは、「佛の心」とは、それを定式化すれば、

宇宙＝無限の時空＝無量寿・無量光＝光（電子）＝佛の心

逆にいえば、

図4－4　神の心と佛の心の合一性（その1）

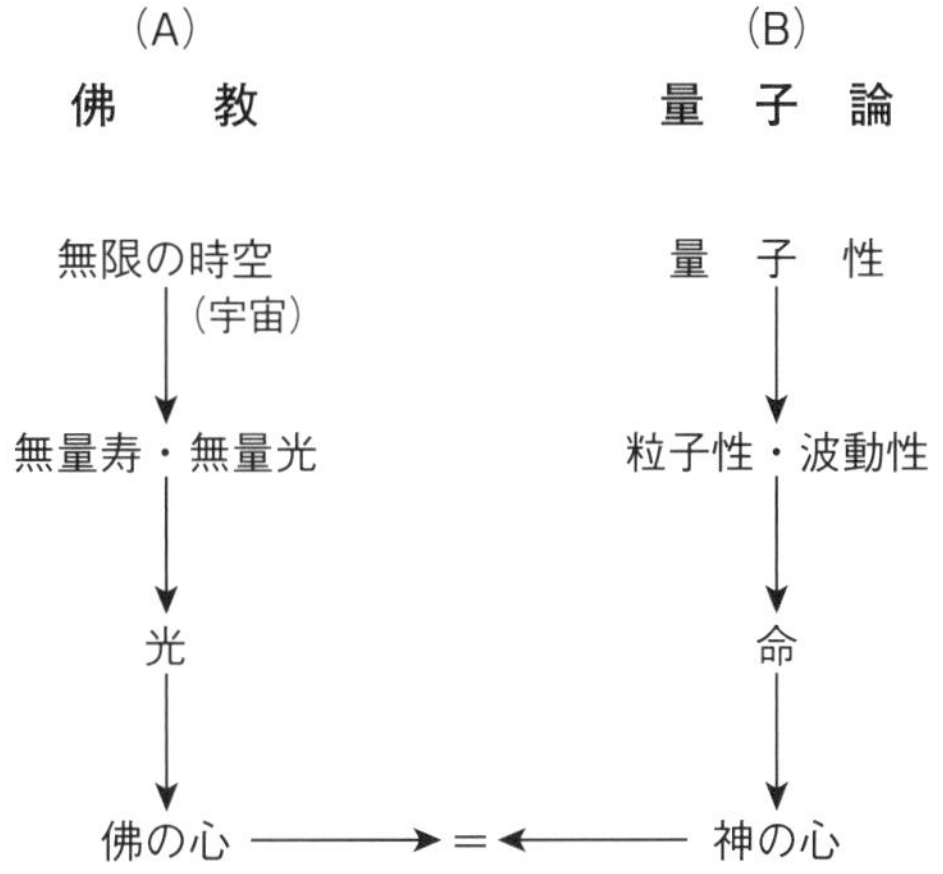

佛の心＝光（電子）＝無量寿・無量光
　＝無限の時空＝宇宙

となり、これによって「宗教論」の観点からは「佛の心は発見された」ことになる。

(2) 発見の根拠（その2）

――無量寿は電子の粒子性、無量光は電子の波動性

そこで、この「佛教」（宗教）にいう「無量寿・無量光」の意味を、「量子論」（科学）の観点」から解明すれば、私は、それは図4－4－(B)にみるように、

「電子の粒子は速度を持っていて無限の時間を走るから、佛教にいう無限の時間の流れの無量寿が量子論にいう電子の粒子性にあたり、電子の粒子は波動となって無限の空間に広がるから、佛教にいう無限の空間の広がりの無量光が量子論にいう電子の波動性にあたるから、その電子の粒子性と波動性の量子性こそが量子論からみた命であり神の心であり、佛教からみた光

図4－5　神の心と佛の心の合一性（その2）

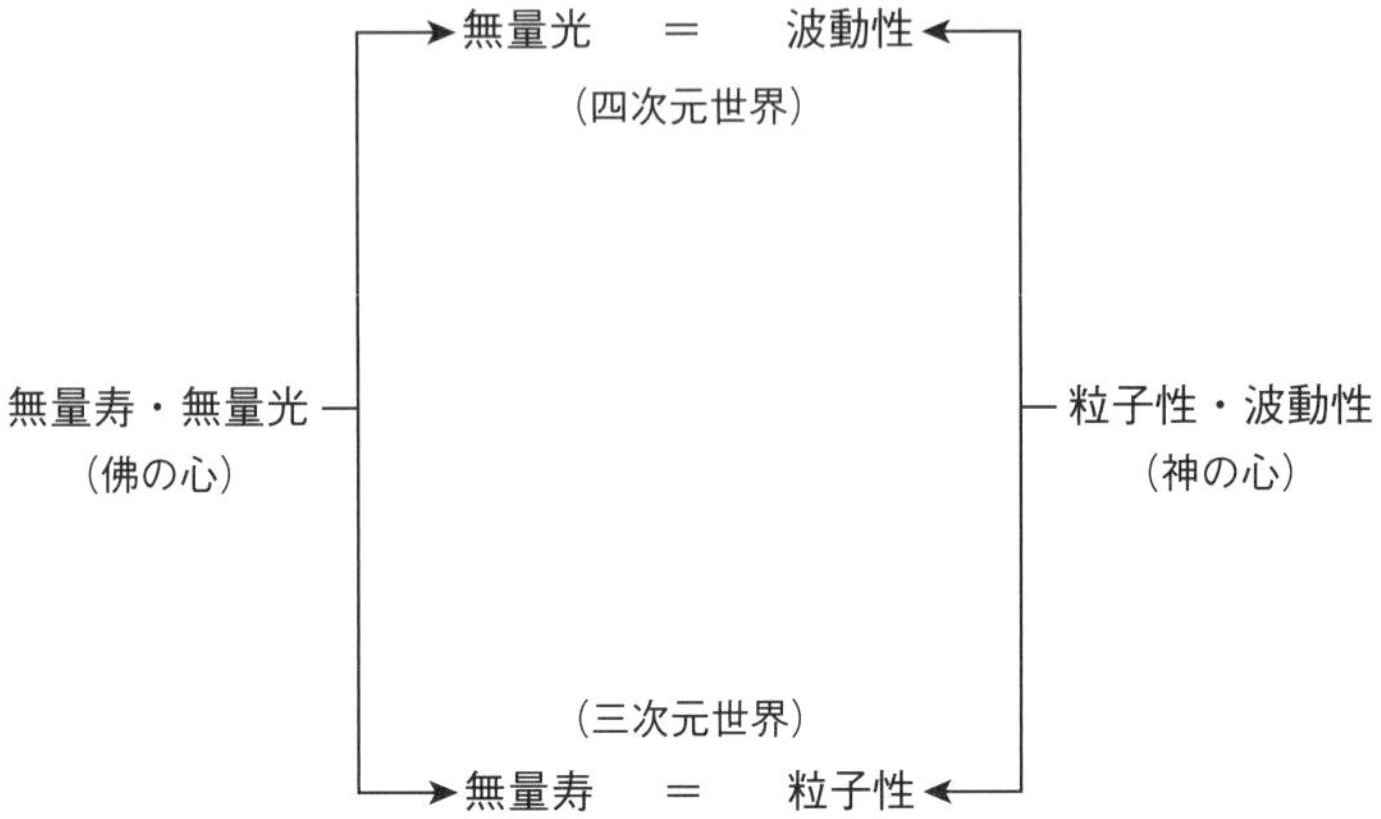

であり佛の心である」

と考える。とすれば、「量子論的観点」からは、「神の心」、すなわち「佛の心」とは、それを定式化すれば、

量子性＝粒子性・波動性＝命＝神の心
＝佛の心

逆にいえば、

佛の心＝神の心＝命＝粒子性・波動性
＝量子性

となり、これより「量子論の観点」からも、

「神の心＝佛の心は発見された」

ことになる。

そして、このことをさらに別の見方をしたのが、図4－5である。この図の意味は、

「佛教の説く無量寿・無量光が佛の心であるとすれば、量子論の説く粒子性・波動性が神の心と考えられるから、ここでも東洋の宗教の説く

佛の心と西洋の科学の説く神の心は同一化する」ことになる。それを定式化すれば

無量寿・無量光としての佛の心
＝粒子性・波動性としての神の心

あるいは、

佛の心の無量寿・無量光
＝神の心の粒子性・波動性

となる。

このようにして、私は「佛教の佛の心と量子論の神の心の合一性の観点」、それゆえ、より広義には「佛教（宗教）と量子論（科学）の合一性の観点」からも、「神の心・佛の心は発見された」と考える。

2　神の心の発見（その2）
――佛教の般若心経と量子論の量子性の合一性の観点から

上記の「佛教の浄土教と量子論の量子性の合一性からみた神の心の発見」に関連して、もう一つ「佛教の般若心経と量子論の量子性の合一性からみた神の心の発見」についても私見を述べれば、私は佛教の『般若心経』に説く、

「色即是空　空即是色」

の教義からも、

「神の心（佛の心）は発見された」

と考える。なぜなら、この「般若心経」の「色即是空　空即是色」の教義の意味は、

「見える物の世界（佛教では色は物を意味する）は見えない空の世界（無の世界、心の世界）その
ものであり、見えない空の世界（無の世界、心の世界）は見える物の世界そのものである」

ということであるから、それは、まさに「量子論」の説く、

「見える粒子の世界（物の世界）は見えない波動の世界（空の世界、心の世界）そのものであり、
見えない波動の世界（空の世界、心の世界）は見える粒子の世界（物の世界）そのものである」

との「量子性」とも完全に一致するからである。

このようにして、私はここでもまた「佛教（宗教）と量子論（科学）の合一性の観点」から、

佛の心の色即是空・空即是色
＝神の心の粒子性・波動性

あるいは、

神の心の粒子性・波動性
＝佛の心の色即是空・空即是色

となり、これより、

「神の心（佛の心）は発見された」

と考える。

とすれば、以上のことはまた、見方を変えれば、アインシュタインのいう、

『科学と両立し、対話できる宗教があるとすれば、それは佛教である』

ことをも見事に傍証していることになり、ここでもまた、私は「東洋の神秘思想家の閃き（直覚）の凄さ」を思い知らされることになる。

3　神の心の発見（その3）
——情報論の観点からみた神の心の発見

以上が、「佛教と量子論の観点」からみた「神の心の発見」（佛の心の発見）についての私見であるが、私は「情報論の観点」からも「神の心の発見」は可能であると考える（参考文献10）。

なぜなら、情報論の観点からは、

「神の心の発見とは、見えない四次元世界のあの世の神の心の情報を、次元を落として見えるこの世の三次元世界の情報か、二次元世界の情報に変換して見る（知る）ことである」

と考えるからである。

ちなみに、このことを「絵画」を例にとって比喩すれば、「情報論の観点」からは、

「絵画とは、三次元の空間世界の情報を、次元を落として、二次元の平面世界の情報として描くことである」

と考えられるからである。とすれば、

「絵画とは、空間を消滅させる情報操作のことである」

といってよかろう。同様の観点から、

「文字のコード化とは、二次元世界の平面情報を、次元を落として、一次元世界の点情報に変換することである」

といってよかろう。とすれば、

「文字のコード化とは、平面を消滅させる情報操作のことである」

といえよう。

このようにして、結局、

「コード化とは、情報の次元を下げる操作のことである」

といえる。

そうであれば、私は、このことを敷衍して、

「宗教とは、見えない四次元世界のあの世の神の情報（神の心）を、次元を落として見える三次元世界や二次元世界のこの世の情報に変換する情報操作のことである」

と考える。具体的には、

「宗教とは、見えない四次元世界のあの世の情報の神の心を、次元を落として、見える三次元世界のこの世の情報の佛像やキリスト像や、見える二次元世界のこの世の情報の佛典や聖典などに変換する情報操作のことである」

と考える。

しかも、そのさい重要なことは、「情報論」によれば、

「情報は媒体を選ばない」

ということである。このことを、ちなみに「テレビ放送」を例にとっていえば、「テレビ放送」とは色々な「画面情報」がICやCDやDVDなどの「媒体」に「電気信号」の「ビット」の形で「記録」されたものが、「電波」という「見えない媒体」に乗せられて空中に放出され、それがアンテナという「媒体」によって再び「電気信号」の「ビット」に変換され、最後にテレビという「媒体」によって元の「画面情報」として見ることができるというシステムである。とすれば、これよりわかることは、

「情報は媒体を選ばない」

ということである。そうであれば、そのことはまた見方を変えれば、

「情報は媒体を選ばないから、情報は色々な媒体によって色々な形に変えられても、元の情報は決して変わらないし、失われない」

ということである。逆にいえば、

「情報は媒体を選ばないばかりか、どのような媒体に姿を変えても、元の情報は決して失わない」

ということである。とすれば、この意味する重要性は、

「情報は媒体を選ばず、万物に共有され、そのまま保存される」

ということである。ゆえに、このことをさらに敷衍すれば、

「あの世の情報（神の心の情報や死後の世界の情報など）も媒体を選ばず、自然や人間などのこの世の万物にそのまま共有され保存される」

ということになる。あるいは、逆にいえば、

「自然や人間などのこの世の万物は、あの世の情報（神の心の情報や死後の世界の情報など）をそのまま共有し保存している」

ということになる。そのよい例証が「物心一元論の多神教」の東洋人のいう、

「万物に神は宿る」

あるいは、

「万物は神の化身である」

といえよう。ちなみに、日本の「山岳信仰」などにみる「物心一元論」の「多神教」の「自然信仰」などがそのよい例といえよう。


だが残念なことに、そのような東洋の「多神教」の「自然信仰」は、「一神教」の西洋人からは、これまでは「東洋のアニミズム」とか、「東洋の神秘主義」などと揶揄され蔑視されてきた。しかし、私が先に明らかにしたように、

「神の心はある」

ことが科学的に立証されれば、それを根拠に、

「情報は媒体を選ばず、情報は万物に保存される」

との情報論の観点から、

「神の心は万物に宿る」

あるいは、

「万物は神の化身である」

とする東洋人の、

「自然信仰は科学的に正しい」

ことになる。

以上が、私の「情報論からみた神の心の発見」である。

四　神の心の正体の発見

以上、「神の心の発見」について私見を述べたが、その「神の心の正体とは何か」については、いまなお一般には「Something Great」と呼ばれ、「不明のまま」である。

1　量子論からみた神の心の正体の発見
——万物の生滅を司る電子の量子性が神の心の正体

しかし、私は上記の「神の心の発見」の見地から、

「その Something Great と呼ばれる神の心の正体こそが、この世に姿を現したのが外ならぬ電子の量子性ではなかろうか」

と考えるに至った（参考文献11）。

そのことを、私見として図示したのが次の図4－6である。なぜなら、同図にみるように、私は、

「心を持った人間が観察すると、心を持った電子はその量子性によって粒子（物質、実体）とな

図4-6　神の心の正体と神の心

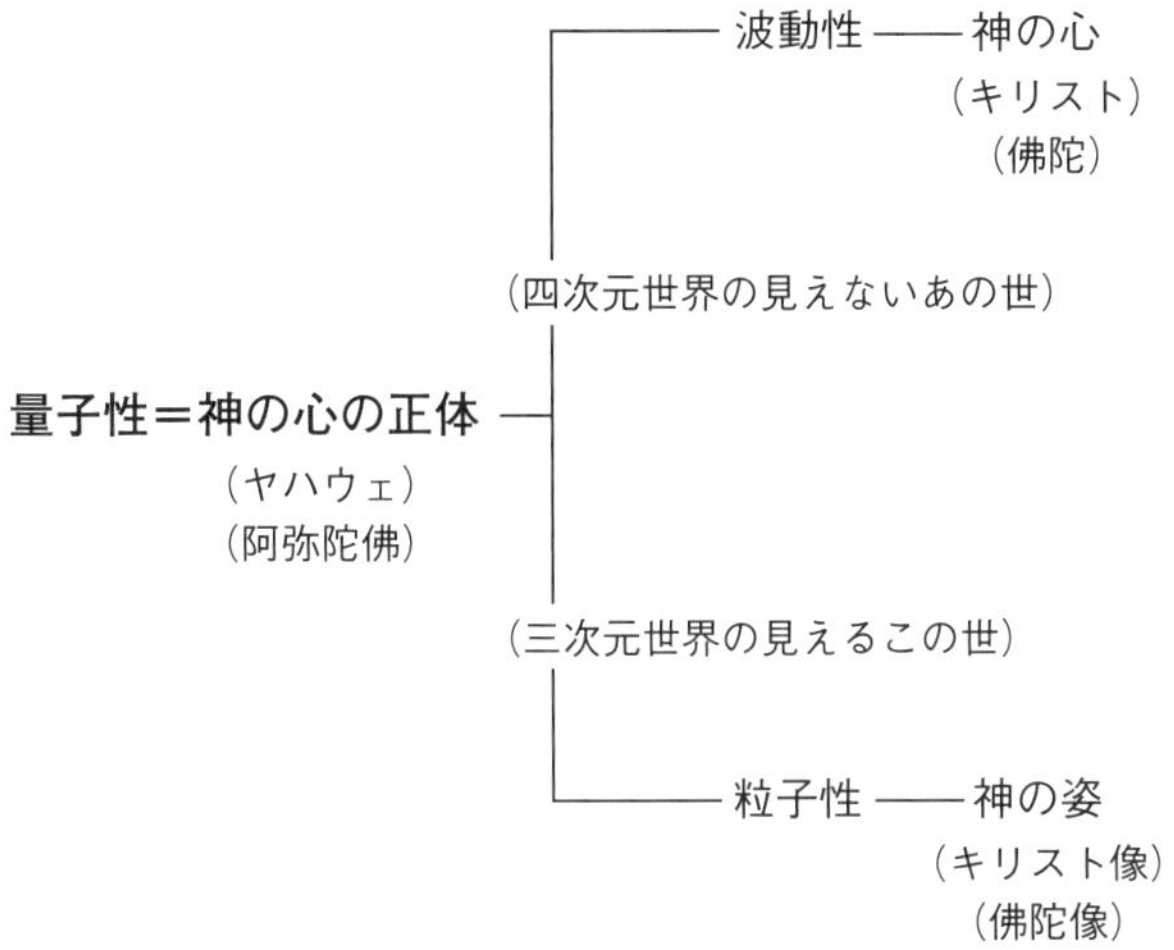

って三次元世界の見えるこの世へと姿を現し、逆に、心を持った人間が観察しないと、心を持った電子はその量子性によって波動（非物質、非実体）となって四次元世界の見えないあの世へと姿を消すから、そのような万物の生滅を司る電子の量子性こそが神の心の正体ではなかろうか」

と考えるからである。このようにして、私は

「量子論の観点」からは、

「万物の生滅を司る電子の量子性こそが、神の心の正体である」

と「科学的に感得」するに至ったということである。逆にいえば、私は、

「神の心の正体こそが、万物の生滅を司る電子の量子性である」

と「科学的に理解」するに至ったということである。

この図の意味をより具体的に説明すれば、

「〝神の心の正体〟は、理論的には電子の〝量子性〟であるが、私たちが実際に〝神の心〟と感得しているのは、その量子性が四次元世界の見えないあの世で波動に姿を変えた〝波動性〟であり、私たちが実際に〝神の姿〟と感得しているのは、その量子性が三次元世界の見えるこの世で粒子に姿を変えた〝粒子性〟である」

ということである。

ちなみに、そのことをキリスト教の教義をかりて比喩すれば、

「私たちが〝神の心の正体〟と感得しているのが電子の〝量子性〟の〝ヤハウェの神〟であり、私たちが実際に〝神の心〟と感得しているのが四次元世界の見えないあの世の電子の〝波動性〟の〝キリスト〟であり、さらに私たちが実際に〝神の姿〟と感得しているのが三次元世界の見えるこの世の電子の〝粒子性〟の〝キリスト像〟である」

ということになろうか。あるいは、同じことを佛教の教義をかりて比喩すれば、

「私たちが〝佛の心の正体〟と感得しているのが電子の〝量子性〟の〝阿弥陀佛〟であり、私たちが実際に〝佛の心〟と感得しているのが四次元世界の見えないあの世の電子の〝波動性〟の〝佛陀〟であり、さらに私たちが実際に〝佛の姿〟と感得しているのが三次元世界の見えるこの世の電子の〝粒子性〟の〝阿弥陀像〟である」

ということになろうか。

以上が、「量子論からみた神の心の正体の発見」についての私見である。

2

波動の理論からみた神の心の正体の発見
――波動に秘められた〝七〟という数字に、宇宙の秘密が隠されている

以上が、「量子論からみた神の心の正体の発見」であるが、このことをより理解しやすくするために、改めて視点を変えて「波動の理論からみた神の心の正体の発見」としても考えてみよう。

最新の量子論が取り扱っている「ミクロの世界」は「ナノメーターの世界」、すなわち「一〇億分の一メートルの世界」であるが、その極微の世界を覗いて見てわかったことは、上記のように、

「電子の量子性によって、万物は、電子の波動（エネルギー）が密度を濃くしていくなかで粒子（物質）へと姿を変えたものであり、逆に電子の粒子（物質）がその密度を薄くしていくなかで再び波動（エネルギー）へと姿を変えていく」

ということであった。そのさい、私は、

「電子の波動（エネルギー）が、人間をも含めてどのような物質（粒子）へと変化するかは、その波動に刻み込まれた先験的宇宙情報としての宇宙の意思の神の心の正体の量子性によって決まる」

と考える。いい換えれば、私は、

「電子の波動に刻印された先験的宇宙情報の神の心の正体の量子性によって、電子の粒子は、人

間をも含めていろいろな万物へと変化していく」

と考える。逆にいえば、

「この世の万物は、電子の波動エネルギーに刻印された先験的宇宙情報である宇宙の意思の神の心の正体の量子性によって、いろいろな物に姿を変えたものである」

ということである。さらにいえば、

「この世の万物は、先験的宇宙情報としての宇宙の意思の神の心の正体が刻印された電子の量子性としての波動エネルギーの変形である」

ということになろう。このようにして、私は、

「波動理論の観点からも、電子の量子性こそが先験的宇宙情報としての宇宙の意思であり、神の心の正体である」

と考えるに至ったということである（参考文献12）。

とすれば、次に解明しなければならない重要な問題は、

「神の心の波動エネルギーとは何か」

ということである。一般に、エネルギーとは「力」のことであり森羅万象の「根源」ともいうべきものであるが、その「エネルギー」と「波動」とはどのような関係にあるのか。

以下、そのことを第四部の冒頭でも触れたように、「音叉」の例によって「比喩的」により詳しく説明しておこう。

いま、ここにAとBとCの三つの音叉があり、そのうちの音叉Aと音叉Bの二つは同じ周波数に設計されているとする。

たとえば、ハ長調の「ラの音」の周波数は４４０Ｈｚ（1ヘルツ＝４４０回振動／秒）のように設計されているとする。これに対し、もう一つの音叉Cの周波数は４４５Ｈｚに設計されているとする。

このようにしておいて、いま音叉Aを叩くと、それより離れた場所におかれていた音叉Bはすぐにそれに反応して振動し「共鳴音」を出すが、音叉Cはそれに反応せず何の音も出さない。

このさい注意すべきことは、音叉Aは人間が「力」（エネルギー）を加えたから音を出したが、音叉Bは何もしないのに「共鳴」して音を出したということである。もちろん、そのさい、音叉Aと音叉Bの間には何も連結しているものはない。

ということは、音叉Aから出た「音波」という「波動」に姿を変えた「エネルギー」が、同じ周波数の音叉Bを振動させて共鳴音を出させたことになる。とすれば、

「波動はエネルギー（力）である」

ということになる。

そこで、次に、同じ周波数の４４０Ｈｚの音叉Aか音叉Bのいずれでもよいから、その音叉に対し、音階をソの音、ファの音、ミの音、レの音、ドの音、シの音というように順次下げていくと、それらの場合は、どちらの音叉も何の音も出さない。

ところが、次のラの音、したがって最初のラの音より一オクターブ低いラの音になると、その

場合は、音叉Aも音叉Bも共鳴音を出す。一オクターブ（七音階）の差ということは、半分の周波数ということであるから、この例では440Hzの半分の220Hzということになる。
そして、さらに一オクターブ低い音、すなわち110Hzのラの音にまで下げた場合も、440Hzの音叉Aも音叉Bも共鳴音を出す。
もちろん、それとは逆に、それよりも一オクターブ高い周波数の880Hzの音にまで上げても、440Hzの音叉Aも音叉Bも共鳴音を出す。

ゆえに、以上の例を総じてわかることは、
（1）440Hzの周波数（波動）の音叉に対しては「ラの音」しか「共鳴」しない。それゆえ「ラ音の周波数」（ラ音の波動）しか「エネルギー化」しない。
（2）しかも、そのようにエネルギー化するのは440Hzの周波数（波動）だけではなく、この数字の「倍数の周波数」（たとえば880Hz）の波動も、「約数の周波数」（たとえば220Hz）の波動も「エネルギー化」する。
（3）人間の感覚で捉えられる可聴音の波動の範囲内では、基本的な「音波の種類」（波動の種類）は「七つ」しかない。
ということである。

とすれば、以上のことより気づかされる重要な点の一つは、私見では、

「波動エネルギーには、〝七〟という数字が先験的宇宙情報（宇宙の意思、神の心）として封印（刻印）されているのではなかろうか」

というこ とである。いい換えれば、

「波動に秘められた〝七〟という数字には、何か重要な宇宙の秘密（重要な宇宙の法則、重要な先験的宇宙情報、重要な宇宙の意思、重要な神の心）が隠されているのではなかろうか」

ということである。加えていえば、

「光も七色の波動に分光されるが、そのこともまた決して偶然ではなく、その〝七〟という数字には何か重要な宇宙の秘密（重要な宇宙の意思、重要な神の心）が隠されているのではなかろうか」

ということである。

そこで以下、この「七という数字」に関して、もう一つの別の観点から興味深い例をあげると、それは一九八九年にアメリカの科学雑誌の『21 CENTURY』に掲載されたウォーレン・J・ハマーマンの『DNA音叉』という論文である。それによると、

『人間の肉体を構成する全ての有機物（物質）が出している周波数（波動）の範囲をオクターブに換算すると、四二オクターブに分けられる』

という。とすれば、そのことは、

「人間の体を構成する秘密の鍵は、波動的にはわずか七つの音階（七つの周波数）の中にある」

ということになる。それが「オクターブの法則」と呼ばれるものである（『岩波　理化学事典』の「オクターブ」の項を参照）。

この「オクターブの法則」の呼称は、一八六四年にイギリスの化学者のニューランズが、当時、

『既知の元素を原子量の順に配列すると、八番目（七つ間隔、それゆえ一オクターブ）ごとに性質の類似する元素が出現する』

ことを発見し、そのように呼んだことに起因する。しかも、その数年後には、J・L・マイヤーとメンデレーエフが「元素の周期律表」を発見し、その「意義が高く評価」されることになった。

ゆえに、上記のことより、私には、

「波動に秘められた〝七〟という数字には、何か重要な宇宙の秘密（重要な宇宙の法則、重要な先験的宇宙情報、重要な神の心）が隠されているのではなかろうか」

と思えてならないということである。いい換えれば、

「〝七〟という数字には、神からの人類への何らかの重要なメッセージが込められているのではなかろうか」

と思えてならないということである。

そういえば、現状では「科学的根拠」は全くはないが、私には聖書にいう、

「神は〝七日間〟で、この世を創られた」

との聖句の〝七〟という数字にも興味をそそられてならない。

しかし、私がこのようなことをいえば、それは「オカルトである」と言下に決めつけ否定されるのであれば、この点については本書第五部五節の「オカルトと共時性」についての私見をも参照されたい。

ちなみに、上記のこととは全く別であるが、私見として、もう一つ「波動エネルギー」に秘められた「興味深い比喩」をあげれば、それは「人間の顔が出す波動エネルギー」についてである。周知のように、

人間の顔は誰も「違った顔」をしているが、そのことは人間は誰も「違った波動エネルギー」を出しているということである。その証拠に、

「人は誰でも相手に会ったときには互いに必ず相手の顔を見るが、それは相手の顔が出している波動（心）と自分の顔が出している波動（心）を互いにチェックしあっている」

ということである。そのさい、二人の顔の出している「波動」（心）が「同調」すれば二人は互いに「共鳴」して「好きになれる」し、「波動」（心）が合わなければ（同調しなければ）二人は互いに「反発」して「好きになれない」。

それこそが、俗にいう「相性の良し悪し」、すなわち「相性が良いか、相性が悪いか」の問題といえよう。とすれば、この比喩の意味する「重要な点」は、

「波動には心が隠されている」

ということである。いい換えれば、

「波動エネルギーは心である」

ということである。とすれば、このことは先にも述べた、

「電子（その波動）は心を持っている理論的な証明」

および、

「電子（その波動）は心を持っている実験的な証明」

をも傍証していることになろう。このようにして、私たちは、

「日々の身近な生活の中でも、つねに波動エネルギーの神の心の恩恵や支配を受けている」

ことがわかる。

以上が、私の「量子論」および「波動の理論」からみた「神の心の正体の発見」である。

五　神の心に一定の法則はない
――無碍の心

西洋では、古代より、

「宇宙をはじめ万物は、それ以上に分割できない根源的な要素（原子）からなり、しかもそれは聖なる神の創造による」

と考えられてきた。このような、

「宇宙をはじめ万物は全て聖なる神の創造による」

との考えは、その後の西洋の宗教や科学に影響を与え続けてきたが、この点に関し、カプラは、

『西洋科学にとって絶対不可欠な宇宙の聖なる基本法則という考えは、ユダヤ教やキリスト教の伝統に根ざした、天の立法者による聖なる法則という信仰に起因する』

という。その証拠に、そのような、

「聖なる神の基本法則」

を、ちなみに哲学者のデカルトは、

「神が自然界に与えた法則」

と呼び、科学者のニュートンも、

「神が自然界に刻んだ法則」

と呼んだ。

ところが、その後二〇世紀になって登場した「量子論」によって明らかにされたことは、

「宇宙の基本的な姿は、原子からなる物質的な実在でもなければ静的な姿でもなく、全ては相互に関連し合った宇宙情報の確率の世界、すなわち宇宙情報の波動の世界（心の世界）である」

というものであった。その意味は、

「宇宙には根源的な要素は何ひとつなく、宇宙の全ては他との関連においてのみ存在する宇宙情報の波動の世界（心の世界）である」

ということである（参考文献13）。

さらに、最新の量子論（量子論的唯我論）によれば、すでに述べたように、

「宇宙には神の定めた聖なる法則はないばかりか、そこには人間の心が含まれているから、宇宙の法則の解明には聖なる神の法則ではなく、人間の心の解明が必要である」

ことをも明らかにした。このことを、量子論学者のウィグナーは、

『人間の意識（心）に言及せずして、もはや完全なかたちで宇宙の法則を公式化することは不可

能である』

といっている。

しかも驚くべきことに、それと同じことを佛教ではすでに二〇〇〇年以上も前に、「宇宙の諸法（諸現象）は互いに相依相関関係にあって、独立自存のもの（我なるもの）は何一つない、それゆえ諸法無我である」

と説いている。それを逆説すれば、

「宇宙の諸現象は、対立する存在があってはじめて存在する」

ということにもなる。あるいは、見方を変えれば、

「宇宙の全ては、相手次第で決まる」

ということでもある。とすれば、佛教的観点からも、

「宇宙には、佛（神）の定めた聖なる掟《おきて》（基本法則）は何一つなく、宇宙の全ては他との関連においてのみ決まる」

ということになる。しかも、ここに注目すべきことは、このような「佛教の教義」は、佛教誕生の二〇〇〇年後の二〇世紀になってようやく登場した「量子論」によって、はじめて「科学的」に立証されたということである。

その意味は、これらの量子論学者が最近になってようやく到達しえたこのような「新知見」

が、はるか遠い「古代の東洋神秘思想」の佛教に説く、

「人間の意識（心）は、宇宙の不可欠な部分である」

とも完全に一致するということである。とすれば、このことはまた、

「二〇〇〇年以上も前の佛教の宇宙観にいう即心即物・一心一切の思想と、最新の量子論に説く量子性の思想とは完全に一致している」

ことをも意味していることにもなろう。なぜなら、ここにいう「即心即物・一心一切」の思想とは、

「宇宙の心こそが万物の心であり、人間の心こそが宇宙の全て（万物）である」

ことを説いているからである。


この点に関連してさらに私見を追記すれば、この「即心即物・一心一切の思想」は、東洋の思想家の老子のいう、

『人は地に法《のっと》り、地は天に法り、天は道に法り、道は自然に法る』（『老子』第二五章）

とも一致しており、「宇宙の心と人間の心の自動調和」を見事に突いていると考える。なぜなら、老子のこの言葉は、

「人は地を規範として存在し、その地は天を規範として存在し、その天は天道を規範として存在し、その天道は自然（大宇宙）を規範として存在する」

それゆえ、

「即心即物・一心一切の思想」を説いていることになるからである。ゆえに、老子のこの言葉もまた、それを突き詰めていけば、

「人間は天（宇宙）と一体であり、人間の存在（人間の心）こそが、天（宇宙）の存在（宇宙の心）にとって不可欠である」

ことを説いていることになろう。とすれば、老子のこの言葉もまた、結局、

「宇宙の真理は、宇宙の心（神の心）と人間の心の自己調和（自動調和）にある」

ということになろう。このようにして、結局、

「人間の心こそが、宇宙全体の自動調和にとって不可欠である」

ということになろう。

それればかりか、このことはまた見方を変えれば、

「宇宙の全て（大宇宙）の中にそれぞれ（小宇宙、人間の心）があり、それぞれ（小宇宙、人間の心）の中に宇宙の全て（大宇宙）があってはじめて宇宙全体の調和がとれる」

との、佛教の「無碍の思想」とも完全に一致することになる。

なお、ここに「無碍の思想」（何ものにも邪魔されず相互浸透するさま）とは、鈴木大拙氏によれば、

『一つのものが他の全てと相対しておかれると、それは他の全てに浸透し、同時に、それら全て

のものを包含しているように見える』

との考えである。

このようにして、私は、

「東洋の伝統的な宇宙観の佛教の説く即心即物・一心一切の思想（物心一元論の思想）こそは、現代物理学の最先端をいく量子論の説く量子性（粒子と波動の一体性、物と心の一体性、物心一元論の思想）とも完全に一致しており、宇宙の真理を見事に突いている」

と考える。とすれば、そのことは、結局、

「人間が宇宙の意思（神の心）を知るには、人間は宇宙と一体化しなければならない」

ことを説いていることになる。本書の執筆の意図もまさにここにあるといえよう。


人間は、これまで洋の東西を問わず「宇宙の不思議」や「心の不思議」や「命の不思議」や「生死の不思議」など、総じて「人類究極の謎」を解き明かそうと様々な試みを行ってきた。ちなみに、「科学的な試み」や、「宗教的・哲学的な試み」や「芸術的な試み」などがそれである。

しかし残念ながら、そのどの試みも「単独」では所期の目的を達成することができないことが判明した。ところが、幸いなことに、本書を通じて明らかにしたように、私は、

「量子論の登場によって、外なる物質世界（大宇宙、科学の対象世界）へ向かった西洋も、内なる精神世界（小宇宙、心の対象世界）へ向かった東洋も、同じ山頂（物心一元論の世界）を目指すようになり、やがて人類にとっての真のパラダイムが切り開かれることになる」

と考える。ついに、

「物心一元論の心の時代、心のルネッサンスの時代がやってきた！」

といえよう。しかも、それこそが、

「私たち人類が希求してやまない、そして人類の果たすべき真の道」

ではなかろうか。

第五部

二一世紀は心の文明社会の時代

——量子社会の登場

第五部の目的は、「文明興亡の宇宙法則」に従い、今回の七回目の「東西文明の交代」を機に、新たに登場する「新東洋文明」に期待される「心の文明社会」の「量子社会」（著者造語）について明らかにすることにある。

具体的には、それを支える「未来科学の量子テクノロジー」や、それを象徴する「未来宗教の量子宗教」（著者造語）や「未来医学の量子医学」（著者造語）や「未来農業の量子農業」（著者造語）などについて私見を明らかにすることにある。

一　量子テクノロジーの時代がやってきた

それでは、二一世紀以降の「新東洋文明の未来科学」を切り開くであろうと期待される「量子テクノロジーの時代」とはどのような時代であろうか。それには大きく分けて二つの方向が予見されている。その一つが「量子コンピュータ脳の時代」（超人工知脳の時代）であり、他の一つがそれを応用した「量子通信の時代」（超高速情報通信の時代や秘密通信の時代）である。

1　量子コンピュータ脳の開発——超高度な文明社会が可能に

ここに「量子コンピュータ」とは、現代のような「半導体ビット」を利用するコンピュータではなく、「量子ビット」を利用するコンピュータのことで、まだ基礎研究の段階にあるが、「量子コンピュータが実現すれば、現在のスーパーコンピュータでさえも足元にも及ばないほどの超高速超大量計算が可能となり未来科学の裾野が無限に広がり、やがては想像を絶するような未来コンピュータ社会の量子社会の時代が到来するであろう」

と大いに期待されている。

「量子コンピュータの原理」は、一九八五年にイギリスの物理学者のデイヴィッド・ドイッチュによって考案されたが、その実用化は非常に難しく、その後は専門家の間での話題に止まっていたという。

ところが、一九九四年にアメリカのベル研究所のピーター・ショアが実用的なアルゴリズムを考案し、「量子コンピュータ」を使えば「因数分解」が「超高速」で行えることを示したことによって状況は一変したといわれている。

そこで、以下、このような「量子コンピュータの原理」の概要について、和田純夫監修「ニュートン別冊」の『量子論　改訂版』を参考に説明しておこう（参考文献1）。

ここに、上記の「因数分解」とは、たとえば221という数を、221＝17×13というように、より小さい数の因数の掛算で表す（因数に分解して掛算する）ことであるが、因数分解は大きな数になればなるほど、その計算が飛躍的に困難になる。

たとえば、1万桁の整数を因数分解するには、現在のスーパーコンピュータですら「一〇〇〇億年」以上もの時間がかかるといわれている。ところが、それが「量子コンピュータ」によればわずか「数時間」で終わるという。まさに、驚異というほかない。

このような「量子コンピュータの計算処理法の原理」は、「量子ビット」を使った「並列処理の原理」によるもので、現在の「半導体ビットを利用したコンピュータ」のように「０」と「１」だけを使う「二進法の原理」とは全く異なる。

ちなみに、二進法では、０は「０」、１は「１」、２は「10」、３は「11」、４は「１００」となり、電流が「流れていない状態が０」で「流れている状態が１」という「ＯＮ・ＯＦＦ」の方法で表現されている。そして、このような「通常のコンピュータ」によって、二進法で２桁までの四つの数「00」「01」「10」「11」（10進法で０～３）を入力し、入力値を二倍にして出力するなどの計算を行う場合には、まず「00」を入力して、その処理が終わった後に、「01」を入力して次の処理を行うというように、データを入力するごとに一つひとつの計算を行っていくことになる。つまり、四つのデータに対しては四回の入力と計算が必要になるということである。

これに対し「量子コンピュータ」なら、一つの処理装置に「00」「01」「10」「11」の四つのデータを一度に入力して、しかもそれを一度に計算するといった「並列計算」ができるという。

ちなみに、二進法で３桁の数を入力する場合なら2^3（＝８）通り、二進法で10桁の数を入力する場合なら2^{10}＝１０２４通り、二進法で30桁の数を入力する場合なら2^{30}＝10億７３７４万１８２４通りの「組み合わせ計算」になるのを、量子コンピュータによれば「一度に計算」できるという。ということは、

「量子コンピュータであれば、データの桁数が大きくなればなるほど圧倒的な威力を発揮することができる」

ことになる。

そのさい、とくに注目すべき重要な点は、

「量子コンピュータの並列計算を可能にするのは、量子に特有の電子の状態の共存である量子からみ合い（エンタングルメント）の利用と、それを実現可能にする量子に特有の電子のスピンを量子ビットとして利用することである」

とされている。より詳しくは、

「いま、量子からみ合いの状態の二つの電子があるとき、それらの電子は観測しない段階では、ともに右回りと左回りの自転の重ね合わせの状態にあるが、それらが観測された瞬間に、その自転の重ね合わせの状態は消え、たとえば一方の電子が右回りに自転していることが確定すれば、その瞬時に、他方の電子の自転は左回りに確定するし、逆に一方の電子が左回りに自転していることが観測されれば、その瞬間に、他方の電子の自転は右回りに確定することになる」

ということである。ゆえに、以上を要するに、

「量子コンピュータとは、そのような電子のスピンを量子ビットとして利用する量子論に基礎をおいた全く新しい型のスーパー・コンピュータである」

ということである。しかも、そのさい重要なことは、

「量子コンピュータで超高速並列計算を行うには、さらに複数の量子ビット同士がからみ合うことが必要である」

という。なぜなら、

「からみ合っていない状態の量子ビットの列は、外部からの制御をうけると、それぞれが単独で

動いてしまうが、からみ合った量子ビットの列は、列全体が一体となって振る舞うから、一つの量子ビットに操作を加えても、他の量子ビットとの関連性は失われない」

からである。そして、これこそが、

「量子コンピュータで超高速並列計算が可能になる必須条件である」

とされている。ただし、ここに注意すべき点は、

「からみ合っているといっても、見える物質的な何かでからみ合っているのではなく、見えない何かによってからみ合っているのであり、しかも、その見えないからみ合いこそは、量子論でしか説明できない不思議な現象である」

とされていることである。このようにして、

「量子コンピュータこそは、量子論に基礎をおく、本当の意味での全く新しい未来指向型の正真正銘のスーパー・コンピュータとしての超人工知脳型コンピュータである」

ことは間違いなかろう。

その証拠に、「量子コンピュータ」は「重ね合わせの宇宙」、いわゆる「多重宇宙」（並列宇宙）の解明といった「超難解な問題」に対しても「多大な威力」を発揮するものと期待されている。

その他にも、私が「量子コンピュータ」に寄せる多大な期待としては、

第一に、「量子コンピュータ」の出現は、人類の「未来社会」をして想像を絶するような「超

高度な文明社会」へと導いてくれるであろうこと、
第二に「量子コンピュータ」の出現は、人類究極の課題とする「心の世界の扉」を開き、人類に「真に生きる希望の灯」を点《とも》してくれるであろうこと、
などである。

ちなみに、その一例をあげれば、拙著の『量子論から解き明かす「心の世界」と「あの世」』(三五四〜三五九頁)でも述べているように、「量子コンピュータによるあの世への映像による心の旅路」、すなわち「量子コンピュータによる映像でのあの世への心のタイムトラベル」などの夢がそれである。ゆえに、

「もしも量子コンピュータによって、あの世への映像による心の旅路が可能ともなれば、私たちは居ながらにしてテレビによって昔の懐かしい人たちに映像で会える」

ことになろう。なんと、

「夢多き、感動的なこと」

であろうか。私の希求する「量子社会」とは、そのような「心の豊かな社会」のことでもある。

最後に、このような「量子コンピュータの開発の実状」についていえば、すでに二〇〇一年には実際に「量子コンピュータ」によって簡単な「因数分解」の問題が解かれたとの報告もあったが、現状ではまだ開発途上にあって、様々な方式の「量子ビット」が考案されている段階である

という。ちなみに、二〇一六年にはＩＢＭが５量子ビットの量子コンピュータをオンライン公開しているとのことである。

もちろん「未来の量子コンピュータ」が、現在のコンピュータのような「万能型コンピューター」になるか否かは、現状では未定とされている。

ところが、嬉しいことに二〇一二年のノーベル物理学賞が、素粒子物理学者のセルジュ・アロシュとデービッド・ワインランドの二人に対し、

「両氏は、量子コンピュータの開発に道を開いた」

として授与されたということである。詳しくは、両氏に対し、

「両氏は、イオンを量子ビットに用いた量子コンピュータの実現が今世紀中にも可能になることを示す基本的な実験に成功した」

として授与されたということである。それによって、

「量子コンピュータが今世紀中にも登場するであろう」

との期待が大きく高まってきたといわれている。この意味する重要性は、私見では、

「人類の叡智《えいち》は、人類の望むところをいつの日にか必ず実現する」

ということである。なぜなら、それは、

「人類のこれまでの積年の叡智が、人類のこれまでの積年の望みを次々と叶えてきた」

からである。その証拠に、

「現在のシリコンチップを基盤とするノイマン型のコンピュータ（人工知脳）ですら、すでに心

を持つようになり、今世紀半ば頃には知的な面ではもちろんのこと、心理的な面でも人間を超える可能性がある」

とすら予見されている。事実、現在のノイマン型のコンピュータですら、すでに囲碁の世界的名人に勝利するまでになってきた。その意味は、

「現在のノイマン型のコンピュータですら、計算能力（左脳型能力）はもちろんのこと、囲碁にとって不可欠な直観力（閃き）や相手の心を読む心理能力や総合認識力（ともに右脳型能力、それゆえ心の能力の一部）までも持つようになってきた」

ということである。とすれば、それよりもはるかに優れた「超絶能力」を持つといわれる、

「量子コンピュータの出現は、人類の心のあり方の是非までも根本的に問い直し、人類をして、知的な面ではもちろんのこと精神的な面でも格段に向上進化させる可能性がある」

ということである。具体的には、私見では、このあと明らかにするように、

「心を持った量子コンピュータ脳の開発こそは、心の進化した未来文明社会の量子社会の実現への道をも開き、心の文明ルネッサンスを実現させる可能性すらある」

ということである。私が、

「量子コンピュータの実現に多大な期待を寄せる所以はそこにある」

といえる。

2　量子コンピュータ脳の応用

現在、身近に考えられている「量子コンピュータ脳の応用」としては、「死後の世界の記録」や「量子通信」や「秘密通信」などがある。

⑴死後の世界の記録

「量子コンピュータ脳の応用」の一つとして「死後の世界の記録」が考えられている。しかし、それを説明するには、はじめにエバレットの「並行多重宇宙説」の理解が必要である。ここに、エバレットの「並行多重宇宙説」とは、

「宇宙は基本的には電子から成っているから、私たちが見ていないうちは宇宙は波動となって見えない宇宙となるが、私たちが見た瞬間に粒子となって見える宇宙になり（電子の量子性と波束の収縮性）、しかもそのような見えない宇宙と見える宇宙とが並行して重なり合って共存している（電子の状態の共存性）」

との説である（参考文献2）。

そこで以下に、このようなエバレットの「並行多重宇宙説」を前提に、「量子コンピュータ脳」による「死後の世界の記録」はどのようにすれば可能なのかについて考えてみよう。その構想をいえば、

「一時的に分裂し多重化した並行宇宙のあちら側（死後の世界のあの世）の記録を、量子コンピュータ脳によって、こちら側（生の世界のこの世）の記録と合体させた後で、それをこちら側（この世）で同時に並行処理する」

というものである。簡単にいえば、

「二つの平行宇宙（あの世とこの世）に分かれた別々の宇宙の情報を、量子コンピュータによって同時にこの世で並行的に情報処理する」

ということである。そうすれば、

「量子コンピュータは、両方の宇宙（あの世とこの世）の情報を同時にこの世で提供してくれる」

はずである。このようにして、

「量子コンピュータによれば、平行多重宇宙の関係（あの世とこの世の多重宇宙の関係）を実際に情報としてこの世で記録することも夢ではない」

とされている。その意味は、ちなみに、

「量子コンピュータが完成すれば、死後の世界も映像として、この世でテレビで見ることも夢ではない」

ということである。では、なぜそのようなことが可能なのか。私は、

「死後の世界のあの世の四次元の世界では、時間が停止していて、事象の前後関係がなく、過去も現在も未来も同居しているから、過去も現在も未来も同時に情報処理することができるはずである」

と考える。

(2)量子通信の開発
――超高速の量子通信で、本格的な宇宙探索が可能に

ついで、もう一つの「量子コンピュータ脳」の応用として、未来の「本命」とみなされているのが「量子通信」である（参考文献3）。

現在のところ、量子通信の開発目的には二つあるとされていて、その一つは「量子超高速通信システムの開発」であり、もう一つは「量子暗号システム（秘密通信システム）の開発」である。そのさい、これらの「量子通信」のうちの「量子超高速通信システム」の手段としては「電子の波束の収縮の原理」の応用が、また「量子秘密通信システム」の手段としてはハイゼンベルクの「不確定性原理」の応用が、それぞれ有効なはずだとされている。

はじめに、このうちの「量子超高速通信システム」についての具体例を一つあげれば、「電子の波束の収縮の原理を応用すれば、量子超高速度通信（瞬間通信）が可能となり、本格的な宇宙探索も可能になる」

と考えられている。これまで「宇宙への進出は人類の夢」とされてきたが、それを本格的に可能にするには「電波通信」に代わる「超高速通信」の開発が不可欠である。なぜなら、月は地球から約三八万キロ離れているから「電波通信」では往復二秒半かかるが、月よりもさらに遠方にある火星では往復四十分もかかるし、天王星や冥王星になると地球の電波が届くまでに片道でも

約四・五時間もかかるからである。そればかりか、隣の銀河のアンドロメダまでは光速ですら片道でも二三〇万光年もかかる。これでは、行くことはおろか、通信すらも絶望的である。

そこで、宇宙への進出のためには「電波」に代わる「超高速手段」の開発が不可欠となる。そのさい、その「本命」とみなされているのが、上記の「電子の波束の収縮」を応用した「瞬間通信」の「量子通信」といわれている。しかし、現状では量子通信は素粒子間の相関現象を制御できないため、技術としての応用は物理的には不可能であろうとの考えが支配的であるという。

とはいえ、人類のこれまでの歩みをみると、有史以来、人類がこれまでに開発してきた数々の科学は、それぞれの時代の要請に応えるように「不可能を可能」にしつつ着実に「進化」し続けてきた。

とくに二〇世紀に入ってからは、人類の「宇宙進出」に歩調を合わせるかのように「量子論」が登場し、それに基礎をおく科学技術の進化はまさに驚異的であり、それもまた、私には「人類の本格的な宇宙進出への予兆」であるかのようにも思われる。

(3)秘密通信システムの開発

一方、「秘密通信システムの開発」の場合についていえば、ちなみに、「量子論の不確定性原理を応用した秘密通信システムによれば、人間が情報を盗撮または盗聴しようとすれば、その意思そのものが瞬時にそれらの情報を役立たせなくする」というものである。ただし、この「秘密通信システムの開発」に関しては現状ではまだ具体的な方法は明らかにされていない（参考文献４）。

⑷量子テクノロジーの異常進化と人類の定向進化の危険性

このように、「量子コンピュータ」に象徴されるような「量子テクノロジー」の進化は「驚異的」であるが、それは同時に、別の意味では「脅威的」でもあるといえよう。事実、その「脅威」の「予兆」はすでに現在の「ノイマン型の人工知能」の進化においてすらみられるようになってきた。

一般に、「人工知能」を「人間の頭能」にたとえて比喩すれば、これまでの「人工知能」は「人間の頭脳」の「左脳の機能」、なかんずく「計算機能」を代替してきたといえよう。

ところが、最近の「人工知能」の進化はその「左脳の機能」の「計算機能」に加え、「右脳の機能」の「心の機能」の「総合認識機能」や「直観機能」（閃き）や心理機能までも代替するようになりつつあり（その具体例が、先にも述べた囲碁における人間とコンピュータとの対戦にもみられるような心理作戦など）、そのうち現在の「ノイマン型の人工知能」ですら人間にとって最も重要な「右脳の機能」の「心の機能」までも代替するようになるのではないかと「危惧」されるまでになってきた。

現在の「ノイマン型の人工知脳」ですらそうであれば、その「ノイマン型の人工知脳」をはるかに超えると予想される「量子コンピュータ型の人工知脳」が開発されれば、その「危惧」たるや計りしれないものになるであろう。その意味は、

「量子人工知脳の、人間の倫理観までも脅かすような異常な定向進化は、そのうち、人間にとって最も大切な人間の心までも支配するようになるのではないかとの危惧」

である。より詳しくは、私見では、

「超スーパー・コンピュータの人工知脳に象徴されるような量子テクノロジーの異常な定向進化が、やがては人類そのものの倫理観からも大きく外れて定向進化を引き起こし、人類自体を破滅の危機に追いやるのではないかとの危惧」

である。とすれば、

「量子テクノロジーの開発にあたってなによりも大切なことは、人間をして人間たらしめるための人間倫理、それゆえ人類の定向進化を阻止するための人間倫理の先行こそが不可欠である」

ということである。

以上、「心の文明ルネッサンス」を象徴する「量子社会」を支える「量子テクノロジー」の現状と未来」についてみてきたので、以下の諸節では、そのような「量子テクノロジー」を背景として登場してきた「量子社会」の「量子宗教」や「量子医学」や「量子農業」（いずれも著者造語）などについても私見を述べる。

二　量子宗教

――量子論に立脚した量子宗教の時代がやってきた

量子論の見地から、私は、

「この世のありとあらゆるものは、全て自分の心（意識）がつくり出している想念の世界の産物であるから、自分の心（祈り）によって現実を自分の願いどおりに創造することさえできれば、願い（祈り）は実現される」

と考える。ゆえに、このような見地に立てば、

「祈りとは単なる宗教儀式ではなく、現実を創造し願望を実現するための量子論的手法（科学的手法）である」

ということにもなろう。

一般に、「祈り」とは、宗教が対象とする至高の存在（神や佛）に向けて、人間が願い（思念、想念）を集中し、その実現を願うことであるが、その「祈り」が古代から現代に至るまで営々と継承されてきたという事実こそは、人間が、

「祈りは願望を実現する」

すなわち、より一般的には、

「思念は現実を創造する」

ことを暗黙裏に認めてきた（信じてきた）証であるといえよう。


このことを再び「量子論の立場」（科学的な立場）からいえば、私は、

「祈りには電子の波動（エネルギー）が大きく関与しており、祈りがその電子の波動を介して電子の粒子（物性）に作用すると、それが電子の粒子（物性）に変化を生じさせ（量子効果）、物性の創生や消滅に関与することになるから、そこに願望の事象が生まれ（波束の収縮）、それによって祈りは実現する」

と考える。

このようにして、私は、

「量子論によって、祈りは願いを実現することが科学的に立証される」

と考える。これこそが、私がここにいう、

「量子宗教」

の意味である（参考文献5）。


しかも、そのことを二〇〇〇年も前に形而上学的に説いたのが、次のキリスト教の『新約聖

書』の聖句にいう、

『イエス答えて言い給う。神を信ぜよ。誠に汝《なんじ》らに告ぐ、人もし此《こ》の山に「移りて海に入れ」と言ふとも、其《そ》の言うところ必ず成るべしと信じて、心に疑はずば、その如《ごと》く成るべし。この故《ゆえ》に汝らに告ぐ、凡《すべ》て祈りて願う事は、すでに得たりと信ぜよ、然《しか》らば得べし』（『新約聖書』「マルコ伝」第一一章、二二～二四節）

であるといえよう。

同様に、佛教の法印でも、

「三界（現世）は唯心《ゆいしん》の所現」

と説いているが、その意味は、

「この世（現世）は、自分の心が創り出した心（想念、意識）の世界そのものである」

ということであるから、この佛教の法印もまた量子論の主張する、

「この世は人間の心が創り出した想念の世界そのものであるから、人間の心（願い、祈り）によって、この世（現実）を創造する（変える）ことができる」

というのと全く同じである。ゆえに、ここでもまた私は、

「東洋の神秘思想（佛教）の鋭さ」

を思い知らされることになる。

このようにして、「量子論」によって、

「祈り（意識）は、願い（事象）を実現する」

ことが立証されることになろう。


以上のようにして、私は「祈りは願いを実現する」ことが「量子論」によって立証されると考えるが、このことをさらに視点を変えて「量子論」の「相補性の原理」の見地からもいえば、私は、「この世の運命と相補関係にあるのがあの世の宿命であるから、人が祈りによって、あの世の宿命を変えれば、それと相補関係にあるこの世の運命も変えられる」

と考える。このようにして、私は、

「祈りは、願いを実現する」

と考える（参考文献6）。


以上を総じて、私は自身のいう「量子宗教」の観点から、

「祈りとは単なる宗教儀式（形而上学の問題）ではなく、人間が現実を創造し願望を実現するために必要な科学的手段（形而下学の問題）でもある」

と考える。とすれば、私は、

「量子宗教とは、従来の思弁的な宗教を理論的な宗教へと止揚《しよう》するために必要な科学である」

と考える。

以上が、私の「量子宗教」についての見解である。

三　量子医学
――量子論に立脚した量子医学の時代がやってきた

いうまでもなく、人間は身体（肉体）だけでできている生物ではなく、心と身体とが一体となってできている「心身一如《しんしんいちにょ》の生物」である。ということは、人間の病《やまい》もまた「身体だけの病ではなく、心の病でもある」、いわば「心身一如の病」ということになる。いな、人間の場合は、むしろ、

「身体の病の多くは、心の病が原因で発症《はっしょう》する」

とさえいわれている。そのことをうまく表現している言葉が、

「病気（病は気から）」

との表現であろう。私が、ここにいう、

「量子医学（著者造語）とは、そのような心身をともに重視する心身一如の医学」

のことである。ゆえに、それは「理念上」は従来の「心身一如の東洋医学」とも「軌を一にする」ことになろう。とすれば、私がここにいう、

「量子医学とは、そのような心身一如の東洋医学を量子論の観点から科学的に、より進化させよ

うとする未来医学のことである」

ともいえよう。さらにいえば、

「量子医学とは、従来のような人間の心を無視ないしは軽視し、人間の肉体のみの治療を重視する心身二元論の現行のマクロの医学ではなく、人間の心も肉体も、ともに重視して治療する心身一元論のミクロの未来医学のことである」

といえる。

以下では、そのような「量子医学」について私見を述べるが、そのためにはなによりもまず「心身二元論」の「西洋医学の現状」（その問題点）について知っておく必要がある。

1　WHOに出された新提案

歴史を振り返ると、

「あれが時代の変わり目であったとか、あの提言がきっかけで時代が変わったとかなどの特別な年が必ずある」

ということである。ドイツ振動医学推進協会のヴィンフリート・ジモンによれば、「一九九八年」もまたそのような「特別な年」の一つになるであろうという。なぜなら、その年に開かれたＷＨＯ（世界保健機関）の執行理事会で、次のような「重大な提案」が出されたからである。というのは、それまでＷＨＯでは「健康」について、

『健康とは、肉体的にも、また社会的にも、完全に良好な状態であり、単に病気でないとか、病弱ではないということではない』

と規定されていたのを、一九九八年のＷＨＯの理事会に出された新提案では、

『健康とは、肉体的にも、精神的にも、霊的にも、社会的にも完全に良好な活動状態であり、単に病気ではないとか、病弱でないということではない』

と規定し直した新提案が出されている。

とすれば、ここで何よりも注目すべき重要な点は、

「この新しい提案では、健康の定義に関して、新たに精神的（メンタル）や霊的（スピリチュアル）という心に関わる文言を追記している」

ことである。その意味は、この新提案は、

「心身二元論の現代西洋医学にとっては、これまではタブー視されてきた精神や霊魂などの心に関わる文言が、二一世紀になってからは現代西洋医学の健康の定義に新たに追記すべきではないかとしている」

ということである。とすれば、私は、この新提案こそは今後、

「現代西洋医学に対し、決定的に重要な変更を迫ることになる」

と考える。なぜなら、

「心身二元論の現代西洋医学では、これまで心の問題を取り扱うことは固く禁じられてきた」

からである。その意味は、

「心身二元論のキリスト教文明の下での現代西洋医学では、これまで心の領域は神の領域であり、医学がそこへ立ち入ることは決して許されなかった」

からである。ところが、このWHOへの新提案は、

「大胆にも、その長く禁じられてきた扉を開け放つべきだと提言した」

ことになろう。いうまでもなく、私は、その背後には、

「時代の大きな潮流として、従来の心身二元論の西洋の物質文明（身体重視の文明）から、これからの心身一元論の東洋の精神文明（心重視の文明）への転換という、新しい時代の流れとしての心の文明ルネッサンスが興《おこ》っている」

と考える。

ただし、残念なことに、一九九八年になされたこの新たな提言は、その後、審議されずに「採択は見送られたまま」とされているという。もし、そうであれば、現代西洋医学は依然として従来の「心身二元論の医学」に止まったままで、「心身一元論の未来医学」の「量子医学」への進化の機は熟していないということになろう。

2　脳死臓器移植は心の医学に反する

周知のように、西洋医学によって始まった「脳死臓器移植」では、

「人間にとって最も重要な人の死が、脳死という一個の臓器の脳のみの死によって決定され、そ

れによって臓器移植が可能になった」

ということである。その意味は、

「西洋医学では、人間にとって最も大切な命の問題が、脳死という一つの臓器レベルの死のみで考えられている」

ということである。その結果、

「脳死をもって、人の死とする」

との「死の定義」が「医学的」に認められ、しかもそれを根拠に「法的」にも、

「脳死という一つの臓器の脳の死のみをもって人の死とする」

との「死の定義」が確定した。

しかし、私はこのような意味での「臓器移植」には反対である（参考文献7）。なぜなら、脳にかぎらず、あらゆる臓器は心身二元論の西洋医学がいうような「心を持たない単なる肉体としての臓器」ではなく、心身一元論の東洋医学がいうような「心を持った肉体としての臓器」であると考えるからである。そのことは、ちなみに、

「臓器移植のさいに見られる患者の拒絶（免疫）反応が、それを如実に実証している」

といえよう。つまり、私がここでいいたいことは、

「臓器移植のさいに見られる拒絶（免疫）反応は、心を持った患者の臓器が、心を持った他人の臓器を受け入れることを固く拒絶しているからではなかろうか」

ということである。その証拠に、

「患者本人のｉＰＳ細胞でつくられた臓器の、患者本人への臓器移植では拒絶（免疫）反応は起こらない」

といわれている。そのことは、先にも繰り返し述べたように、

「電子からなる万物は、臓器をも含めて、全て心を持っているとする量子論の見地からも理論的に立証される」

といえよう。

二〇一六年に、

「全ての臓器は心を持っている」

との、海外での「臓器移植に関する注目すべき実例」についての報道があった。それによると、

「心臓の臓器移植を受けた患者の性質（心）が、臓器移植を受けた後に、すっかり臓器提供者の性質（心）に移り変わり、別人格になった」

という二つの事例についての報道であった。もし、それが事実であるとすれば、

「臓器移植という医療行為は、臓器移植を受けた患者の心までも変え、患者をして別人格にしてしまう」

ということになる。その意味は、

「臓器移植は、宇宙の意思（神の心）によって与えられた、人間にとって最も大切な個人の人格

（存在価値）までも奪い去るという倫理上の重大問題を引き起こす」

ということである。とすれば、それは明らかに、

「宇宙の意思（神の心）に反する重大な行為」

ということになろう。それゆえ、私は、

「脳死をもって人の死とするとの脳死臓器移植の定義には、重大な倫理上の問題がある」

と考える。

3　未来医学は心身一如の量子医学を目指すべきである
――宇宙の因果律に従い、肉体の病の原因である心の病の治療を先行すべき

そこで、このような見地から「現行の西洋医学の治療のあり方」について重ねて私見をいえば、私は、

「病気とは、宇宙の因果律（原因があって結果がある）によって、見えないミクロの世界の心の病が原因で、その結果として、見えるマクロの世界の肉体の病が発症するのに、これまでの西洋医学では、そのような宇宙の因果律に反して治療順位を逆転させ、結果である肉体の病の治療を先行させ、原因である心の病の治療を後回し、ないしは無視してきたところに誤りがあるのではなかろうか」

と考える。それこそが、ちなみに、

「西洋医学の医者は、見える患者の臓器を診ても、見えない患者の心は診ない」

などと揶揄される所以であろう。それゆえ、私は、

「来たるべき未来医学は、宇宙の因果律に従い、原因となる心の病のミクロの治療の素粒子医学を先行させ、結果となる肉体の病のマクロの治療の現代医学がそれに続くように、その研究順位を正常化させ、しかも両者の統合によって、心身一如の新しい未来医学としての量子医学を目指すべきではなかろうか」

と考える。それこそが、私の願いとする、

「未来医学としての量子医学の真の姿である」

といえる。このようにして、私がここで最も主張したいことは、

「二一世紀に入ってからは、第二の心の文明ルネッサンスによって、従来の物のみを重視する物心二元論の西洋物質文明から、新たに物も心も重視する物心一元論の東洋精神文明への大転換が必ず起こるから、医学の分野においても、それに合わせて、従来の肉体のみを重視する心身二元論の西洋医学から、新たに心も肉体も、ともに重視する心身一元論の未来医学としての量子医学への大転換が必要である」

ということである。重ねていえば、

「未来医学は、従来のような人間の心の治療を無視ないしは軽視し、人間の肉体の治療のみを重視してきた心身二元論の西洋の現代医学ではなく、人間の心も肉体も、ともに重視する心身一元論の素粒子医学としての量子医学でなければならず、それこそが新しい心の文明ルネッサンスの時代における新しい医学の姿ではなかろうか」

ということである。

4　量子医学の具体例

そこで、私見として、そのような「量子医学」と思われる医学を「既存の医学」（在来医学）のうちから二つあげるとすれば、その一つが「東洋医学」の「気功医学」であり、他の一つが「西洋医学」の「波動医学」であろう。

ゆえに、以下、これらの二つの医学について、「量子医学の観点」から私見を述べるが、もちろん私としては、本格的な「未来医学」としての「量子医学」の研究は、これらの医学を契機に始動し、今後大きく発展することを切に願っている。

(1)気功医学

私が、本項において「在来医学」の「量子医学」の一つとして「気功医学」を取り上げるのは、上記のように、量子論の観点から、

「気は電子の波動エネルギーであり、それは身体と精神、それゆえ肉体と心を結びつける心身一如化の役割を果たしているばかりか、瞑想を通じて東洋の神秘思想（佛教など）の形成にも深く関わっており、極めて量子論との関係が強い」

と考えるからである（参考文献8）。

中国の数千年にわたる長い歴史と深い英知によって築き上げられてきた「中国健康術」は、中国の深遠な哲学の「陰陽思想」（太極の思想）が基本となっている。ここに、「陰陽」とは「陰と陽の二種の気・波動」を意味しているが、中国では古来より、「万物の化成（生成）は、陰陽二種の気の消長による（それゆえ量子論にいう量子効果による）」とされてきた。二世紀の初頭に書かれた許慎《きよしん》の『説文解字』によれば、「気」の原形は「⺀」で、雲が風に流される様を表した「雲気の象形」とされ、その「気」の本体は「空気」ないしは「気体」とされた。

そして、人間はその「気」を呼吸することによって心身を養うことができるから、そこから気分、気合、気力、気迫、気概、気魄、気息、浩然の気などの言葉が生まれたとされている。

では、現在では「気」はどのように考えられているのであろうか。以下においては、私はその「気」を「量子論」（電子の波動）の見地から「身心の統合媒体」とみて明らかにすることにする。

周知のように、日本では近代西洋医学が導入された明治以来、「脱亜入欧の思想」の下に、「気の研究」をも含めて「東洋医学の研究」が完全に否定された。それは、明治期に西洋医学を導入した当時の日本の大学医学部の権威者たちが「漢方撲滅運動」を推進したからである。

それによって、東洋医学は学界から完全に閉め出されることになった。加えて、明治政府からも漢方医に対して「気の経路の存在を認めるべからず」との布告が出され、その結果、日本では東洋医学は「気の研究」をも含めて、この時点で完全に「封印」され、「過去のもの」となった。

ところが、戦後になって東洋医学が見直されるようになり、「気の存在」や「気の経路」についての「科学的な研究」が盛んになってきた。

なかでも、西洋医学の研究者たちが着目しているのが「皮膚電流の研究」であるが、これに関連して「生理心理学」ではとくに「電気性皮膚反射」（ＧＳＲ）と呼ばれる現象が注目されるようになってきた。

というのは、この「電気性皮膚反射」は別名「精神電気反射」とも呼ばれ、「心理作用」、なかんずく「情動」（心）とも深い関係があることが明らかにされたからである。その証拠に、この「電気性皮膚反射」は「嘘発見器」などにも利用されている。

加えて、一九七九年には中国の蘭州大学の生理学者の剣博士が、「気のエネルギー波動」を「電圧セラミックセンサー」にかけ、「気」を素粒子と同じ「粒子」（電子）として捉える実験に成功したといわれている。とすれば、この実験は「量子論」にいう「電子の波動性と粒子性」（量子性）を科学的に検証した重要な研究ということにもなり、私は、この面からも、

「気の研究を新しい気功医学として、量子医学の観点からも改めて科学的に取り上げる必要がある」

と考える。

ただし、私がここで「気功医学」を「量子医学」として取り上げるさいにとくに注意しておき

たい点は、

「気功医学にいう電気性皮膚反射の研究は、情動作用（心）が身体の生理的側面（肉体）に何らかの反応を引き起こさせていることを実証するためのものであり、情動作用（心の作用）を物質作用（電流）に還元するための物質還元論では決してない」

ということである。その意味は、

「電気性皮膚反射は、心の存在を実証するものではあるが、心の働きを定量化するものでは決してない」

ということである。いい換えれば、

「心身を分離して捉える西洋医学の心身二元論の立場からすれば、心理作用と生理作用は無関係であるから、西洋医学では心理作用も、結局は心と関係のない肉体に基礎をおく生理作用に還元して捉え（物質還元論）、それを定量化して客観化しようとするが、それは誤りである」

ということである。なぜなら、

「心理作用（心の働き）は、各個人がその内面において感じる不可視なものであるから、それのみを取り出して可視化（定量化）し、誰にでも認知できるようなかたちで客観化することなど決してできない」

からである。それを比喩すれば、

「誰にでも認知できるような客観的な幸福度計（心の温度計）など決してつくれない」

ということである。

これに対し、

「気功医学にいう電気性皮膚反射の研究は、心身二元論の西洋医学では決して説明できないような、人間の深層心理（情動、心）の存在を、気という未知の量子（電子の波動）を通じて、身体の作用（生理作用）と関連させて実証しようとする心身一元論の量子医学の一分野である」

といえよう。私が、

「気功医学をして量子医学と呼ぶ所以はここにある」

といえる。このようにして、私は、

「気が未知の波動エネルギー（電子の波動エネルギー）として生体内に潜在し、それがいわゆるエネルギー移動の法則と同じような法則に従って、外界の未知の波動エネルギー（電子の波動エネルギー）とエネルギー交換をしていると考えれば、人間と人間の間（生体相互間）、および人間と物質の間（生体と環境の間）に、既知のエネルギーとは全く別の、未知の気の波動エネルギー（電子の波動エネルギー）が還流しているとみて間違いない」

と考える。

以上を要するに、私の「気功医学」についての考えは、

「本来、正常な人間は、無意識のうちに自力で正常な気（正常な波動エネルギー）を体外（外部の環境）から取り入れ、それに体内の気（波動エネルギー）を同調させて健康を保っているが、その体内の気（波動エネルギー）が何らかの原因で狂うと病気になるから、その乱れた体内の気

（狂った波動エネルギー）を、外部から正常な気（正常な波動エネルギー）を送ることによって、それに同調させて治す、すなわち気をもって気を制する医学が気功医学である」

ということになる。それゆえ、「気功医学」は、基本的には、次に述べる「波動医学」と全く同類の「量子医学」とみてよかろう。

加えて、ここでもう一つ、私が特記しておきたい重要な点は、

「気功法のうちの瞑想気功（静功）とは、瞑想の訓練によって気（波動）の流れを心理的にコントロールする方法（量子論でいえば、瞑想の訓練によって電子の波動をコントロールする方法）であり、しかもそれは東洋人に特有の瞑想による東洋の神秘思想（深層心理）とも深く関係している」

ということである。その証拠に、東洋の神秘思想家の「孟子」は、

「気は瞑想によって制御できる」

と説いた。ということは、もしもその「気」を量子論にいう「電子の波動」として「瞑想」によって捉えることができれば、

「電子の波動は、人間の意識（瞑想、心）によって制御できる」

ということであり、それは私が先に、

「祈りは願いを実現する」

と説いた「量子宗教」の考えとも完全に一致することになろう。私が、

「気功医学を量子医学の一つとして取り上げる理由はここにもある」

といえる。このようにして、私は、

「東洋医学の気功医学は、心身を分離して肉体のみを治療する西洋の心身二元論の肉体医学とは異なり、心（電子の波動）と肉体（電子の粒子）を一緒に治療する量子効果に基づく心身一如の、いわば量子医学であるから、二一世紀の未来医学はそのような量子医学へと進化すべきである」

と考える。つまり、私の提言は、

「これからの未来医学は、これまでの西洋の身心二元論の医学を超えて、東洋本来の身心一元論の医学に立ち返り、しかも新しい量子医学へと進化すべきである」

ということである。それればかりか、このことをより敷衍して、私は、

「生命観や死生観についても、これまでのような肉体のみの観点に立った生命観や死生観ではなく、量子論（気の理論、波動の理論）の説く心の観点に立った新しい生命観や死生観への道を開くべきである」

と考える。

(2) 波動医学

以上が、私のいう現行の「量子医学」の一つとしての「気功医学」であるが、同じく次に私のいうもう一つの現行の「量子医学」としての「波動医学」についても私見を述べる。波動研究家の江本勝氏によれば、

「波動（振動）があるところには必ず共鳴磁場が生じる」

といい、同氏はその「共鳴磁場」の「測定器」である「ＭＲＡ」（Magnetic Resonance Analyzer）を使って「波動研究の分野」で多くの成果をあげていた。しかも同氏によれば、

「二一世紀の医学は、この波動の理論に基礎をおいた波動医学（私のいう量子医学）へと必ず進化する」

という。すなわち、同氏によれば、

『現代医学が、病の本当の原因をいまだに究明できないのは、その観測ポイントの粗大さにある』

という。すなわち、同氏によれば、

『現代生物学や現代医学は、最近になってようやく分子レベルの研究にまで到達したが（その一例が、ちなみに「分子生物学」など：著者注）、そのレベルではまだ病気の本当の原因は究明できない。それよりもさらに小さい万物の根源である超ミクロの世界の量子レベルまで掘り下げた医学によって、はじめて病気の本当の原因が究明できる』

という。そういえば、

「現代の最先端医学のｉＰＳ細胞の研究（治療）ですら、まだ見える細胞レベルでの研究（治療）であり、見えない量子レベルでの研究（治療）に至っているとはいえない」

といえよう。私が、

「二一世紀の未来医学は量子医学であるべきである」

と主張するのもそのゆえである。

そして、江本氏によれば、そのようなミクロレベルの医学の一つが「ホメオパシーの原理」に理論的根拠を示した「波動医学」であるという。

ここに「ホメオパシー」とは、「毒々療法」とか、「同毒療法」とか、「同種療法」などと呼ばれる治療法のことであるが、それは「医学事典」では、

『健康な人に、ある薬剤を大量に与えておくと、病気になったとき、その病気の症状を同じ薬剤の少量を用いいただけで治すことができる場合があるが、これは「類似物の法則」とも呼ばれ、格言の「類似物をもって類似症は治癒《ちゆ》される」「毒をもって毒を制す」という意味の治療法である』

となっている。具体的には、

『ある人がある毒物によって病気になった場合、その人がその毒物を事前に大量に飲んでいた場合、それと同じ毒物を水に希釈《きしやく》してその人に少量与えるだけで毒素が消えて回復するという療法である』

とされている。この療法はいまから二五〇〇年も前からすでに行われていたといわれているが、近代医学の成立によって表面的には消えてしまっていたという。ところが、最近になってこの療法は「波動医学」の面からまた見直されるようになってきたといわれている。なぜなら、

「波動医学は、このホメオパシーの原理を理論化した医学である」

からである。その理論的根拠は、

「人間の臓器はどの臓器も、固有の波形を持った波動を出しているから、病気になった人の臓器が出す固有の波形と同じ形の、しかもその山と谷が逆の波形の波動を波動器機から出すことによって、病気になった臓器の波動を波動器機から出す波動によって中和し、病気を消す。すなわち波動をもって波動を制する」

ということである。それを比喩すれば、

「騒音を押さえたい場合（静かにしたい場合）、その騒音の波形の山と谷の形を調べ、その音と類似の波形で、しかもその山と谷が逆の波形の音を出すことによって、騒音を中和して打ち消す（音をもって音を消す）」

のと同じである。

ゆえに、この比喩を敷衍して、「波動医学治療」についての私見をいえば、すでに明らかにしたように、量子論によれば、

「患者の出す波動は患者の気エネルギー（心）であるから、患者の波動（心）を波動器機によって正常な波動（心）にコントロールして、患者の気（心）をもって気（心）を制す」

ということになろう。それゆえ、

「波動医学は心の医学の量子医学である」

といえよう。

このようにして、結局、私見では、

「生命の素となる生命の波動の心の波動を、気によってコントロールして治療に役立てるのが気功医学であり、波動器機によってコントロールして治療に役立てるのが波動医学である」

ということになる。

一九九二年に、北里大学医学部分子生物学研究室の中村国衛氏らが、「波動医学」の学術誌の『磁気共鳴と医学』（Vol.3、一九九二年）において、はじめて「共鳴磁場分析器」（Maginetic Resonance Analyzer＝ＭＲＡ）の「診断学的適用および病態解析における有用性」を報告した。この器機は、現在では病態解析の他に、生化学や薬理の面で有効物質や有害物質の解析装置としても利用されているが、

『共鳴磁場分析器の原理は、生体内に発生する量子的な波動を磁場の変化として周波数で捉え、それをホメオパシーの原理に立って治療に役立てることにある』

とされている。もちろん、このようなことは「量子論」を前提としないかぎり決して考えられないことであるから、私はここでも、

「波動医学の出現は、二一世紀の医学のニューパラダイムとしての量子医学の到来を予兆するものである」

と考える。

この共鳴磁場分析器の「ＭＲＡ」の仕組みは、あらゆる物質の「正常な固有波動」としての「正常な固有の量子的波動」の「周波数」を全て事前に「正常値」として「記号と数値でコード

化」して器機に入力しておく。

そして、調査したい物質（テスト物質）をその器機の上におき、両者の波動の「整合性」を「周波数」によってチェックする。そのさい、テスト物質の持っている「固有振動」（固有周波数）が、器機に事前に入力されている同じ物質の「正常な固有振動」（正常な固有周波数）と一致すれば、そのテスト物質は「正常な物質」と判断されるが、一致しなければ「非正常な物質」と判断されることになる。

そこで、この波動医学を実際に治療に用いるには、先にも述べたように「波動」は「心」であるから、

「病人から発している乱れた波動（乱れた心）を、正常な波動（正常な心）を記憶させておいた共鳴磁場分析器から発した正常な波動（正常な心）と共鳴（中和、調和）させて、波動（心）をもって波動（心）を制し、病人を正常な波動（正常な心）にして治癒すればよい」

ということになろう。あるいは、このことを「量子論」の立場からもいえば、

「波動と粒子の関係は、人間についていえば心と肉体の関係にあたり、しかも肉体（粒子）は心（波動）によって成形されるから、その心を調整することによって肉体をも治せばよい」

ということになろう。とすれば、

「波動医学とは、人間の肉体（身体）を正常な状態に保つための波動（心）の共鳴理論を利用した心身一如の量子医学である」

ともいえよう。あるいは、

「波動医学はホメオパシー理論に立った量子医学である」

といってもよかろう。そこで、ちなみに、この「量子医学」による「癌《がん》の治療」についていえば、

「癌は、その狂った波動エネルギーが身体に反映されたものであるから、波動医学ではその狂った癌の波動エネルギーを波動送波器で波動調整することによって正常な状態に戻し、患者の心の治癒力によって患者の肉体をも治癒する」

ということになる。このようにして、

「波動医学の最大の特徴は、先ず患者の病気が出す様々な乱れた波動の周波数を波動送波器によって検出し、ついでそれらの乱れた波動の周波数に対する正常な波動の周波数を波動送波器から送り出し、しかもその状況を数字によって実際に目で確認しながらコントロールし、それによって患者の生命エネルギーを波動調整し、患者をして心身一元論の観点から科学的に自然治癒させる」

ということにある。

もともと、人間の機能には「自然治癒力」がある。しかし、その機能は人間の「波動」（感情、心）によって良くも悪くも影響を受ける。ということは、

「波動は心であるから、波動（心）の良し悪しによって心身一如の身体は良くもなれば悪くもなる」

ということである。このことを「量子論」の観点からいえば、「人間は、心という波動と、身体という粒子によって結ばれて生命を得ている心身一如の生命体であるから、波動（心）が乱れれば粒子（肉体）も乱れて悪くなる」ということである。このようにして、私のいいたいことは、要するに、「波動医学とは、人間の身体（粒子）を正常な状態に保つための、心（波動）の共鳴理論に依拠したミクロレベルの心身一元論の量子医学の一種である」ということである。

現代の西洋医学は、いわば心臓や肝臓や腎臓や胃や肺や脳などの「個々の臓器の治療」のみを対象とした「専門レベルの臓器医学」としての「マクロレベル」の「心身二元論の肉体医学」であるといえよう。

いま、そのことを「癌の治療」についていえば、現行の西洋医学は「癌の姿」（癌の組織）をCTやMRIやレントゲンなどを使って「マクロレベル」で見つけ出し、それを「マクロレベル」の手術によって切除したり、放射線で破壊したり、抗癌剤で死滅させたりする「肉体」（癌）とのみ「対決」し、「患者の心」を「無視」した「マクロレベルの心身二元論の肉体医学」であるといえよう。

これに対し、波動医学での「癌治療」は「狂った波動」を出す癌細胞を共鳴磁場分析器を使って「ミクロレベル」で見つけ出し、その癌細胞の出す「乱れた波動」（乱れた心）を共鳴磁場分析器を使って「ミクロレベルで波動調整」して「自然治癒」させる「心身一如の素粒子レベルの量子医学」であるといえよう。

ゆえに、私は、このように、「素粒子の電子の波動を治療に用いる量子医学が可能であるとすれば、同じく素粒子の光の波動を治療に用いる量子医学もまた可能である」と考える。ちなみに、「光の波動による癌の治療」なども可能であると考える。なぜなら、「光も、電子と同様、粒子と波動の量子効果を持っている」からである。

なお、ここで参考までに付言すれば、このような「共鳴磁場分析器」を使った「波動医療」（私のいう量子医療）の恩恵を受けている患者は、すでにドイツやフランスなどのヨーロッパ諸国では多数いるといわれている。

しかし、日本ではその歴史が浅く、したがって「波動医療」の「実績」も少なく、「信頼性」においてもいまだ「不明」であるとして、現時点では「保険医療の対象」にもならず、「民間医療」とし「軽視」ないしは「無視」されている。しかし、私がここで強調したいことは、「病気の究極的な根源をミクロレベルで探り出し、それをミクロレベルで治す、私のいう素粒子医学としての量子医学こそは、二一世紀の医学を象徴する究極の未来医学ではなかろうか」ということである。

5 現行医学の反省点と未来医学の進むべき道
――患者の生命力となる波動を量子レベルで調整して治す心の医学

以上を要するに、私は、

「来たるべき未来医学は、宇宙の因果律に従い、病気の原因となる心の病のミクロの治療の素粒子医学を先行させ、病気の結果となる肉体の病のマクロの治療の現代医学がそれに続くように、その研究順位を正常化させ、しかも両者の統合によって、心身一如の新しい未来医学としての量子医学を目指すべきである」

と考える。それこそが、

「私の願いとする未来医学としての量子医学の姿」

である。

ゆえに、これより私のいいたいことは、結局、

「二一世紀になると、心の文明ルネッサンスの台頭によって、医学の分野でも従来の肉体のみを重視する心身二元論の医学から、新たに、心も肉体も共に重視する心身一元論の未来医学としての量子医学への大転換が必ず起こるはずであるから、いまのうちから、それに向けて挑戦すべきである」

ということである。残念なことに、

「見える世界の肉体のみの科学医療を主として対象とするマクロの医学の現行の心身二元論の近

代西洋医学の立場からは、いまなお、見えない心に関わる医学の気功医学や波動医学などは科学ではないとして無視されている」

ということである。なぜなら、

「心身二元論の見えるマクロの世界の科学に依拠する現行の西洋医学では、見える肉体のみを治療対象とするかぎり、科学としての論証性も実証性も再現性も通用するが、見えないミクロの世界の心を治療対象としようとすれば、その途端に科学としての論証性も実証性も再現性も通用しなくなる」

からである。

ところが、先にも述べたように、二〇世紀に入ってからは物理学が急速に進歩し、科学者たちは「物の世界」を構成する「究極の要素」を求めて「超ミクロの世界」の「素粒子の世界」の究明へと向かったが、それがやがて「心の問題」に関わる「量子論」（量子論的唯我論）の大発見へとつながった。このような観点から、上記では私のいう「量子医学」としての「波動医学」について私見を述べた（参考文献9）。

以上が、私のいう「未来医学」としての「量子医学」についての見解であるが、私がここで改めていいたいことは、

「現行の医学は従来の西洋科学の習癖に陥り、マクロレベルの肉体の医学のみに専念し、ミクロレベルの心の治療を無視ないしは軽視する身体還元主義の心身二元論の肉体医学にかぎられてい

る」

　ということである。これに対し、私のいう、

「量子医学は、基本的には心の病と肉体の病を同時にミクロレベルで発見し、両者をミクロレベルで同時に治療する心身一元論の素粒子医学である」

　ということである。ただし、ここで誤解なきよう、とくに断っておきたい点は、いうまでもなく、私は、

「現行のマクロレベルの西洋医学を全面的に否定しているのでは決してない」

　ということである。なぜなら、

「ミクロレベルの量子医学が未発達な現状では、マクロレベルの現行の西洋医学によらないかぎり治癒できない疾病がほとんどであるから、この面での現代西洋医学の先進性と有効性は疑う余地のない事実である」

　からである。それにもかかわらず、私がここであえて指摘しておきたい重要な点は、

「現代西洋医学のこのような先進性や有効性にもかかわらず、その一方で現代西洋医学は科学ではない」

　などと揶揄されているのも事実であるということである。その意味は、

「もしも、現代西洋医学が真の科学であるならば、その治療効果はどの病気に対しても、またどの患者に対してもつねに正確で、『科学』としての『論証性』も『再現性』も『実証性』も保証されなければならないのに、現実は必ずしもそうではない」

ということである。

いま、このことを簡単な比喩によって説明すれば、もしも「現代西洋医学が真の科学」であるならば、その「治癒効果」は、つねに、

１＋１＝２

となって、どの患者に対しても、どの病気に対しても、つねに「正確」で、科学としての「論証性」も「再現性」も「実証性」も完全に保証されなければならないのに、実際には必ずしもそのようにはなっていないということである。

事実、現代西洋医学の「治療効果」は、「患者」によって実に「千差万別」で、「科学」としての「論証性」も「再現性」も「実証性」も完全には保証されていないということである。

このことを先と同じ例で再び比喩すれば、現代西洋医学では、その治療効果は、ある患者に対しては、

１＋１＝２

となって非常に正確であるのに、別の患者に対しては、その治療効果は、

１＋１＝０

となって全くなかったり、逆に、ある患者に対しては、

１＋１＝10

となって「奇跡的」であったりして、決して「正確」でもなければ「客観的」でもないという

ことである。ということは残念ながら、

「現代西洋医学は、科学としての必須条件の『論証性』も『再現性』も『実証性』も完全には保証されていない」

ということである。

では、なぜそのようなことになるのか。それは、いうまでもなく、

「患者は肉体のみを病んでいるのではなく、同時に心をも病んでいる」

からである。その意味は、

「患者は単に肉体（臓器）のみを病んでいるのではなく同時に心をも病んでおり、しかもその心の病の程度は患者個人によって実に千差万別で、肉体の病（臓器の病）の程度以上に大きいこともあるから、その心の病の違い（気持ちの持ち方の違い）が、患者一人ひとりの肉体の病（臓器の病）の治療効果にも大きく影響する」

ということである。そのため、

「患者の肉体の病（臓器の病）の治療にのみ専念し、患者の心の病の治療を顧みない心身二元論の肉体医学（臓器医学）の現代西洋医学には、その治療効果に大きな個人差が生じ、現代西洋医学は科学ではない」

などと揶揄されることになる。

これに対し、

「患者を心（意識、感情）を持った人間（生命体）とみて、心の病と肉体の病（臓器の病）を、ミ

クロレベル（気レベル、心レベル）とマクロレベル（臓器レベル）で同時に癒そうとする心身一元論の量子医学の場合には、患者によって治療効果に大きな個人差がなく、心身二元論の肉体医学（臓器医学）よりは、より客観的（科学的）で、より確実な治療効果が期待されるはずである」

ということである。

このようにして、以上を総じて私のいいたいことは、

「未来医学の原点は、あくまでも患者の心身を形成する素である気（心、波動）を対象としたミクロレベルの医学と、患者の肉体を対象としたマクロレベルの医学とが一体となった心身一如の量子医学でなければならない」

ということである。さらにいえば、

「未来医学はミクロレベルの量子医学を基本とし、それにマクロレベルの現行医学が協力する心身一元論の医学でなければならない」

ということである。

すでに「量子論」によって明らかにしたように、「波動」（気）はその「非局所性」によってマクロの世界の大宇宙からミクロの世界の素粒子の世界にまで充満しているが、その「波動」の「共鳴現象」にはじめて着目したのが、波動医学の創始者のパウル・シュミットである。彼は一九七〇年代前半にすでに「波動共鳴現象」に着目していたといわれている。ということは、彼は、半世紀近くも前に、

「人間の身体（肉体）で波動共鳴現象（生体共鳴現象、バイオレゾナンス現象）が起こると、身体をコントロールしている生命エネルギーに変化が起こる」

ことを突き止めていたということである。それこそが、彼のいう「バイオレゾナンス理論（生体共鳴理論）」である。具体的には、彼は、

「患者（生命体）が出す波動の共鳴現象（生体共鳴現象）を利用して、患者の生命エネルギー（気エネルギー、心のエネルギー）を活性化させ、患者の持つ自然治癒力を高め、患者を病気から回復させる医学としての波動医学に着想していた」

ということである。ゆえに、ここで決して見逃してはならない重要な点は、

「患者の病気回復への道は、現代西洋医学の物理的・化学的な肉体治療のみにかぎらず、量子医学の波動医学による心の治療にもある」

ということである。その意味は、

「患者の病気回復への道は、現行の西洋医学のように手術や放射線や投薬などの手段を使って、病んでいる患者の肉体（臓器）に外部から物理的、化学的な力を加えて病気と闘い、病気を征服しようとする人為的な医療行為の他に、量子論に基礎をおいた、患者を内部から治す素粒子医学としての心の治療もある」

ということである。とすれば、結局、

「量子医学の特徴は、基本的には現行の西洋医学のように、手術や放射線や薬などを武器に物理化学的（技術的）に、見える患者の肉体の病気と闘い、病気を征服しようとするマクロレベルの

医学とは異なり、見えないが患者の生命力（生命エネルギー）となる波動（心、気力）を量子レベルで調整することによって、患者の心を癒して患者の病気をミクロレベルで治すという、現状では奇跡の医学ともいうべき心の医学である」

ということである。

最後に、現状では「奇跡の医学」とも思われる、この「量子医学」をより理解しやすくするために、説明の順序としては前後するが、それを次節に述べる「奇跡の農業」とも呼ばれる「心の農業」の「量子農業」（著者造語）の「ハイポニカ栽培」との関連でも比喩し、本節を総括することにすることにする。ここに、

「ハイポニカ栽培とは、ハイポニカ栽培に関わる栽培者と植物と栽培設備の三者が三次元世界のこの世でそれぞれ発する波動（気、心）が、四次元世界のあの世で高度に同調することによって（量子論にいう量子効果による）、本当に実現する奇跡の農業とも呼ばれる心の農業のこと」

である。そこで、私のいう、この「量子医学」を、その「奇跡の農業」とも呼ばれる「ハイポニカ栽培」との関連でも比喩すれば、

「量子医学とは、量子医学に関わる医師と患者と医療施設の三者が三次元世界のこの世でそれぞれ発する波動（気、心）が、四次元世界のあの世で高度に同調することによって（量子効果による）実現する、奇跡の医学とも呼ばれるべき心の医学のことである」

といえよう。理由は、すでに述べた「量子論からみた絵画の例」を想起すれば、よく理解され

よう。すなわち、重ねていえば、

「量子論からみた奇跡の名画とは、絵画に関わる画家と絵具とキャンバスの三者が三次元世界のこの世でそれぞれが発する波動（気、心）が、四次元世界のあの世で高度に同調することによって（量子効果による）実現する奇跡の絵画のこと」

である。ちなみに、そのよい例がレオナルド・ダ・ビンチの『モナリザ』などにみる「名画」ではなかろうか。


このようにして、最後に私がここでいいたいことは、

「来たるべき東西文明の交代による新東洋文明の心のルネッサンスの到来とともに、今後は医学分野においても奇跡の医学とも呼ばれるような心の医学の新しい量子医学が次々と誕生することを強く待ち望んでいる」

ということである。

以上が、私の「量子医学」についての見解である。

四　量子農業（波動農業）
――量子論に立脚した量子農業の時代がやってきた

以上、「量子論」の見地から、「量子医学」（著者造語）の一つと考えられる「気功医学」と「波動医学」について私見を述べたが、ついで同じく「量子論」の見地から、「量子農業」（著者造語）の一つと考えられる「波動農業」としての「気の農業」（いずれも著者造語）の「ハイポニカ栽培」（野澤氏造語）についても私見を述べる。その意図は、

「量子農業こそは、来たるべき人類の食料危機を救い、環境保全にも貢献できる奇跡の未来農業である」

と考えるからである。

1　ハイポニカ栽培にみる「気の農法」
――一本のトマトに一万五〇〇〇個の実がなる

ここに「ハイポニカ栽培」とは別名「水気耕栽培」とも呼ばれ、従来の「露地《ろじ》農法」の常識を完全に打ち破り、植物を「露地」（土壌、泥、ドロ）から完全に離れて、「水」と「空気」と、そ

れらから発する「波動」（気）だけで「人工的」に育てる、従来には全くなかった「特殊な水耕栽培」で、まさに「波動農法」と呼ぶのに相応しい「気の農法」のことである。そのことを象徴するために、この農法は「水耕栽培」の英語名の「ハイドロポニクス」という用語から、「ドロ」（泥）を取り除いて「ハイポニカ栽培」と呼ばれているが、この農法の開発者も命名者も、ともに野澤重雄氏である。

この農法の内容は同氏の著書の『生命の発見』（PHP研究所）によって一九九二年に公表されたが（参考文献10）、その実態も同年開催された「つくば万博」において実際に公開され、多大な反響を呼んだ。

この「ハイポニカ栽培」はこの後、明らかにするように、実に驚くべき農法で「奇跡の農法」とも呼ばれているが、その特徴を一言すれば、私は、

「ハイポニカ栽培こそは、従来の露地農法である土地農法をはるかに超えた、植物を波動（気）のみで栽培する、いわば波動農法、気の農法、心の農法、それゆえ量子農法（いずれも著者造語）とも呼ぶべき農法である」

と考える。なぜなら、

「ハイポニカ栽培こそは従来の露地農法とは全く異なり、植物栽培にあたり、土地（土壌）から完全に離れ、植物の根を水槽（水耕栽培施設）の水につけ、その水槽内の水をエアーポンプによって絶えず人工的に還流させ、そのさい発生する水と空気の振動（波動、気）だけで植物を栽培するという、まさに波動農法そのものとも呼ぶべき量子農法である」

からである。さらにいえば、

「ハイポニカ栽培とは、植物栽培にあたり土地を一切用いず、植物と人間（栽培者）と栽培施設（水槽内の水と空気）とからそれぞれ発する波動（気、心）だけを生命情報として用いる、まさに波動農法ともいうべき気の農法、それゆえ心の農法ともいうべき量子農法である」

からである。その結果、

「このような波動農法（量子農法）のハイポニカ栽培で育てられた植物では、その生命情報としての波動（気）が見事に活用され、生命力がフルに発揮されて驚異的な生命力を発揮する」

ことになる。その証拠に、この波動農法（量子農法）のハイポニカ栽培で育てられたトマトの茎は、露地栽培であれば普通は直径が一センチメートルほどで、高さも二メートルにも満たないものが、直径が約二〇センチメートルほどの巨木になり、四方八方へ三〇～四〇メートルほどの大枝を伸ばし、周年にわたり一万個から一万五〇〇〇〇個ほどもの実をたわわにつけ、しかも普通の露地栽培であればわずか数カ月の寿命の一年生のトマトが、数年もの寿命の多年生のトマトへと「変身」するという。まさに「奇跡」ともいうべき現象が起こる。

もちろん、同様なことはハイポニカ栽培で育てられたキャベツやメロンなど他の植物でも起こるという。ちなみに、メロンであれば一本の茎に大きくて美味しいメロンが九〇個ほども実るという。

2　栽培者と植物と栽培施設の気が同調して起きた奇跡

そのことを、野澤氏は次のように断言する。

『私は、植物には本質的な生命力が必ずあると植物を信じ続けて、ついにトマトの巨木をつくることができた。それは、誰が非科学的であると嘲笑しようとも、偽らざる事実である』

と。そして同氏は、その理由を、

『ハイポニカ栽培では、植物が次第に賢くなって異常な能力を発揮するからである』

と説明している。では、なぜ植物がそのように賢くなるのか。同氏によれば、

『考えられることは、ハイポニカ栽培で育てると、植物自体が突然変異して〝賢く〟なるか、それとも栽培者の心が植物にも伝わり、植物が人の心に応えて賢くなるかのいずれかである』

という。その証拠として、同氏は、

『植物が一たびハイポニカ栽培によって本質的な生命情報を獲得し、知恵をつけたら、それ以後はますますその賢さを発揮するようになるし、一方、ハイポニカ栽培によって植物を育てている人の心も、その植物の知恵（生命）の偉大さを信じるようになり、それが植物にも伝わり、植物もそれに応えようとするから、両者の相互作用によって常識をはるかに超える奇跡的な結果が得られるようになる』

という。このことを野澤氏は、また、

『自分のハイポニカ栽培のハウス内には、植物生命の本質を信じきった栽培者の心が充満しているから、植物のほうでもそれを信じきって安心して生育・生長し、放っておいても驚異的な生命力を発揮するようになる』

ともいっている。とすれば、そのことは、私見では、

「ハイポニカ栽培によれば、三次元世界のこの世で植物を栽培する人間の気（波動、心）と栽培される植物の気（波動、心）と栽培施設の気（波動、心）が、四次元世界のあの世で量子効果によって互いに同調して、常識をはるかに超える奇跡が起こる」

ということになる。いい換えれば、

「ハイポニカ栽培では、マクロの三次元世界のハウス内の人間（この場合、栽培者）とハウス内のトマトとハウス内の水気耕栽培施設の三者の波動（気、心）が、四次元世界のミクロの世界の波動の世界（心の世界）で相互作用（同調）し、その量子効果としての波動の相乗効果（心の相乗効果）によって、一般の科学常識ではとうてい信じられない奇跡のような不思議な現象としての量子効果が起こる」

ということになる。とすれば、このような、

「ハイポニカ栽培にみる奇跡のような世界は、量子の世界（波動の世界、心の世界）を想定しないかぎり、従来の農業では決して考えられない世界である」

といえよう。

そこで、この点をより明確にするために、さらに私見を追記すれば、

「人間には精神波動としての心があるが、植物にもそれと類似の精神波動としての心があるはずである。そして人間同士の場合であれば、そのような精神波動（心）が互いに共鳴したのが共時性であるが、植物の場合にもそれと同様に、従来の科学ではとても解明できないような不思議な情報交換（人間の共時性に類似の心の交換）によって遠く離れた植物同士が一斉に花粉を放出して受粉するなどの行動がそれである。

それは、人間同士の精神波動（心）の共鳴現象にも類似した、植物同士の精神波動（心）の共鳴現象であり、しかもそのような三次元世界の人間の精神波動（心）と植物の精神波動（心）が四次元世界で共鳴した量子効果による農業こそが、ハイポニカ栽培にみる波動農業（気の農業、心の農業）としての量子農業である」

といえよう。

ゆえに、このようにみてくると、結局、

「ハイポニカ栽培において、巨木のトマトの育成が成功するか否かは、三次元世界のこの世で人間とトマトと栽培設備の三者が出す精神波動（気、心）が四次元世界のあの世で同調するか否かの量子効果の有無にかかっている」

といえよう。とすれば、結局、

「ハイポニカ栽培の不思議（奇跡）こそは、三次元世界の人間の心とトマトの心と栽培施設の心の三者の心が、四次元世界の波動の世界の心の世界でつながっていて、互いに干渉（共鳴）しあって奇跡的な効果をあげているとする量子効果を見事に実証している」

ことになる。

余談であるが、既述のように、私は一九九〇年に『文明論』なる著書を上梓し、そこで自説の「文明興亡の宇宙法則説」を世に問い、「二一世紀に入ると心の文明ルネッサンスの到来により、心の文明社会の量子社会の時代がやってくる」

ことを明らかにした。そして、それが契機となって、私は多くの有志の方々に請われて『文明塾・逍遥楼』なる私塾を全国的に立ち上げ、そこで自書の『文明論』の講義をしてきたが、その後、私は一九九三年になって、さらに自書の『宇宙の意思』をも上梓し、同書によって、「宇宙の意思とは何か、神の心とは何か」

をも世に問い、同書をも、先の『文明論』と並行して同文明塾で長年にわたり講義してきた。ちょうど、そのころ「ハイポニカ栽培」の発明者の野澤重雄氏が私のこれらの著書をお読みになり、同文明塾に私を訪ねてこられ、ご自身が上梓された『生命の発見』なるご著書を私に贈呈してくださり、私に、

『自分はこのような奇跡ともいうべきハイポニカ栽培を考えたが、なぜこのようなことが起こるのか？』

との質問をされた。私は、当時はまだ「量子論」について深く学んでいなかったので、自説の『宇宙の意思』の知見から、

『それは、宇宙の意思（先験的宇宙情報、神の心）によると思う』

と答えた。もちろん、この答えは誤りではないが、「量子論」を深く学んだいまから考えれば、私の答えは、

『ハイポニカ栽培の奇跡こそは、量子論にいう量子効果（神の心）によって、三次元世界の栽培者とトマトと栽培設備の三者の、それぞれが出す精神波動（気、心）が四次元世界で高度に同調した量子効果による』

と答えたと思う。このようにして、私の答えを一言すれば、結局、

「心の農業の量子農業こそがハイポニカ栽培の奇跡を生み、ハイポニカ栽培をして奇跡の農法といわしめている所以である」

ということになろう。

ただし、ここで断っておきたいことは、

「ハイポニカ栽培の奇跡は、誰にでも実現できるとはかぎらない」

ということでもある。なぜなら、上記のように、

「ハイポニカ栽培は波動の農業、すなわち心の農業であるから、三次元世界の栽培者の心と栽培される植物の心と栽培施設の心の三者の心が、四次元世界で同調し、量子効果を発揮したときはじめて実現できる奇跡の量子農業である」

からである。逆にいえば、

「ハイポニカ栽培の奇跡は、ハイポニカ栽培が波動の農業の心の農業の量子農業であるからこそ実現する」

ということである。

その証拠に、「ハイポニカ栽培」の創始者の野澤氏は「ハイポニカ栽培の奇跡」を、上記のように、

『ハイポニカ栽培で育てると、植物自体が突然変異して奇跡を起こすか、それとも栽培者の人の心が植物にも伝わり、植物が人の心に応えて賢くなって奇跡を起こすかのいずれかである』

と説明している。ゆえに、この同氏の所見を、改めて私見として「量子論の観点」からいえば、

「ハイポニカ栽培の奇跡こそは、三次元世界の栽培植物の心と栽培者の心と栽培施設の心が、四次元世界で同調し、その量子効果によってはじめて起こる突然変異としての奇跡である」

ということになろう。

とすれば、このことは上記した「絵画の世界の奇跡の名画」によっても理解できよう。なぜなら、

「絵画の世界でも、奇跡の名画は誰にでも描けるものではなく、三次元世界の画家の心と絵具の心とキャンパスの心が、四次元世界で同調して量子効果を発揮したときはじめて描かれる」

からである。

ゆえに、以上を総じていえることは、結局、

「これらの奇跡の背後には、心の文明ルネッサンスによる、心の世界の量子社会の到来があってはじめて一般的には実現可能である」

ことを示唆していることになろう。同じことは、先にも述べた「量子医学」についてもいえることである。

「心の文明ルネッサンスの到来が待たれる」

所以である。


最後に、私がここでもう一つ指摘しておきたい重要な点は、

「ハイポニカ栽培にみるような量子農業は、その生産性においては従来の露地栽培農業ではとうてい考えられないような奇跡的な高生産性農業であるとともに、その生産過程においても従来の露地栽培農業とは異なり、肥料や農薬などをほとんど使わない、ほぼ完全に環境汚染のない農業なので、量子農業こそは、やがて予想される人類の食料危機や環境危機にも応えることができる、まさに奇跡の未来農業の一つである」

ということである。

このようにして、私はこの種の「量子農業」が「量子社会」の到来とともに、「未来農業」として多くの農業分野で多数開発されることを強く望んでいる。

以上が、「未来農業」としての「量子農業」についての私見である。

五　オカルトと共時性――見えない世界への挑戦

以上、現在では「奇跡」のように思われる「ハイポニカ栽培の不思議」（量子農業の不思議）について述べたが、私はそのような「不思議な世界」の「奇跡の世界」の解明への挑戦こそが「現状を打破」し「未来を切り開く原動力」になると考える。その意味で、本節では「オカルト」と「共時性」について私見を述べる。

1　オカルト
――オカルトへの挑戦が、新しい知のパラダイムを開いてきた

「オカルト（occult）とは、科学的には解明できない神秘的で超自然的な不思議な現象、またはその現象を起こす術」

とされているが、私が、本書において「オカルト」について触れるのは、「これまでは不思議な奇跡の世界とされてきたオカルトの世界が、量子論の登場によって、これからはオカルトの世界ではなくなる可能性がある」

と考えるからである（参考文献11）。とすれば、

「科学者は、これからは自分の狭い専門領域のみから、オカルトの是非を論じてはならない」

ことになろう。ところが、科学者の中には「自分に理解できる狭い専門領域」のみを「唯一の科学領域」と考え、「自分に理解できない不思議な世界」は「非科学的」な「オカルトの世界」と決めつけ、否定し去る人がいる。事実、いまなお自分に理解できない「不思議な世界」の「神の世界」を否定し、

「無神論者であることをもって、正当な科学者である」

かのように自負している人がいるが、私はそのような考えこそが「非科学的」であると考える。なぜなら、私は、

「科学者が謙虚に自然の不思議に思いを至し、これまでの既存の科学のみをもって万能と考える科学万能主義への信仰を捨て去るとき、量子論が教えてくれるように、不思議なオカルトの世界への扉が科学の世界として開かれる」

と考えるからである。その証拠に、量子論は、たとえば、

「月は人が見たときはじめて存在する。人が見ていない月は存在しない」

とか、

「見えない人間の心（意識）こそが、見えるこの世を創造する」

などと、既存の科学ではとうてい考えられないような「非科学的な現象」（オカルト的な現象）を「科学的な現象」として立証している。ということは、

「既存の科学の研究者は、心の世界の量子論を学ばずして、もはやこれ以上、先には進めない」

ことを示唆されていることになろう。それゆえ、私は、

「これからの科学者は、自分の狭い管見から、見えない不思議な世界の心の世界や神の世界などを一方的に非科学的な世界として無視したり、オカルト的な世界として頭から否定し去るような態度は改めるべきである」

と考える。なぜなら、

「これからの科学者が、従来の科学によって解明されないような不可視で非現象的な不思議な世界は全て非科学的でオカルトの世界として、はじめからそれらを否定し去るような態度をとれば、科学はいつになっても可視の現象世界の三次元世界の物の世界の研究段階にとどまり、それ以上の進歩は決して望めない」

からである。いわゆる、

「現代科学の危機」

とは、そのことを指しているといえよう。

では、なぜ「オカルトの世界の解明」、なかんずく「見えない世界の解明」が人間にとって「至難」なのか。それは、

「人間が住んでいる見える三次元世界のこの世は、見えない四次元世界のあの世と同化し、しかも相補関係にある」

からである。その意味は、

「同化し相補関係にあるものほど解明は難しい」

ということである。そのことを比喩すれば、

「自分と直接対面している他人の顔はそのまま見えるから本当の顔とわかるが、鏡の中の自分と同化し相補化している自分の顔は直接見るのではないから本当の顔がわからない」

のと同じである。より簡単にいえば、

「直接見ることができる他人の顔は本物であるから本当の顔はわかるが、鏡で見る自分の顔は偽物であるから本当の顔はわからない」

ということである。ゆえに、この比喩をより敷衍していえば、

「人類は隣の銀河系のアンドロメダの姿は望遠鏡で客観的に観測できるから本当の姿が解明できるが、自分の住んでいる銀河系の姿は自分と同化し相補化しているから望遠鏡で客観的に観測できないので本当の姿が解明できない」

のと同じである。

このようにして、

「三次元世界のこの世は、四次元世界のあの世と同化し相補化しているので、三次元世界のこの世に住む私たち人間にとっては、四次元世界のあの世は客観的に観測できず、オカルトの世界に映る」

ということである。ところが、

「幸いなことに、人類はその知的進化によって、すでに三次元世界の可視の物質世界（現象世界）を超えて、それと同化し相補化している四次元世界の不可視な精神世界（心の世界）のオカルトの世界へと踏み込むことが可能な段階にまできている」

ということである。そして、その象徴こそが本書に説く「量子論」、なかんずく「コペンハーゲン解釈」としての「量子論的唯我論」であるといえよう。

最後に、これに関連して私がここでもう一言特記しておきたい重要な点は、

「いつの時代にあっても、オカルトの世界の解明に対する挑戦者が必ず現れ、新しい知のパラダイムを切り開き、科学を進化させる原動力になってきた」

ということである。それにもかかわらず、

「不幸なことに、彼らはいつの時代にあっても、その当時の合理的知性派（旧守派）からは異端の科学者として厳しく批判されてきた」

ということである。なぜなら、

「彼らはつねにオカルトの世界に対する挑戦者として、その時代の既成の知的パラダイムに対し強く変革を迫ってきた」

からである。しかし、ここで決して忘れてはならないことは、

「そのような異端の科学者の挑戦によってはじめて、既成の科学の厚い壁は打破され、オカルトの世界への扉が開かれ、科学は進歩してきた」

という事実である。そして、「現在におけるそのようなオカルトの不思議な世界の解明に果敢に立ち向かう異端の科学者こそが、量子論的唯我論者に象徴されるような心の世界への挑戦者」ではなかろうか。とすれば、「量子宗教」や「量子医学」や「量子農業」や「量子社会」などの、従来の科学からすれば、「異端の科学」の「オカルト」に映るかもしれない「心の世界の解明」に立ち向かう「私」もまた、合理的知性派の科学者からみれば、「異端の科学者」の一人に映るかもしれない。

しかし、願わくは、私もまた、そのような「異端の科学者の列」に加わりたいものである。なぜなら、それであってこそ、私は、「科学の発展に寄与できる」と信じるからである。

2 共時性
——共時性とは、あの世の宇宙の意思が、この世に同調的に姿を現したもの

上記のような、「科学の進化」のための「オカルトの世界への挑戦」と同様な見地から、私がここでもう一つ触れておきたい問題は、ユングのいう「共時性の世界への挑戦」である（参考文献12）。ここに、

「共時性（シンクロニシティ、synchronicity）とは、意味ある偶然の一致のこと」

とされている。たとえば、いまAがBのことを思っていたとしよう。そのとき、Bが偶然Aの目の前に現れたとすると、Aの心の中で起こった出来事と、外界で起こった出来事とが「意味ある偶然の一致」をしたことになる。

このような現象は、日本では通常「虫の知らせ」などといわれているが、ユングはそれを「共時的現象」と呼んだ。ゆえに、

「共時的現象とは、人間の内面での心理的な出来事と外界での物理的な出来事が、何らかの未知のメカニズムによって情報認知のうえで偶然に、意味ある一致をすること」

といえよう。とすれば、ここで注目すべきことは、このようなユングの考えはまたライプニッツのいう、

「大宇宙と小宇宙（人間の心）との予定調和の自然観とも軌を一にする」

といえよう。なぜなら、ライプニッツのいう、

「予定調和の自然観とは、外なる大宇宙の物理的な出来事と、内なる小宇宙の人間の心理的な出来事との間での潜在的な予定調和、それゆえ、その共時性を認める自然観である」

からである。

もともと、ユングが「共時性原理」を着想したのは「易の占い」の実験によるとされているが、ユングはその占いについて、

『占いとは、人間の内なる心理的な出来事と外界の物理的な出来事の潜在的な一致を、自覚的に直観することである』

と説いている。ゆえに、もしもそのような「潜在的な一致」（予定調和）が「人間の意識の背後」に実在するとすれば、私たちは、

「これまでのような、見える物の現象世界の三次元世界のみを研究対象とした可視の自然観や可視の科学観を超えて、その背後にある、見えない心の非現象世界の四次元世界をも研究対象とした不可視な自然観や不可視な科学観へと踏み込まざるをえなくなる」

であろう。


この点に関し、さらに私見を付記すれば、ユングによれば、

『この世には空間によって隔てられながら各個体によって共有され、しかもそれら各個体には分かちえないような集合的無意識があり、共時性現象はそのような集合的無意識の次元を介して起こる現象である』

という。とすれば、このことをさらに私の立場からいえば、

「ユングのいう集合的無意識とは、私のいう見えない四次元世界の先験的宇宙情報としての宇宙の意思のことであり、それが波動の世界（心の世界）を介して、見える三次元世界において同調的に姿を現したのが共時的現象である」

ということになる。なぜなら、上記のように、私は、

「波動の世界は、見えないあの世の四次元世界の先験的宇宙情報（宇宙の意思）を、見えるこの世の三次元世界へと伝達する過程であり、共時性現象とは、見えない四次元世界の先験的宇宙情

報（宇宙の意思）が、その波動の世界を介して、見える三次元世界において同調的に顕現したものである」

と考えるからである。簡単にいえば、私は、

「時間が停止した見えない四次元世界のあの世の先験的宇宙情報（宇宙の意思）が、波動の世界を介して、時間の流れる見える三次元世界のこの世において同調的に顕現したのが共時性現象である」

と考えるからである。その意味は、

「人間にとっては、時間が流れるために因果関係（因縁生起）としてしか体験できない三次元世界のこの世の背後には、通常の人間の意識（心）ではとうてい感知できないような時間の停止した四次元世界のあの世の共時性の世界がある」

ということである。このようにして、結局、私のいいたいことは、

「時間の流れるこの世の現象（三次元世界の現象）は、つねにその背後にある時間の停止したあの世の現象（四次元の世界の現象）と波動の世界を介して分かちがたく結びついているから、共時性現象が起こることも、科学的には何ら不思議ではない」

ということである。とすれば、同様な見地から、私は、

「予知やテレパシーなどの超常現象もまた、不可視な世界の宇宙の意思と可視の世界の人間の意思が、電子の波動の世界を介して引き起こす共時的現象であるから、科学的にも何ら不思議ではない」

と考える。

以上が、私が本節において「共時性」を取り上げる所以であるが、これまで「神なき科学万能主義」に身を投じてきた「物心二元論者の科学者」たちは、「可視の世界」のみを信じ、「不可視な世界」のもとで起こる「共時性」について問われれば、言下に、

「そのような不可視な共時性の世界はないと否定するばかりか、それをオカルトの世界と決めつけて否定してきた」

といえよう。しかし、私は、

「これからの科学者は、そのような成心《せいしん》を捨て去り、虚心坦懐《きょしんたんかい》に不可視な心の世界についても、それをオカルトの世界や共時性の世界として否定し去るのではなく、謙虚に学び、従来の可視の物の世界のみを過信してきた物心二元論の科学観から脱却すべきである」

と考える。

以上が、「不可視な心の世界」を研究課題として取り扱う本書において、「オカルト」や「共時性」の問題を「科学の問題」として取り上げる所以である。

六　心の文明社会の登場
――量子社会の登場

私は、この第五部では「二一世紀は心の文明社会の時代」であるとして、そのことを「量子論」を通じて明らかにしようとしたが、本節ではそのような「心の文明社会の登場」を視点を変えて「文明進化」の観点からも明らかにすることにする。

今日の生物学では、

「生命の誕生も、その進化も、ともに偶然であり、この偶然性の事実認識から生命の価値観が新たなものになる」

とされている。その意味は、

「偶然の膨大な試行錯誤の結果が今日の生命を生み出したのであり、進化は決して目的を持ってある一定方向に進んでいるのではないとの事実認識こそが、生命の新たな価値観を生む」

ということである。

しかし、私はそれとは違って、

「この世の中のあらゆる現象は一見偶然であるかのようでも、その偶然の中に必ず必然性（法則性）がある」

と考える。この点についてはすでに「植物の種子」を例にとって詳しく述べたが、繰り返せば、私は、

「植物の種子は偶然つくられているようでも、その種子の中には植物の誕生と進化と永続（再生産）のために必要な情報が宇宙の意思（宇宙の情報、神の心）として先験的に組み込まれていて、決して偶然につくられたものではない」

と考える。そして、そのことを科学的に立証したのが、先にも明らかにしたように、

「宇宙の先験的情報としての神の心の存在である」

といえよう。ゆえに、このように考えれば、

「生命の誕生も進化も永続（再生産）も、人類の目からは偶然であるかのようにみえても、宇宙の法則（宇宙の先験的情報、量子性、神の心）からすればその一部であり、それゆえ必然である」

ということになろう。とすれば、私は、これを敷衍して、

「人間の進化も、またそのうえに花咲いた文明の進化も、人間の目からは偶然に思えても、宇宙の法則（宇宙の先験的情報、量子性、神の心）からみればその一部であり、それゆえ必然である」

と考える。その証拠に、繰り返し述べたように、

「東西文明は、有史以来、宇宙の先験的情報の宇宙の法則（宇宙のエネルギー法則）に支配されて、その姿を八〇〇年の周期で、まるで時計仕掛けのように正確に交互に変えながら確実に進化

し、永続し続けているが、このようなことが偶然であろうはずはない、それは必然である」としかいいようがない（「はしがき」を参照）。このようにして、

「文明の進化も永続も、宇宙の先験的情報の宇宙の法則からみれば、その一部であり、決して偶然ではなく必然である」

ということである。とすれば、私見では、これまで定説とされてきた、

「文明の進化は偶然であるとする文明史観は、それを大きく変えなければならない」

ことになろう。

このようにして、結局、私のいいたいことは、

「文明の進化が必然であるとするならば、私たちは自分の努力で、文明の質をその進化に沿うように変えていかなければならない」

ことになろう。その意味は、すでに第一部でも詳しく述べたように、

「来たるべき新しい東洋文明は、これまでの西洋物質文明のような物優先で、利潤優先で、拝金主義で、対決主義で、競争主義の価値観から、心優先で、自然優先で、共存主義で、協調主義の価値観へと、その文明の価値基準を大きく変えて進化していかなければならない」

ということである。さらにいえば、

「来たるべき東洋文明は、物をつくって魂を入れなかった従来の物心二元論の物中心の西洋文明から、物をつくって魂を入れる物心一元論の心中心の文明へと大きく進化させなければならない」

ということである。そして、その未来像こそが、私の希求する、

「心の文明ルネッサンスに象徴される、心の文明社会の量子社会」

であり、しかも、そのような、

「心の文明社会の量子社会の実現こそが、本書の希求する究極の目的である」

といえよう。

補論

東西文明交代の必要性と、日本が果たすべき役割

本書の第一部で「人類文明の進化と永続」のためには、「違った文明遺伝子」を持った「東西文明の周期的な交代」が絶対に不可欠であるとして、その「東西文明の遺伝子の相違」について「史実的」かつ「理論的」に徹底的に解明したが、この補論の目的もまた、そのことを踏まえたうえで、視点を大きく変えて「東西文明交代の必要性」と、そのさいの「日本が果たすべき役割」について、改めて深く追求することにある。

一　西洋文明崩壊の原因

「はしがき」でも明らかにしたように、私の「文明興亡の八〇〇年周期説」によれば、今回の「七回目の東西文明の興亡」によって、二一世紀に入ると、これまで八〇〇年間台頭してきた「現在の西洋文明」の「エントロピーが極大」に達して「沈滞期」に入り、それに代わってこれまで八〇〇年間沈滞していた「現在の東洋文明」の「エントロピーが縮小」して、これから「発展期」に入ろうとしつつあるということであった。そして、そのような、「新しい東洋文明は、これまでの西洋文明が行き着いた物優先、競争主義、拝金主義で排他主義の物心二元論の価値観に代えて、心優先、協調主義、共存主義の物心一元論の価値観へとその価値基準を大きく変えなければならないし、しかもそのさい追求すべき幸福もまた、これまでの西洋文明が追求してきた相対的幸福に代えて東洋文明本来の絶対的幸福へと、その幸福の価値基準をも大きく変えて進化しなければならない」

と考える。なぜなら、史実が示すように、

「物追求主義の物心二元論の西洋文明の共産主義文明は、すでにそのエントロピーが極大に達し崩壊したし、同じく物追求中心の物心二元論の資本主義文明もまた、すでにそのエントロピーが極大に達しつつあり、崩壊の予兆がみえはじめた」

からである。それを象徴しているのが先にも述べたように、現在の資本主義に露《あら》わになってきた「貧富の巨大格差」などである。とすれば、

「人類文明の永続のためには、来たるべき新しい東洋文明は、物のみを重視し心を軽視してきた従来の物心二元論の西洋物質文明に代わり、物も心もともに重視する東洋文明本来の物心一元論の文明へと進化しなければならない」

ことになる。さらにいえば、

「人類文明の永続のためには、来たるべき新しい東洋文明は、物のみを重視し心を軽視してきた従来の相対的幸福を追求してきた西洋物質文明に代わり、物も心もともに重視する東洋精神文明本来の絶対的幸福を追求する新しい東洋精神文明へと進化しなければならない」

ということになる。

かつて、トインビーは、

『一つの文明が崩壊するときには、その内部から崩壊する』

といい、その例証として、

『近代西洋文明は驚くべき勢いで全世界を席巻してきたが、その低次元の物質的信仰のゆえに、また驚くべき速さで凋落《ちょうらく》していくであろう』

と予言したが、私によれば、そのことは、

「一つの文明が崩壊するときには、当該文明の心のエントロピーが極大に達したことを意味している」

ことになる。そのことは、自説の「文明興亡の宇宙法則説」にみるように、

「有史以来の文明の盛衰は、それを支えてきた民族の心（哲学、思想、宗教など）の盛衰の歴史に他ならない」

ことからも実証できよう。

加えて、トインビーはその「崩壊の原因」は、「近代西洋文明」について、遠くは「キリスト教思想」に、近くは「デカルトの思想」や「カントの思想」にそれぞれ求められるという。（参考文献1）。そのことを、私なりに解釈すれば、

第一に、「キリスト教思想」に関しては、『旧約聖書』によって、神が人間に自然の支配権（『旧約聖書』「創世記」第一章二八節：著者注）と利用権（『旧約聖書』の「創世記」第三章一九節、：著者注）を与え、それによって人間の飽くなき「自然収奪への欲望」を許したこと。

第二に、「デカルトの思想」に関しては、この世を物の世界と心の世界に二分する「物心二元論の哲学」によって、自然を心のない単なる物質とみなす、誤った「物質信仰」を許したこと。

第三に、「カントのヒューマニズム」に関しては、「無神論」の遠因ともなる人間中心の「合理主義」によって、自然から「神性」を剝ぎ取り、「神から離れた人間中心主義の物質信仰」を許

したこと。

　等々による。

　繰り返し述べるように、人類文明はその姿を八〇〇年ごとに交互に東西文明に変えながら、その都度、再生し、新しい文明へと進化してきた。したがって、

「東洋文明の夕暮れは西洋文明の夜明けであり、西洋文明の夕暮れは東洋文明の夜明けである」

といえよう。そして、今回の七回目の交代は、

「西洋文明の夕暮れであり、東洋文明の夜明けである」

といえよう。そのさい重要なことは、

「有史以来、いかなる文明も同じ内容の文明を繰り返したことは決してない」

ということである。その意味は、

「文明は交代を繰り返すごとに必ず進化する」

ということである。とすれば、

「今回の七回目の新しい人類文明も、これまでの物質重視の物心二元論の唯物的西洋文明から、これからは物も心も共に重視する物心一元論文明の唯心的東洋文明へと必ず進化する」

ということである。具体的には、

「今回の新しい東洋文明では、科学は宗教に潜む非科学性にメスを入れようとするし、宗教は科学に潜む非人間性にメスを入れようとして、物心一元論の文明へと必ず進化する」ということである。

以下では、この点について改めて深く検討するが、それには、はじめに「数学」が「文明の進化」に貢献してきた役割についてもみておく必要がある。なぜなら、「数学は古来より哲学（なかんずく宇宙に関する哲学）との関係が深く、宇宙論と結びついて発展してきた」からである。ちなみに古代の西洋においては、ピタゴラスやプラトンにとっては「数学」は「宇宙の神秘」を解くための重要な手段であったし、コペルニクスやケプラーにとっても「数学」は「宇宙の謎」を解くための重要な鍵であったといえよう。

同様に、古代東洋で生まれた「易」もまた数学による「宇宙論」であったといえよう。このように、近代以前にあっては、「数学は宇宙の神秘や謎を解くための手段として、宇宙論と直接深く結びついていた」といえよう。

ところが、近代以降においては、このような「宇宙」（神秘主義的宇宙）と「数学」との「結びつき」は過去のものとなった。なぜなら、「宇宙はその謎が解けないかぎりにおいてのみ神秘であるが、その謎が数学によって解ける（説明できる）ようになれば、もはやそのような神秘主義的宇宙は数学の研究対象ではなくなる」からである。ただし、ここで誤解なきよう断っておくが、「神秘主義的宇宙」は数学（科学）の対象とはならなくなったが、「物理的宇宙の謎」は近代以降においてもまだ完全には解けていないから、「物理的宇宙の謎」は現在においても「数学」（科学）の重要な研究対象になっている。

周知のように、「西洋の近代化」は「宗教と科学の激しい対決」によって幕を開けたが、そのさい、「科学」は「宗教」を「思弁的なもの」として排除するようになった。ちなみに、デカルトは言うに及ばず、フランシス・ベーコンまでも、

『科学は怠惰《たいだ》な精神性（宗教：著者注）を放棄せよ』

といい、それ以後、

「西洋では、科学と宗教が切り離され、互いに不可侵の原則の下に共存してきた」

といえよう（参考文献2）。その結果、

「西洋では、神不在の科学が、自然破壊による地球の病や精神破壊による人心の病を激発させ、現在西洋科学文明をして危機に追いやる」

ことになった。ということは、

「西洋で生まれた近代西洋科学の物質文明は、非客観的な精神性（宗教）を排除し、客観的な科学性のみを追求するあまり、自らをも危機に追いやることになった」

ということである。さらにいえば、

「西洋で生まれた近代文明（物の文明ルネッサンス）は、証明可能で、普遍的で、客観的な知である科学のみを追求するあまり、証明不可能で、曖昧で、主観的な知である心の問題を無視してきたところに、今日みるような人心破壊や環境破壊の危機をもたらし、自からをも精神的に沈滞に追いやった」

といえよう。そのことは、

「今日、世界各地でみられる凶悪な犯罪や紛争などによる人心破壊や環境破壊などがそれを如実に物語っている」

といえよう。

以上が、ここにいう「西洋文明崩壊の原因」である。

二　東西文明交代の必要性
——宇宙の意思が東洋精神文明への移行を要求

周知のように、「唯物主義」と「平等主義」を国是としてきた共産国の旧ソ連や旧中国や現在も共産国の北朝鮮などの「共産主義国」は、平等どころか世界中で最も「精神的」にも「物的」にも「不平等」な国になったし、「経済主義」と「自由主義」を掲げてきたアメリカをはじめとする「資本主義諸国」もまた「拝金主義」で「競争主義」で「利己主義」の「独善的な国」になってきた。ということは、

「来たるべき二一世紀の心重視の新東洋文明の量子社会にとっては、従来の共産主義文明も資本主義文明も、もはやその文明の指針（価値基準）とはなりえない」

ということである。その意味は、

「閉鎖系の地球では、自由主義や平等主義の名の下に、個人や国による限られた地球資源の飽くなき消費に見られる、従来の物質重視、人心軽視の文明は、未来の文明社会の量子社会ではもはや通用しない」

ということである。いい換えれば、

「自由主義や平等主義の名のもとに、地球資源を好き勝手に消費するような物心二元論の西洋の物質文明は、もはや時代に適応しないから、これからはそれを超えた、物にも心にも優しい新しい物心一元論の東洋精神文明の量子文明への交代が不可欠である」

ということである。ただし、ここに誤解なきよう断っておきたいことは、私は、「東西文明の優劣をもって東西文明の交代の必要性をいっているのでは決してなく、文明興亡の宇宙法則に従い、二一世紀に入ってからは、これまでの物質主義の西洋物質文明のエントロピーが極大に達し、現在という時代がすでに西洋物質文明には適合しなくなってきたから、宇宙の意思（神）が西洋物質文明の自壊を認め、東洋精神文明への移行を要求している」

ということである。

以上が、私の本節にいう「東西文明交代の必要性」である。

三　未来文明の選択基準
――新東洋文明の価値基準は「幸福度」

そこで、次にこのような観点から、「東西文明の交代」のために必要な「文明交代の選択基準」（価値基準）について考えてみよう。私は、そのような「選択基準」としては「相対的幸福」と「絶対的幸福」の二つがあると考える（参考文献3）。

1　他人と比べてわかる「相対的幸福」

はじめに「相対的幸福」についていえば、「相対的幸福とは、他人と比べてみてわかる幸福、それゆえ絶対的な基準のない有無同然の幸福」のことである。わかりやすくいえば、「それ自体では幸福かどうかわからないが、他人と比べてみてはじめてわかる絶対的な基準のない有無同然の幸福」

のことである。

いま、このような「相対的幸福度」を式で表せば、

相対的幸福度＝所得／欲望＝財産／物欲

と定義できよう。

本式の意味は、分子の「物的な豊かさ」を象徴する「所得」や「財産」を大きくして「物的に豊か」になればなるほど「相対的幸福度」は「大きく」なるが、その一方で、人間は必ず分子の「物的な豊かさ」以上に、分母の「物的な欲望」の「物欲」をも同時に大きくするから、結局、分子の所得や財産よりも分母の欲望のほうがより大きくなって、結果的には「相対的幸福度」は必ず「下がる」ということである。なぜなら、分子の「所得の大きさ」には必ず「限界がある」が、分母の「欲望（物欲）の大きさ」には決して「限界がない」からである。

しかも、このような「相対的幸福度」は、上記のように、「基本的」には、「他人と比較してみてはじめて感じる相対的な幸福で、絶対的な基準のない有無同然の見た目の幸福であるところに問題がある」

ということである。

もちろん、以上と同じことは「財産」にかぎらず「地位」や「名誉」などの「相対的幸福」の

全てについてもいえることである。しかも、ここで指摘しておきたい重要な点は、「現代社会では、西洋の科学物質文明の異常な発達によって、相対的幸福度の式の分子の所得に象徴される物的な生活は格段に豊かになったが（大きくなったが）、それに伴い、分母の欲望に象徴される物欲もまた足るを知らない相対的欲望によってそれ以上に大きくなって、結果的には、幸福度はますます小さくなって、かえって不幸になっている」

ということである。

ゆえに、以上を通じてわかることは、

「財産や地位や名誉などの他人と比較してみてはじめて感じる幸福は、基本的には、見た目の相対的な幸福で、それは見せかけの有無同然の幸福であるから、いくら追求しても心から満足できる絶対的な幸福（真の幸福）では決してない」

ということである。それればかりか、

「相対的な幸福は、他人と比較してみてはじめて得られる、足るを知らない見せかけの幸福であるから、そのような見かけの幸福の多少が他人との優越感や嫉妬心などを駆り立て、争いの原因にもなり、結果的には、相対的幸福はかえって本人にとっては不幸の原因になる」

といえよう。その証拠に、現在のような「西洋の物質文明」の「物欲社会」の下で、「相対的な幸福」によって自分の人生に「本当の生き甲斐《がい》」や「本当の幸福」を感じている人は、はたしてどれだけいるであろうか。いな、むしろ多くの人は、

「内心では、他人と比べて自分の不幸を嘆きながら生きている」のが実状ではなかろうか。それを比喩したのが、

「隣（他人）の芝生は青い」

ではなかろうか。

では、なぜ「相対的幸福」はそれを追求すればするほど「不幸」になるのか。私見では、それは「相対的幸福」には基本的には次のような「欠点」があるからである。すなわち、

（1）相対的幸福は、どこまで求めても限界がない幸福
（2）相対的幸福は、いつまでも続かない幸福
（3）相対的幸福は、最後には必ずなくなる幸福
（4）相対的幸福は、競争心を煽り立て、他者との争いの原因になる幸福

であるからである。このようにして、結局、

「相対的幸福とは、他人と比較してはじめて得られる見かけの幸福であるから、心から満足できる真の幸福では決してない」

ということになる。それゆえ、以上を総じて、私の結論は、

「相対的幸福は、来たるべき心の文明社会の量子社会の選択すべき幸福の価値基準（指針）には

決してならない」

　ということである。

2　足るを知る「絶対的幸福」

上記のように、

「相対的幸福は、他者と比較して得られる、足るを知らない有無同然の見かけの幸福である」

のに対し、

「絶対的幸福とは、他者の幸福とは無関係な、自分自身にとって絶対になくなることのない、足るを知る本当の幸福である」

ということである。さらにいえば、

「絶対的幸福とは、死によってもなくならないような永遠に続く絶対的な幸福」

のことである。とすれば、

「絶対的幸福こそが本当の幸福」

ということになろう。ちなみに、

「死後にまで、生きた証を残せるような社会的遺伝子のミームによる心の幸福」

などがそれであろう。ということは、

「絶対的幸福とは、死後の世界のあの世の存在までも信じての永遠の心の幸福」

のことである。そして、佛教の『歎異抄《たんにしょう》』では、そのような、「死後の世界のあの世まで続くような永遠の心の幸福への道を無碍《むげ》の一道」と説き、そこへの道を、

『人身《にんじん》受けがたし、今すでに受く。佛法聞きがたし、今すでに聞く。この身今生《こんじょう》において度《ど》せずんば（幸福にならなければ）、さらに何《いず》れの生《しょう》においてか、この身を度せん（幸福になれようか）』

と詠んでいる。さればこそ、佛教の説く「幸福」についての教えの真髄は、

「真の幸福とは、足るを知らない今生かぎりの相対的な見かけの物の幸福ではなく、足るを知るあの世までも続く絶対的な心の幸福である」

ということになろう。このようにして、私は、

「絶対的幸福こそが、来たるべき心の文明の新東洋文明の選択すべき真の幸福の価値基準（指針）とならなければならない」

と考える。なお、このような「絶対的幸福」については、私の別著においても詳しく論じているのでそれをも参照されたい（参考文献4）。

四　日本人の脳の特性からみた東西文明交代の必然性

――右脳と左脳に回路が通じているのは日本人だけ

第一部では、東洋文明と西洋文明の違いを、東西の自然環境の違いや、東西人種の思想の違いや、東西人種の宗教の違いなどを通じて詳しく考察し、それを論拠に、来たるべき今回（七回目）の「東西文明の交代」には、「西洋文明から東洋文明への交代が必然（必要）」であることを「史的」かつ「理論的」に詳細に検討したが、ここ「補論」ではそれと同じこと（その東西文明交代の必然性）を視点を大きく変えて、「東西人種の脳の機能の違いの観点」からも明らかにする。なかんずく、

「東洋人の日本人の脳の機能と西洋人の脳の機能の違いの観点から明らかにする」

ことにする。なぜなら、私は、

「日本人に特有の物の世界と心の世界を統合する物心一元論の脳の思考形式こそが、日本人に特有の左脳と右脳に回路がある左右脳融合型の脳の機能からきており、しかもその思考形式こそが、来たるべき物の世界と心の世界を統合する物心一元論の新東洋文明の創造にとって大きく貢献することができる」

と考えるからである（参考文献5）。いい換えれば、

「来たるべき物の世界の文明と心の世界の文明を統合する物心一元論の新東洋文明の量子文明の創造にあたり、日本人に特有の左右脳融合型の脳の機能が大きく寄与することができる」

と考えるからである。

ただし、ここでも誤解なきよう断っておきたいことは、このことをもって、私は、

「日本人の脳と他人種の脳の優劣を問題にしているのでは決してなく、新東洋文明の創造にあたり東西人種の脳の機能の適性を問題にしている」

ということである。

『日本人の脳』（大修館書店、一九七八年）の著者である角田忠信氏によれば、西洋人は自然音（動物や鳥や虫などの鳴き声や、せせらぎや風や波や雨などの音）を「雑音」として「音楽脳」の「右脳」へ入れて処理するが、日本人のみは、その「自然音」を西洋人と同様、一度は「雑音」として「音楽脳」の「右脳」へ入れるが、その瞬間に、日本人にのみ特有の「左右脳の回路」の「脳梁《のうりょう》」を使って、その「雑音」を「言語脳」の「左脳」へ持ってきて「言葉」として「意味」をとって処理するという。それこそが、日本人にのみ特有の、いわゆる、

「聞きなす」

である。その証拠に、

「〝聞きなす〟という言葉は、日本以外の世界中のどの国の言葉にもない」

といわれている。

ちなみに、「鶯《うぐいす》の鳴き声」は「自然音」であるから、西洋人およびそれ以外の国の人にとっては単なる「雑音」としか聞こえないので、彼らは「鶯の鳴き声」を「雑音」として「音楽脳」の「右脳」へ入れて処理するが、日本人にとっては「鶯の鳴き声」は「自然音」の「雑音」であると同時に、「意味を持った言葉」にも聞こえるので、日本人のみはそれを一度は「雑音」として「音楽脳」へ入れるが、すぐに日本人にのみ特有の「左右脳の回路」を使って「言語脳」の「左脳」へ持ってきて、「言葉」として「意味」をとって「ホー法華経《ホケキヨウ》」と「聞きなす」ということである。

同様に、ホオジロの鳴き声であれば「一筆啓上《いっぴつけいじょう》仕候《つかまつりそうろう》」と「聞きなす」し、コオロギの鳴き声であれば「肩させ、裾させ、寒さが来るぞ」と「聞きなす」。これらの意味の重要性は、「左右脳に回路を持った日本人のみは、右脳の音楽脳で聞く自然音と左脳の言語脳で聞く人工音を区別することなく同時に処理することができる」

ということである。より敷衍すれば、

「日本人のみは、右脳の音楽脳の世界（ちなみに自然）と左脳の言語脳の世界を区別することなく、それらを統合して同時に処理することができる物心一元論の脳を持った世界唯一の民族である」

ということである。

ところが、「左右脳に回路」がない西洋人をも含めた外国人からみれば、このように、

「言葉を持たない自然を心を持った自然とみなし、そのような自然と対話する日本人は、論理と非論理が区別できない左右脳融合型の曖昧な人種に映る」

といわれている。しかし後にも明らかにするように、私はそのような、

「日本人にとってのみの特有の左右脳融合型の曖昧さこそが、日本人にとっての特性であり、天性である」

と考える。

そこで、このことを実証するために、すなわち「左右脳融合型脳」の「日本人の曖昧さ」を実証するために別の事例をあげれば、次の俳句などがそれであろう。これら二つの句は、俳人の松尾芭蕉が「奥の細道」で詠んだ句であるが、私には、これらの句は「日本人の曖昧さ」を表わしている「典型的な例」のように思われる。

はじめの一句は、芭蕉が「奥の細道」に旅立つさいに、見送りにきてくれた弟子たちに贈った『奥の細道』の「最初の一句」である。

「ゆく春や　鳥啼き魚の　目は涙」

この句の「歌意」は、

「過ぎ往く春を悲しんで　空の鳥は鳴き　川の魚は目に涙を流している」

であるが、その「真意」は、「奥の細道」に旅立つ芭蕉が、自分を見送りにきてくれた可愛い弟子たちとの永久《とわ》の別れにあたり、その淋しくて悲しい気持ちを句に托し、

「旅ゆく私を悲しんで、空の鳥は鳴き、川の魚は目に涙を流してくれている」

と詠んだものであり、芭蕉の弟子との「哀しい別離の一句」である。

ところが、それが「左右脳分離型」で「論理型」の西洋人によると、

「これほど非論理的で曖昧な愚作はない」

という。なぜなら、彼らからみれば、

「空で鳴いている鳥の声は雄が雌を呼んでいるシグナルにすぎないし、川の中で流している魚の涙と川の水はどうして区別ができるのか」

ということになるからである。

もう一つの例をあげると、次の句も芭蕉が「奥の細道」の途上で「山寺」（立石寺《りつしやくじ》）を訪ねたさいに詠んだ句で、私たち「左右脳融合型」で「曖昧な日本人」にとっては最も心打たれる一句である。

「閑《しずか》さや　岩にしみ入る　蟬の声」

ところが、この句もまた「左右脳分離型」で「論理型」の西洋人からみれば、

「蟬の鳴き声が、どうして固い岩に滲《し》み入るのか非論理的である」

ということになる。

ゆえに、私がこれらの事例を通じていいたいことは、東西人種の脳には「優劣」は決してないが、

「左右脳融合型で曖昧な日本人と、左右脳分離型で論理的な西洋人との考えには大きな違いがある」

ということである。

さらに、もう一つ別の観点からも、「日本人の曖昧さ」を知るのによい例をあげれば、昔の日本人なれば誰しも知っているかの有名な「大岡裁き」にみる、二人の母親が一人の娘を巡って争う、

「どちらの我が娘《こ》か」

の「心の裁き」などがそれである。この「裁き」を簡単に説明すれば、二人の母親が一人の娘を巡って、

「この娘は私の娘である」

として裁判を起こしたさいに、大岡越前守（裁判官）が、

「それでは、どちらが本当の母親か、娘の両手をそれぞれが引っ張り合って奪い合ってみよ。勝ったほうが本当の母親であると裁定する」

といって「娘を引っ張り合い」させた。ところが、その引っ張り合いの最中に娘が痛がって泣

き出した。そのとき、一人の母親は痛がる娘が「可哀想」だと思って先に手を離してしまったが、もう一人の母親は最後まで痛がる娘の手を離さずに自分のもとへ娘を引き寄せ、「私が勝ったから、この娘は私の娘である」

と主張した。ところが、大岡越前守は、先の自分の「申し渡し」とは真逆に、

「最後まで娘の手を離さなくて勝ったほうの母親が偽の母親で、先に手を離して負けたほうの母親が本当の母親である」

と裁定した。その意味は、

「娘の痛さがわかり、それに耐えかねて先に手を離して負けたほうの母親こそが本当の母親で、娘の痛さがわからずに最後まで手を離さずに勝ったほうの母親は本当の母親でない」

ということである。

とすれば、このような裁きは、

「法の論理と人間の情が融合した、左右脳融合型の日本人にしてはじめて発想され、理解される曖昧な心の裁きであり、法の論理と人間の情を峻別《しゅんべつ》し物証を絶対的な条件（必須条件）とする左右脳分離型で論理型の西洋人にとっては、とうてい理解できない裁きであるし、決して受け入れられない裁き」

であろう。なぜなら、このような「裁き」は、左右脳分離型の西洋人からみれば、

「目に見える物証が全くない、見えない心の裁きであり、非科学的で曖昧な裁き」

に映るからである。

　ではなぜ、世界の中で「日本人」だけがこのように「左右脳融合型」で「論理と非論理」を「同居」させるような、西洋人からみれば「曖昧な人種」になったのであろうか。角田忠信氏によれば、その原因は、

「日本語の母音にある」

　という。その意味は、

「日本語以外のどの国の言葉でも母音には全て意味がないから、左右脳分離型の外国人は、母音は、はじめから雑音として音楽脳の右脳に入れて処理するが、日本語の母音には全て意味があるから（ちなみに、あ＝我、吾、亜、阿。　い＝医、胃、意、異。　う＝兎、烏、鵜、羽。　え＝絵、江、柄、枝。　お＝尾、緒、雄、汚）、左右脳融合型の日本人のみは母音を一度は雑音として音楽脳の右脳に入れても、すぐにそれを左右脳の回路（脳梁）を使って言語脳の左脳へ持ってきて意味を取って言葉として処理するから、幼児期から意味のある母音を持つ日本語を使っていると、左右脳に回路ができ、西洋人からみれば、日本人のみは左右脳融合型の曖昧な人種に映る」

　ということである。その証拠に、角田忠信氏によれば、

「生まれたときから外国に住み、幼児期から日本語を喋らなかった二世、三世の日本人は、左右脳に回路ができず、左右脳分離型の外国人の脳になる」

　という。では、

「何歳ころまで日本語を使っていれば日本人の脳になり、何歳ころまで日本語を使っていなけれ

ば日本人の脳になれないのか」

といえば、その「臨界期は八歳ころまで」といわれている。その意味は、「言葉の臨界期の八歳ころまで日本語を使っていれば左右脳に回路ができ、左右脳融合型の日本人の脳になれるが、八歳ころまで日本語を使っていなければ左右脳に回路ができず、左右脳分離型の外国人の脳になる」

ということである。なお、これらの点に関して詳しくは、上記の角田忠信氏の『日本人の脳』や、私の別著の『私の教育論』や『私の教育維新』において詳しく論じているのでそれらをも参照されたい（参考文献6）。

このようして、私が本節を通じていいたかったことは、結局、「日本人は左脳（物質世界の認知脳）と右脳（情報世界の認知脳）の間に回路を持つ左右脳融合型の曖昧な民族であるから、物質世界（物の世界）のこの世と情報世界（心の世界）のあの世が融合した物心一元論の東洋文明の創造には、本質的に適正（必然性）がある」

ということである。

以上が、本節にいう「日本人の脳の特性からみた東西文明交代の必然性」についての私見である。

五　西洋人と日本人の脳の機能の違いからみた日本人の出番

これまでの「日本人」、なかんずく「戦前までの日本人」に対する「西洋人からの評価」は、「左脳の論理脳と右脳の情緒脳の両機能を融合させるような物心一元論脳の日本人は、論理と非論理が区別できない曖昧な脳を持ったアニミズム的な民族である」として軽視、ないしは蔑視されてきたということである。事実、当時の日本人はそのことを非常に「卑下」してきた。

しかし、私見はそれとは真逆で、「唯物論の科学（物質的実在を対象）と、唯心論の宗教（情報的実在を対象）との板ばさみになって、物質的実在と情報的実在を一元化することができず、科学（この世を対象）と宗教（あの世を対象）を峻別し、万物に神の存在を認めることができない物心二元論の西洋人に対し、物質的実在と情報的実在を一元化することによって、万物に神の存在を認め、科学と宗教を融合させることができる物心一元論の日本人は、来たるべき物心一元論の新東洋文明の創造にあたり、極めて適性がある」

ということになる。いい換えれば、

「左右脳融合型で物心一元論型脳の日本人は、左右脳分離型で物心二元論型脳の西洋人とは異なり、左脳で理解する科学と右脳で直覚する宗教を統合させることによって、科学と宗教が一体化した物心一元論型の新しい東洋文明を創造するのに極めて適性がある」

ということである。

このようにして、以上を総じて私のいいたいことは、繰り返しになるが、

「日本人は、物質的実在の認知脳である左脳の科学脳で理解できる物の世界のこの世と、情報的実在の認知脳である右脳の情緒脳で理解できる心の世界のあの世を統合して同時に理解できる脳を持った物心一元論脳の唯一の民族であるから、来たるべき心の文明ルネッサンスの物心一元論の新東洋文明の創造には極めて適性がある」

ということである。

事実、世界の最先端の「科学大国」の中でも、「日本」のみが、家を建てたり橋やトンネルなどを建設するさいに、その「土地の神」に対して土地を使用する許しと工事の無事を願って（祈って）必ず「地鎮祭」を行うが、これこそはまさに、

「日本人にとってのみ固有の、科学（左脳）と宗教（右脳）を統合した物心一元論型文明の証であり、来たるべき心の文明ルネッサンスの物心一元論の新東洋文明の創造に適性がある」

ことの証左といえよう。ついに、

「日本人の出番がやってきた！」

といえよう。


これに関連してここでもう一つ指摘しておきたい重要な私見は、

「物質的実在と情報的実在を一元化するような曖昧な民族日本人によって、これまで哲学を二分してきた唯物論と唯神論が統合される可能性がある」

ということである。その意味は、

「左右脳融合型の日本人による物質的実在と情報的実在の一元化論によって、唯物論者（左脳型人間）と観念論者（右脳型人間）の、これまでの錯綜《さくそう》してきた思考上の対立が整理され、統合される可能性がある」

ということである。


西洋ではニュートン以降は「唯物的な科学」が中心となり、「西洋哲学」もその影響を受けて「観念論」に代わって「唯物論」が主流となった。

しかし、二〇世紀後半に入り「情報論」や「宇宙論」や「量子論」などが大きく進歩し、「情報」や「反物質」や「虚」などの「非唯物論的」な「新しい概念」が次々と生まれるようになり、それらが従来の「唯物論的な哲学」をも否定するようになってきた。その結果、「今後の西洋科学の発展は、皮肉にも、西洋哲学（西洋宗教）に対し、これまでの唯物論に依拠してきた二元実在論的な哲学（宗教）から、情報論や宇宙論や量子論などに依拠する一元実在論的な哲学（宗教）へと、その方向転換を強く迫る」

ことになろう。その証拠に、

「これまで物心二元論の宗教・哲学の下に物心二元論の世界のみを追求してきた現代西洋科学、とりわけ現代物理学は、近年になって物心一元論の哲学の下に物心一元論の世界の追求にも関心を向けるようになってきた」

ということである。その象徴が、

「量子論的唯我論の登場である！」

といえよう。

このようにして、私がここでいいたいことは、結局、

「物心一元論の量子論的唯我論の出現によって、物の世界のこの世と心の世界のあの世を統合しようとしてきた東洋古代の物心一元論の神秘思想の正当性が科学的にも立証されるようになり、その結果、私が本書で希求してきた物心一元論の量子文明や量子社会の創造もまた科学的に立証されるようになってきた」

ということである。


周知のように、世界の宗教には、豊かな「森の世界」で人間と自然が共生するうちに「万物に神は宿る」と直観して生まれた東洋の「物心一元論の多神教宗教」と、苛酷な「荒野や草原の世界」で人間が生き延びるために自然と対決せざるをえなかった世界で、教祖が民衆の苦しみを救

済するために身を犠牲にして生み出した西洋の「物心二元論の一神教宗教」とがある。

ちなみに、前者の代表が佛教やヒンズー教や日本の神道などの多神教であるのに対し、後者の代表がユダヤ教やキリスト教やイスラム教などの一神教である。

近代西洋科学は、このうちの「物心二元論の西洋の一神教」の下で生まれたが、西洋科学の進歩は現在に至って、「物心一元論の東洋の多神教」の見直しへと傾斜しつつあるように思われる。その意味は、私見では、

「西洋科学の進化によって、西洋の科学（ちなみに量子論）と東洋の宗教（ちなみに佛教）とが統合する新しい〝心の科学の時代〟がやってくる可能性がある」

ということである。まさに、

「心の文明ルネッサンスの到来！」

といえよう。なんと感動的なことであろうか。

六　曖昧さこそ日本人の天性

――日本人のファジーさが人類の進化に貢献する

最後に、私は、

「日本人の曖昧さこそが、日本人にとっては天性であり、日本人はその曖昧さによって大きく人類に貢献できる」

ことを明らかにしたい（参考文献7）。結論を先にいえば、

「左右脳融合型で左右脳に回路があるおかげで、可視の物質世界（左脳の対象領域）と不可視の精神世界（右脳の対象領域）を同時に認識でき、処理することができる曖昧な日本人は、それだけ融通《ゆうずう》無碍《むげ》な対応と複雑さの処理に向いているから、東西文明の交代にあたり、社会や文明が複雑化し混沌化すればするほど、その対応と処理に能力を発揮することができ、世界に大きく貢献できる」

ということである。その証拠に、フランスの知識人の間では、

「東洋にあって唯一、日本だけが明治維新を興し、即座に西洋文明を受け入れ、東西文明を統合して近代化に成功し、世界の技術大国として世界に貢献することができたのは、日本人が「科学

性」（物質世界を対象）と宗教性（精神世界を対象）をうまく同居させているからではなかろうか」

と指摘されるようになってきたといわれている。このようにして、私は、

「今回、巡ってきた七回目の東西文明の交代期にあたり、世界が混沌化し複雑化すればするほど、多岐選択的で融通無碍でそれだけ多くの切り札を持つ曖昧な日本人は、その真価をよりよく発揮して人類文明の進化と永続のために大きく貢献することができる」

と考える。とすれば、私には、

「曖昧さこそは、日本人の天性である！」

といいたい。

七　曖昧な日本文明の役割

――日本文明は十二単の重ね着文明

このようにして、私は「曖昧な脳」を持った日本人は、その「天性」を活かして、日本人にのみ特有の「物心一元論」の「曖昧な文明」（ファジー文明）を創造し、「人類文明の進化と永続」のために大きく貢献すべきであると考える。

ところが、戦前までの「日本文明」に対する「外国からの評価」は非常に低く、

「日本文明は、時代が変わるごとに他国の文明を次々と取り入れ、それをそれまでの自国の文明と取り替えるだけの〝着せ替え人形文明〟であるから、日本には独自の文明は何一つない」

というものであった。しかし、私はそれとは逆に、

「日本文明は時代が変わっても、日本人としての中身は変えずに、その時代時代の新しい着物（その時代時代の新しい外来文明）を取捨選択しながら次々と重ね着して（統合して）、しかもそれを、それまでにない全く新しい日本独自の〝美しい着物の十二単《じゅうにひとえ》〟に仕立て直すことができる〝十二単文明〟である」

と考える。その意味は、

「曖昧な日本人は、有史以来、多くの外来文明を融通無碍に取り入れながらも決して外来文明の習癖に陥ることなく、世界のどの国にも見られないような日本独自の美しい十二単文明を創造することができる民族である」

ということである。その証拠に、

「海に囲まれた日本は、海をフィルターとして、日本独自の融通無碍で曖昧な能力をフルに発揮し、古来より多くの渡来文明を次々と取捨選択しながら取り入れ、しかもそれらの文明を完全に〝日本固有の文明〟にまで昇華《しょうか》させてきた」

といえよう。事実、

「曖昧な日本人は二〇〇〇年余りにもわたり外来文明を受け入れ続けながらも、日本独自の文明は決して失うことなく、次々と優れた日本固有の文明を築くことができた」

といえよう。ちなみに、日本は古くは中国や韓国の文明を、近くはヨーロッパやアメリカの文明を取り入れながらも、決してその習癖に陥ることなく、日本にしかみられない「日本固有の文明」を創造してきた。

すなわち、日本は弥生時代にはすでに大陸文明を、五世紀以降は中国文明や朝鮮文明を、一六世紀以降はスペインやポルトガルやオランダの各文明を、一九世紀以降はヨーロッパ文明を、そして戦後はアメリカ文明をそれぞれ受け入れながらも、決してそれらの文明の習癖に陥ることなく、日本にしかない「日本固有の文明」を創造してきたといえよう。

ゆえに、以上を総じて、私のいいたいことは、

「日本人の融通無碍な曖昧な能力が、来たるべき今回の東西文明の交代にあたっても、これまでの物心二元論の西洋の物質文明の長所を受け入れながらも、それを次代の物心一元論の東洋精神文明とうまく統合させて、これまでにはないような、より進化した新しい物心一元論の心の東洋文明を創造し、人類文明の発展と永続に貢献することができるであろう」

ということである。とすれば、そのことはまた、

「日本人は東西文明の架け橋役としても世界に大きく貢献できるであろう」

ということでもある。さらにいえば、

「日本には、東西文明の架け橋役として、また心の文明ルネッサンスの牽引《けんいん》役として、世界平和への貢献の役割が巡ってきた」

ということでもある。ついに、

「日本の出番がやってきた！」

といえよう。なんと、

「光栄なこと！」

であろうか。しかも、そのことを傍証してくれているのが、いみじくも本書の冒頭でも記した、

「世界の賢者のアインシュタインやタゴールやケネディたちの、日本に寄せる熱いメッセージ」

ではなかろうか。とすれば、私は本書を閉じるにあたり、

「これら世界の賢者たちの日本に寄せる多大な期待に感謝し、国を挙げてその期待に応えるべきである」

と呼びかけたい。

おわりに——未知への挑戦

本論でも述べたように、古典物理学では、

「宇宙をはじめ万物は、それ以上に分割することのできない根源的な要素（原子）からなり、しかもそれは聖なる神の創造による」

と考えられてきた。このような古典物理学の考えは、もっとも古くはギリシャの「エレア学派」や、その後のキリスト教やユダヤ教の伝統に根ざした、

「天の立法者の聖なる神の御業《みわざ》による」

との思想に起因する。しかも、この考えは、その後の西洋の哲学や科学に対し、何世紀にもわたり多大な影響を与え続けてきた。ちなみに、そのような、

「聖なる神の御業」

を、デカルトは、

「神が自然界に与えた法則」

と呼び、ニュートンもまた、

「神が自然界に刻んだ法則」

と呼んだ。

ところが、その後、二〇世紀になって登場してきた「量子論」によって明らかにされたことは、

「宇宙の基本的な姿は、従来の古典物理学にいうような、聖なる神の御業による原子からなる物質的な実在でもなければ静的な姿でもなく、全ては相互に関連しあった宇宙情報の確率の世界、すなわち宇宙情報の波動の世界、それゆえ宇宙の心の世界である」

というものであった。

ところが、ここでも驚くべきことに、佛教ではそれと同じことをすでに二〇〇〇年以上も前に、

「宇宙の諸法（諸現象）は、心を通じて互いに相依相関関係にあって、独立自存のもの（我なるもの）は何一つない、それゆえ宇宙の基本的な姿は諸法無我（宇宙情報の確率の世界、それゆえ心の世界：著者注）である」

と適確に説いていた。

それればかりか、さらに驚くべきことに、最新の量子論、なかんずく量子論的唯我論は、

「宇宙には神の定めた聖なる法則はないばかりか、宇宙には人間の心が含まれているから、宇宙の法則の解明には聖なる神の法則ではなく、人間の心のあり方を考えなければならない」

ことをも立証した。このことを、量子論学者のウィグナーは、

『人間の意識（心）に言及せずして、もはや完全なかたちで宇宙の法則を公式化することは不可能である』

と説いている。それゆえ、私は、

「心の世界を科学する量子論、なかんずく量子論的唯我論こそは、本書の希求する心の世界の解明を、宇宙（神）に代わって人類に科学的に解き明かしてくれる、現在における唯一の学問である」

と考える。私が、

「本書において、心の問題の解明のために量子論的唯我論を取り上げた所以は、まさにここにある」

といえる。


しかも、ここでも驚くべきことに、西洋の量子論的唯我論が最近になってようやく到達しえたこのような「新知見」が、はるか遠い古代の東洋神秘思想の「天人合一の思想」に説く、

「人間の意識（心）は、宇宙の不可欠な部分である」

とも完全に一致するということである。このことは、古代神秘思想家のラマ・ゴヴィンタの次の言葉によってもうかがえる。すなわち、彼によれば、

『覚醒した人間の意識（心）の中に宇宙は抱かれ、宇宙はその身体（肉体）となる。肉体は全世

界的意識の現れとなり、至高の真理（宇宙の真理、神の心：著者注）は内的なる人間の意識（心）に表現される』

と。とすれば、このことはまた、

「二〇〇〇年以上も前の佛教の伝統的な宇宙観に説く即心即物・一心一切の思想と、最新の量子論的唯我論に説く量子性の思想との完全な一致」

をも意味していることになろう。なぜなら、ここにいう「即心即物・一心一切」とは、

「宇宙の心こそが万物の心であり、人間の心こそが宇宙の全てである」

ことを意味しているからである。とすれば、このことは、結局、

「人間の心の存在こそが、宇宙全体の自動調和にとって不可欠である」

ということになろう。しかも、それこそはまた「天人合一の思想」そのものである。

それればかりか、さらに驚くべきことに、このような思想はまた、見方を変えれば、

「宇宙の全て（大宇宙）の中にそれぞれ（小宇宙、人間の心）があり、それぞれ（小宇宙、人間の心）の中に宇宙の全て（大宇宙）があってはじめて、宇宙全体の調和がとれる」

との佛教の「無碍の思想」とも完全に一致することになろう。なお、ここにいう「無碍の思想」（何ものにも邪魔されずに相互浸透するさま）とは、すでに述べたように、鈴木大拙氏によれば、

『一つのものが他の全てと相対しておかれると、それは他の全てに浸透し、同時に、それら全てのものを包含しているようにみえる』

との考えである。

このようにして、私は、

「東洋の伝統的な宇宙観の佛教の説く即心即物・一心一切の思想や無碍の思想は、現代物理学の最先端をいく量子論的唯我論の思想とも完全に一致しており、宇宙の真理を見事に突いている」

と考える。とすれば、このことは、結局、

「人間が宇宙の意思（神の心）を知るには、人間は宇宙と一体化しなければならない」

ことを説いていることになる。ゆえに、ここでもまた、私は、

「東洋の神秘思想の偉大さに深く心を打たれる」

ことになる。


人間は、これまで洋の東西を問わず「宇宙の不思議」や「心の不思議」や「命の不思議」や「生死の不思議」など、総じて「人類究極の謎」を解き明かそうと様々な試みを行ってきた。ちなみに、「科学的な試み」や、「宗教的・哲学的な試み」や「芸術的な試み」などがそれである。

しかし残念ながら、そのどの試みも「単独」では所期の目的を達成することができないことが判明した。ところが、幸いなことに、本書を通じて明らかにしたように、私は、

「量子論の登場によって、外なる物質世界（大宇宙、科学の対象世界）の解明に向かった西洋も、内なる精神世界（小宇宙、心の対象世界）の解明に向かった東洋も、同じ山頂（物心一元論の世界）を目指すようになり、やがて人類の希求してやまない真のパラダイムが開かれる」

と考える。その意味は、

「外なる物質世界の解明に向かった西洋物質文明も、内なる精神世界の解明に向かった東洋精神文明も、同じ山頂を目指すようになり、やがて物心一元論の新東洋文明の台頭によって、人類の希求してやまない心の文明ルネッサンスの真のパラダイスが開かれる」

ということである。とすれば、これこそが、

「人類の希求してやまない、人類の行き着く果ての真の姿、すなわち神のおわしますパラダイスの発見」

ではなかろうか。それゆえにこそ、私は改めてここに、

「いざ往《い》かん、往きてまだ視ぬ神を視ん！」

と呼びかけたい。あるいは、それを詩に託し、

真如は果てなし　宇宙の彼方《かなた》
いざその姿をや　極めも行かん

と呼びかけたい。ここに、「真如」とは「宇宙万有の実体、永久不変の真理」、すなわち「神」のことである。

参考文献

はしがき

1 岸根卓郎『文明論——文明興亡の法則』東洋経済新報社、一九九〇年
2 村山 節『文明の研究——歴史の法則と未来予測』光村推古書院、一九八四年
3 岸根卓郎『理論・応用 統計学』養賢堂、一九六六年、二〇七～二〇八頁
4 岸根卓郎『文明論——文明興亡の法則』東洋経済新報社、一九九〇年、一～六頁

第一部

1 岸根卓郎『文明興亡の宇宙法則』講談社、二〇〇七年、八六～一〇一頁
2 岸根卓郎『環境論——環境問題は文明問題』ミネルヴァ書房、二〇〇四年、五九～六七頁
3 岸根卓郎『文明の大逆転』東洋経済新報社、二〇〇二年、一八～三〇頁、一九七～二一〇頁
4 岸根卓郎『宇宙の意思』東洋経済新報社、一九九三年、四一一～四一七頁
5 岸根卓郎『宇宙の意思』東洋経済新報社、一九九三年、四〇〇～四〇二頁
6 岸根卓郎『宇宙の意思』東洋経済新報社、一九九三年、四五六頁
7 岸根卓郎『量子論から解き明かす「心の世界」と「あの世」』PHP研究所、二〇一四年、二〇五～二二五頁
8 岸根卓郎『量子論から解き明かす「心の世界」と「あの世」』PHP研究所、二〇一四年、二一八～二三二頁

9　岸根卓郎『宇宙の意思』東洋経済新報社、一九九三年、二〇九～二一〇頁
10　岸根卓郎『私の教育維新』ミネルヴァ書房、二〇〇一年、一九～二〇頁

第二部

1　岸根卓郎『見えない世界を科学する』彩流社、二〇一一年、一二一～一二七頁
2　岸根卓郎『見えない世界を科学する』彩流社、二〇一一年、一九九～二〇三頁
3　岸根卓郎『見えない世界を科学する』彩流社、二〇一一年、一二七～一三二頁
4　岸根卓郎『量子論から解き明かす「心の世界」と「あの世」』PHP研究所、二〇一四年、一二六～一二八頁
　岸根卓郎『量子論から解き明かす　神の心の発見』PHP研究所、二〇一五年、六三～六四頁
5　岸根卓郎『環境論——環境問題は文明問題』ミネルヴァ書房、二〇〇四年、一一～一六頁
6　岸根卓郎『量子論から解き明かす「心の世界」と「あの世」』PHP研究所、二〇一四年、三三～四〇頁
　岸根卓郎『量子論から解き明かす　神の心の発見』PHP研究所、二〇一五年、一〇〇～一〇六頁
7　岸根卓郎『見えない世界を科学する』彩流社、二〇一一年、一三六～一三九頁
8　岸根卓郎『量子論から解き明かす　神の心の発見』PHP研究所、二〇一五年、五、三二、三六～三八、一二七、一三二、一四七、一五六～一五九、一二八、二七〇頁
9　岸根卓郎『文明の大逆転』東洋経済新報社、二〇〇二年、三二一～三二八頁

10　岸根卓郎『量子論から解き明かす「心の世界」と「あの世」』ＰＨＰ研究所、二〇一四年、一一八～一二五頁
11　岸根卓郎『見えない世界を科学する』彩流社、二〇一一年、一六九～一九七頁

第三部

1　岸根卓郎『見えない世界を科学する』彩流社、二〇一一年、五九～六九頁
2　岸根卓郎『見えない世界を科学する』彩流社、二〇一一年、六九～七七頁
3　岸根卓郎『量子論から解き明かす「心の世界」と「あの世」』ＰＨＰ研究所、二〇一四年、二七六～二八七頁
4　岸根卓郎『見えない世界を科学する』彩流社、二〇一一年、八二～八六頁
5　岸根卓郎『量子論から解き明かす　神の心の発見』ＰＨＰ研究所、二〇一五年、一九八～二〇三頁
6　岸根卓郎『見えない世界を科学する』彩流社、二〇一一年、一八六～一八八頁
7　岸根卓郎『見えない世界を科学する』彩流社、二〇一一年、一四四～一四五頁

第四部

1　岸根卓郎『量子論から解き明かす「心の世界」と「あの世」』ＰＨＰ研究所、二〇一四年、一六八～一七〇頁
2　岸根卓郎『量子論から解き明かす　神の心の発見』ＰＨＰ研究所、二〇一五年、四八～五〇頁

3　岸根卓郎『量子論から解き明かす　神の心の発見』ＰＨＰ研究所、二〇一五年、七七～九九頁
3・1　岸根卓郎『量子論から解き明かす　神の心の発見』ＰＨＰ研究所、二〇一五年、七七～八五頁
3・2　岸根卓郎『量子論から解き明かす　神の心の発見』ＰＨＰ研究所、二〇一五年、八五～八八頁
3・3　岸根卓郎『量子論から解き明かす　神の心の発見』ＰＨＰ研究所、二〇一五年、八八～九五頁
4　岸根卓郎『量子論から解き明かす　神の心の発見』ＰＨＰ研究所、二〇一五年、七八～八一頁
5　岸根卓郎『量子論から解き明かす「心の世界」と「あの世」』ＰＨＰ研究所、二〇一四年、七〇～七六頁
6　岸根卓郎『量子論から解き明かす　神の心の発見』ＰＨＰ研究所、二〇一五年、八一～八四頁
7　岸根卓郎『量子論から解き明かす「心の世界」と「あの世」』ＰＨＰ研究所、二〇一四年、八四～九一頁
8　岸根卓郎『量子論から解き明かす「心の世界」と「あの世」』ＰＨＰ研究所、二〇一四年、一六一～一六二頁
9　岸根卓郎『量子論から解き明かす　神の心の発見』ＰＨＰ研究所、二〇一五年、一二一～一三一頁

10　岸根卓郎『量子論から解き明かす　神の心の発見』ＰＨＰ研究所、二〇一五年、一三九〜一四三頁

11　岸根卓郎『量子論から解き明かす　神の心の発見』ＰＨＰ研究所、二〇一五年、一三三〜一三八頁

12　岸根卓郎『量子論から解き明かす「心の世界」と「あの世」』ＰＨＰ研究所、二〇一四年、二二九〜二三七頁

13　岸根卓郎『見えない世界を科学する』彩流社、二〇一一年、三五七〜三六二頁

第五部

1　岸根卓郎『量子論から解き明かす「心の世界」と「あの世」』ＰＨＰ研究所、二〇一四年、二四二〜二四九頁

2　岸根卓郎『量子論から解き明かす「心の世界」と「あの世」』ＰＨＰ研究所、二〇一四年、二六〇〜二六八頁、三五四〜三五九頁、

3　岸根卓郎『見えない世界を科学する』彩流社、二〇一一年、二〇二〜二〇三頁

4　岸根卓郎『見えない世界を科学する』彩流社、二〇一一年、二〇二〜二〇三頁

5　岸根卓郎『量子論から解き明かす「心の世界」と「あの世」』ＰＨＰ研究所、二〇一四年、一七七〜一八五頁

6　岸根卓郎『量子論から解き明かす「心の世界」と「あの世」』ＰＨＰ研究所、二〇一四年、一七七〜一八五頁

7　岸根卓郎『宇宙の意思』東洋経済新報社、一九九三年、二五二〜二五九頁

8　岸根卓郎『見えない世界を科学する』彩流社、二〇一一年、三一四〜三二一頁
9　岸根卓郎『見えない世界を科学する』彩流社、二〇一一年、三二八〜三四四頁
10　野澤重雄『生命の発見』ＰＨＰ研究所、一九九二年
11　岸根卓郎『見えない世界を科学する』彩流社、二〇一一年、三四八〜三五三頁
12　岸根卓郎『見えない世界を科学する』彩流社、二〇一一年、三五四〜三五六頁

補論

1　岸根卓郎『文明の大逆転』東洋経済新報社、二〇〇二年、二四三〜二四五頁
2　岸根卓郎『文明の大逆転』東洋経済新報社、二〇〇二年、二五一頁
3　岸根卓郎『量子論から解き明かす　神の心の発見』ＰＨＰ研究所、二〇一五年、二五五〜二六六頁
4　岸根卓郎『量子論から解き明かす　神の心の発見』ＰＨＰ研究所、二〇一五年、二六二〜二六三頁
5　岸根卓郎『私の教育維新』ミネルヴァ書房、二〇〇一年、一二七〜一五七頁
6　岸根卓郎『私の教育論』ミネルヴァ書房、一九九八年、六〇〜一一九頁
7　岸根卓郎『文明の大逆転』東洋経済新報社、二〇〇二年、二九〇〜二九九頁

〈著書〉

〔統計学〕 『理論・応用　統計学』養賢堂、1966年
『入門より応用への統計理論』養賢堂、1972年

〔林政学〕 『林業経済学――その基礎理論と応用』農林出版、1962年
『森林政策学――林業政策システムの設計』養賢堂、1975年

〔農政学〕 『総合食料政策への道――食品流通革命　新しい食料政策を求めて』農林出版、1976年
『現代の食料経済学』富民協会、1972年
『食料経済――21世紀への政策』ミネルヴァ書房、1990年

〔システム論〕 『食料産業システムの設計』東洋経済新報社、1972年
『食料計画と社会システムの設計』東洋経済新報社、1978年
『システム農学』ミネルヴァ書房、1990年

〔国土政策〕 『わが国あすへの選択』地球社、1983年
『新しい国づくりを目指して――農都融合社会システム――光は東より』春秋社、1985年
『国土政策の未来選択――その政策決定のための数学モデルの開発と応用』地球社、1999年

〔環境論〕 『人類　究極の選択――地球との共生を求めて』東洋経済新報社、1995年
『環境論――環境問題は文明問題』ミネルヴァ書房、2004年

〔教育論〕 『私の教育論――真・善・美の三位一体化教育』ミネルヴァ書房、1998年
『私の教育維新――脳からみた新しい教育』ミネルヴァ書房、2001年

〔哲学・宗教〕 『宇宙の意思――人は何処より来りて、何処へ去るか』東洋経済新報社、1993年
『見えない世界を超えて――すべてはひとつになる』サンマーク出版、1996年
『見えない世界を科学する』彩流社、2011年
『量子論から解き明かす「心の世界」と「あの世」――物心二元論を超える究極の科学』PHP研究所、2014年
『量子論から解き明かす　神の心の発見――第二の文明ルネッサンス』PHP研究所、2015年

〔文明論〕 『文明論――文明興亡の法則』東洋経済新報社、1990年
『森と文明――森こそは人類の揺籃、文明の母』サンマーク出版、1996年
“Eastern Sunrise, Western Sunset”（TRIUMPHANT BOOKS USA, 1997）
『文明の大逆転』東洋経済新報社、2002年
『文明興亡の宇宙法則』講談社、2007年

〈著者略歴〉

岸根卓郎（きしね　たくろう）

京都大学教授を経て、現在、京都大学名誉教授、南京経済大学名誉教授、元佛教大学教授、元南京大學客員教授、元 The Global Peace University 名誉教授・理事、文明塾「逍遥楼」塾長。

著者の言説は、そのやさしい語り口にもかかわらず独創的、理論的かつ極めて示唆に富む。

京都大学では、湯川秀樹、朝永振一郎といったノーベル賞受賞者の師であり、日本数学界の草分けとして知られる数学者、園正造京都帝国大学名誉教授（故人）の最後の弟子として、数学、数理経済学、哲学の薫陶を受ける。既存の学問の枠組みにとらわれることなく、統計学、数理経済学、情報論、文明論、教育論、環境論、森林政策学、食料経済学、国土政策学から、哲学・宗教に至るまで幅広い領域において造詣の極めて深い学際学者である。

宇宙の法則に則り東西文明の興亡を論じた『文明論』は、「東洋の時代の到来」を科学的に立証した書物として国際的にも注目を集め、アメリカおよび中国でも翻訳され、中国ではベストセラーとなり、内外でも絶賛され大きな反響を呼んだ。

また、著書の『宇宙の意思』は「生」と「死」について、洋の東西における「死生観」の対比を、東洋の神秘思想から西洋科学の量子論に至るまでを視野に入れてひもとくものとして、国際的にも極めて高い評価を得、中国でも翻訳されてベストセラーとなった。一方、本書は、その『宇宙の意思』と『見えない世界を科学する』『量子論から解き明かす「心の世界」と「あの世」』および『量子論から解き明かす　神の心の発見』を、より深化させたものである。

量子論から科学する「見えない心の世界」
——心の文明とは何かを極める

2017年7月28日　第1版第1刷発行

著　者　岸　根　卓　郎
発行者　清　水　卓　智
発行所　株式会社ＰＨＰエディターズ・グループ
〒135-0061　江東区豊洲5-6-52
☎03-6204-2931
http://www.peg.co.jp/
発売元　株式会社ＰＨＰ研究所
東京本部　〒135-8137　江東区豊洲5-6-52
普及一部　☎03-3520-9630
京都本部　〒601-8411　京都市南区西九条北ノ内町11
PHP INTERFACE　http://www.php.co.jp/
印刷所
製本所　凸版印刷株式会社

ISBN978-4-569-83663-8

PHPの本

[図解]相対性理論と量子論

佐藤勝彦　監修

相対性理論と量子論は、ともに近代物理学のベースをつくり関連している理論。二つを一冊の本でわかりやすく解説する初めての試み。

定価　本体四七六円（税別）

PHPエディターズ・グループの本

面白くて眠れなくなる植物学

稲垣栄洋 著

ベストセラー「面白くて眠れなくなる」シリーズの植物学版。身近なテーマを入り口に、植物のふしぎ、植物学の奥深さを伝える一冊。

定価 本体一、三〇〇円（税別）

PHPエディターズ・グループの本

面白くて眠れなくなる数学

桜井　進　著

数学は、眠れなくなるくらいに面白い！　文系の人でも楽しめる、ロマンとわくわくに満ちた数学エンターテインメントの世界へようこそ。

定価　本体一、三〇〇円（税別）